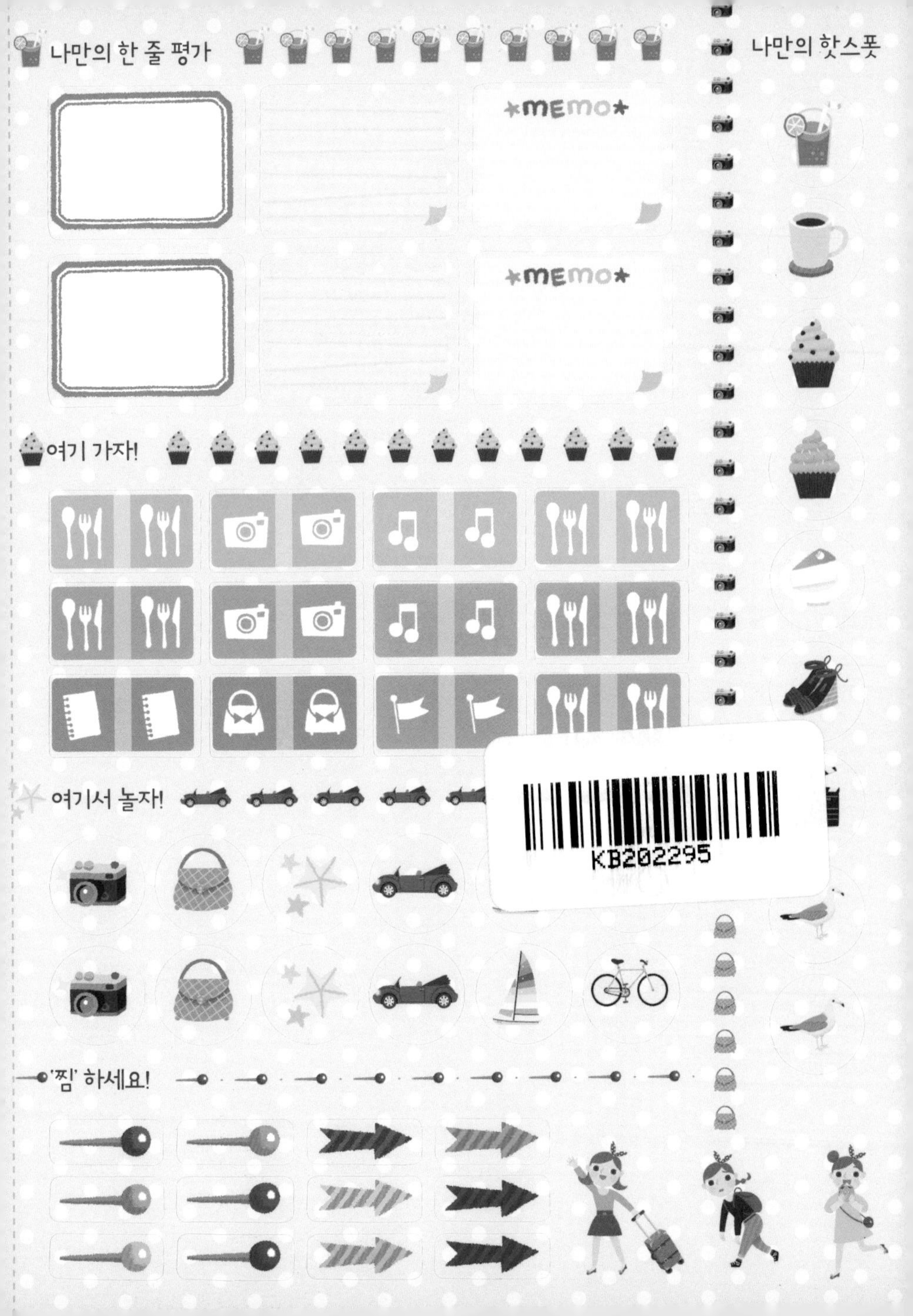
나만의 한 줄 평가
나만의 핫스폿
MEMO
MEMO
여기 가자!
여기서 놀자!
'찜' 하세요!
KB202295

싱가포르 가자

테라's 해외여행 레시피

TERRA

싱가포르 가자

테라's 해외여행 레시피

초판 1쇄 발행 2013년 11월 25일
초판 4쇄 발행 2016년 2월 15일
글·사진 신중숙 김영미

발행인 박성아 ◎ **기획** 신중숙 ◎ **책임 편집** 문주미 ◎ **편집** 김민혜 ◎ **교정·교열** 권혁란
본문 디자인 nice age ◎ **표지 디자인·일러스트** 민유경 ◎ **지도 일러스트** the Cube ◎ **마케팅** 김영란 ◎ **제작** 유양현

펴낸 곳 테라(TERRA) ◎ **주소** 04158 서울시 마포구 마포대로 53 A동 2407호(도화동, 마포트라팰리스)
전화 02.332.6976 ◎ **팩스** 02.332.6978 ◎ **이메일** travel@terrabooks.co.kr
홈페이지 www.terrabooks.co.kr ◎ **페이스북** www.facebook.com/terrabooks
등록 제313-2009-244호

ISBN 978-89-94939-27-8 13980
값 13,500원

- 이 책에 수록된 정보는 가장 최신의 정보를 담고자 노력했으나 현지 사정에 따라 예고 없이 바뀔 수 있습니다. 여행자의 소중한 체험을 통해 알게 된 잘못된 내용이나 함께 나누고 싶은 이야기를 알려주시면 개정판에 반영해 더 알찬 책으로 만들겠습니다.

싱가포르 가자

테라's 해외여행 레시피

TERRA

contents

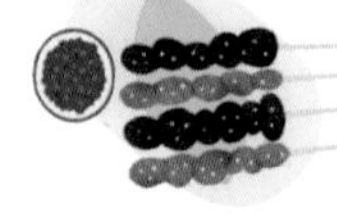

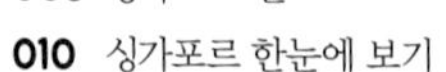

싱가포르 &

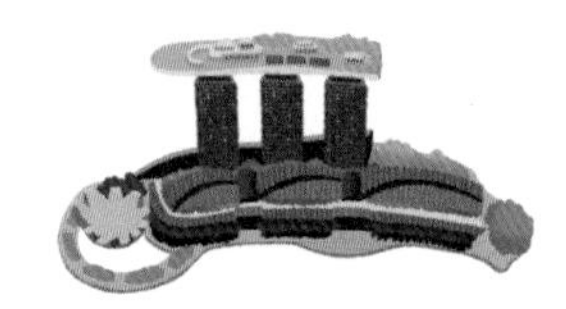

싱가포르 by Area

AREA 1 올드 시티

AREA 2 마리나 & 리버사이드

AREA 3 오차드 로드

AREA 4 차이나타운

AREA 5 부기스 & 리틀 인디아

AREA 6 센토사 & 하버프론트

싱가포르에서 잠자기

여행 준비

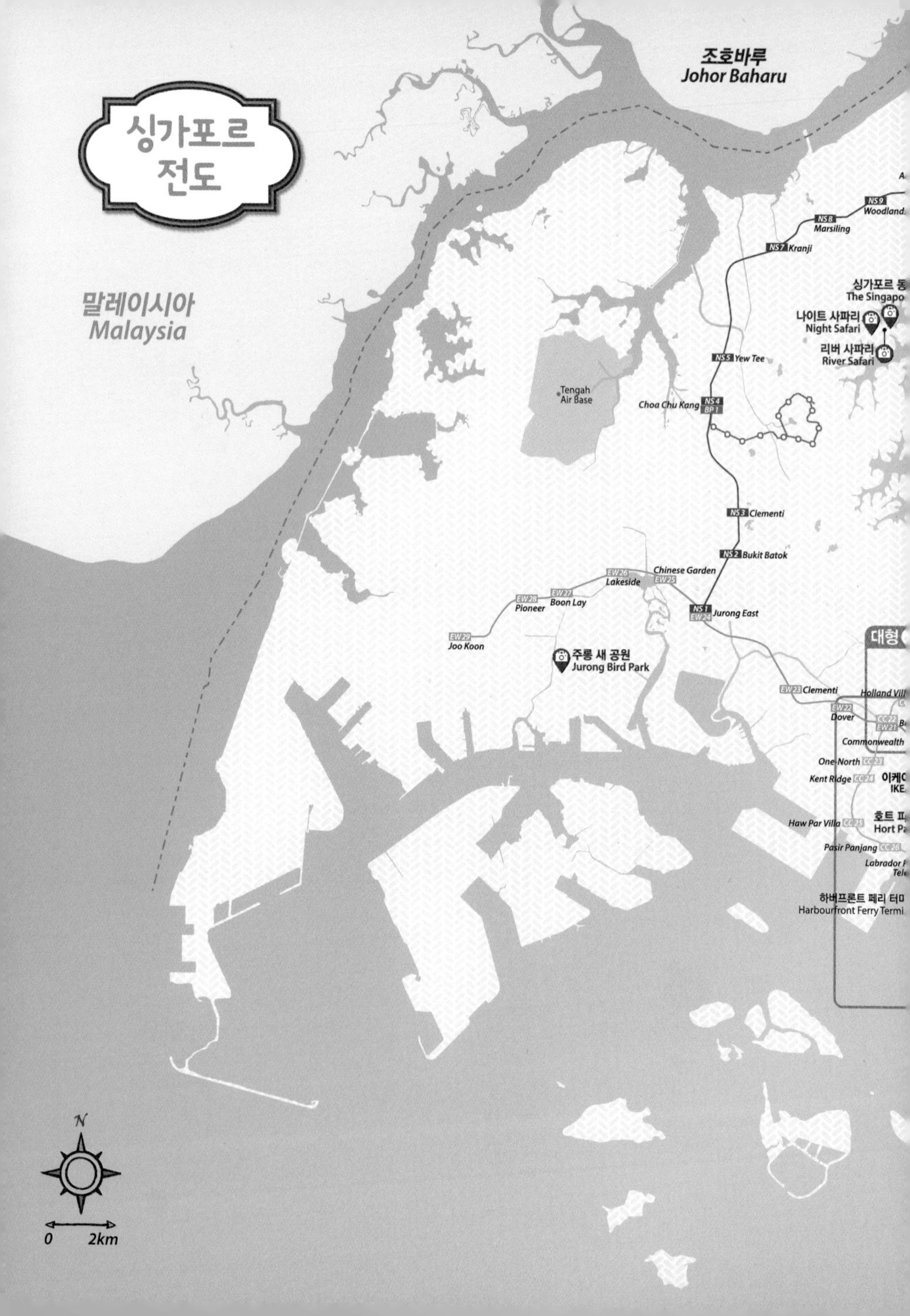
싱가포르
전도
조호바루
Johor Baharu
말레이시아
Malaysia
NS9 Woodlands
NS8 Marsiling
NS7 Kranji
NS5 Yew Tee
NS4 BP1 Choa Chu Kang
NS3 Clementi
NS2 Bukit Batok
NS1 EW24 Jurong East
Chinese Garden EW25
EW26 Lakeside
EW27 Boon Lay
EW28 Pioneer
EW29 Joo Koon
EW23 Clementi
EW22 Dover
EW21
Holland Vill
Commonwealth
One-North CC23
Kent Ridge CC24
Haw Par Villa CC25
Pasir Panjang CC26
Tengah Air Base
나이트 사파리
Night Safari
리버 사파리
River Safari
주롱 새 공원
Jurong Bird Park
하버프론트 페리 터미
Harbourfront Ferry Termi
N
0
2km

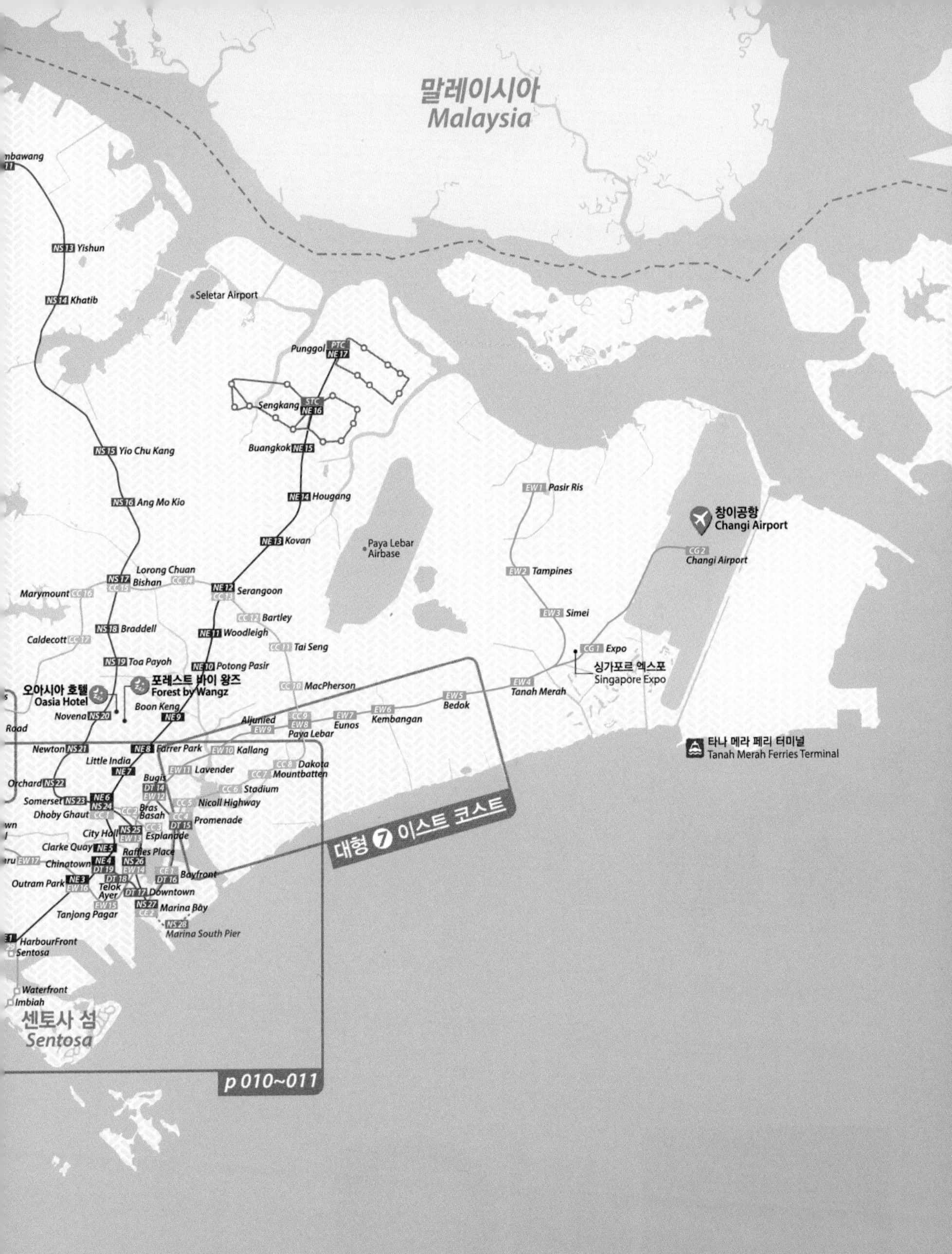

말레이시아
Malaysia
Seletar Airport
Punggol
Sengkang
Buangkok
Hougang
Kovan
Serangoon
Bartley
Woodleigh
Tai Seng
Potong Pasir
MacPherson
Paya Lebar Airbase
Pasir Ris
Tampines
Simei
Expo
싱가포르 엑스포
Singapore Expo
Tanah Merah
Bedok
Kembangan
Eunos
Paya Lebar
Aljunied
창이공항
Changi Airport
Changi Airport
타나 메라 페리 터미널
Tanah Merah Ferries Terminal
Yishun
Khatib
Yio Chu Kang
Ang Mo Kio
Lorong Chuan
Bishan
Marymount
Braddell
Caldecott
Toa Payoh
오아시아 호텔
Oasia Hotel
포레스트 바이 왕즈
Forest by Wangz
Boon Keng
Novena
Newton
Farrer Park
Kallang
Little India
Lavender
Dakota
Mountbatten
Stadium
Nicoll Highway
Orchard
Bugis
Somerset
Dhoby Ghaut
Bras Basah
Promenade
City Hall
Esplanade
Clarke Quay
Raffles Place
Chinatown
Outram Park
Telok Ayer
Bayfront
Downtown
Tanjong Pagar
Marina Bay
Marina South Pier
HarbourFront
Sentosa
Waterfront
Imbiah
센토사 섬
Sentosa
대형 7 이스트 코스트
p 010~011
인도네시아
Indonesia
빈탄 섬
Bintan Island

싱가포르 한눈에 보기

서울과 비슷한 크기의 작은 도시국가 싱가포르는 '작지만 알찬' 여행지다. 도시 곳곳에 포진한 창의적인 볼거리와 즐길거리, 뚜렷한 개성과 다양한 문화를 자랑하는 거리들이 전 세계 여행자들을 유혹한다.

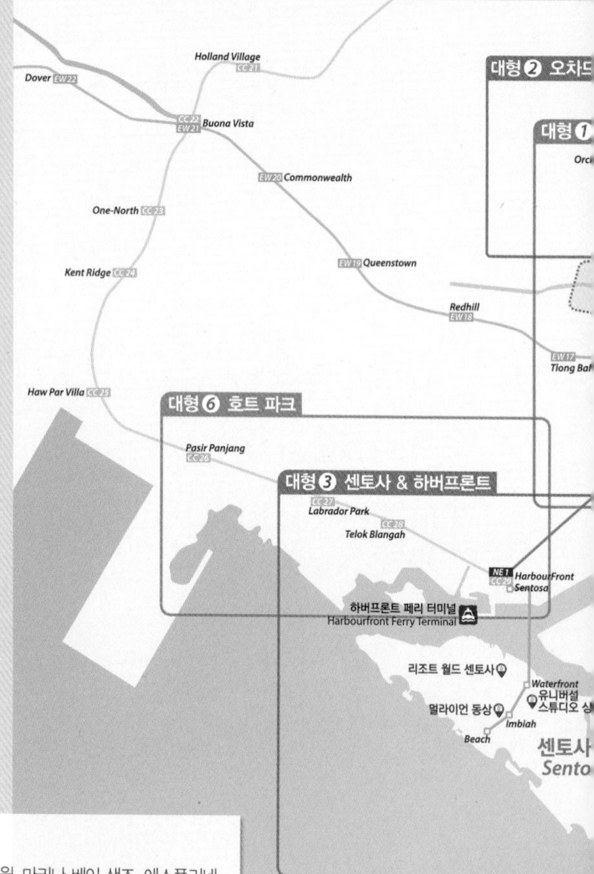

AREA1 올드 시티 84p

싱가포르 정치와 행정의 중심지. 래플스 호텔, 세인트 앤드류 성당, 국립박물관 등 영국 식민지 시대에 지어진 건축물이 자리한 시티홀 역 일대를 일컫는다. 고층 빌딩과 유럽풍 건물이 조화를 이룬 이국적인 거리 곳곳에 쇼핑센터, 박물관, 레스토랑, 바 등 다양한 볼거리와 즐길거리가 있다.

AREA2 마리나 & 리버사이드 104p

마리나 베이와 싱가포르 강을 따라 멀라이언 공원, 마리나 베이 샌즈, 에스플러네이드 등 싱가포르를 대표하는 볼거리들이 밀집된 지역. 고층 빌딩이 빼곡하게 들어서 있는 싱가포르 경제와 금융의 메카이기도 하다. 낮에는 활기차고 화려한 도시 풍경이, 밤에는 낭만적인 야경이 펼쳐진다.

Newton
NE8 Farrer Park
EW10 Kallang
부기스
Lavender
EW11
중심
NE7 Little India
CC8 Dakota
CC7 Mountbatten
대형 5 리틀 인디아
CC6 Stadium
DT14 EW12 Bugis
CC5 Nicoll Highway
NE6 NS24 CC1 Dhoby Ghaut
CC2 Bras Basah
City Hall NS25 EW13
CC3 Esplanade
CC4 DT15 Promenade
마리나 & 리버사이드
Clarke Quay NE5
멀라이언 동상
NE4 DT19
NS26 EW14 Raffles Place
마리나 베이 샌즈
DT18 Telok Ayer
CE1 DT16 Bayfront
가든스 바이 더 베이
Outram Park
DT17 Downtown
EW15 Tanjong Pagar
NS27 CE2 Marina Bay
Marina South Pier NS28

AREA3 오차드 로드 140p

쇼퍼홀릭을 반하게 하는 아시아 최대 규모의 쇼핑 거리. 2.2km의 대로에 크고 작은 쇼핑몰, 호텔, 레스토랑, 카페 등이 촘촘히 들어서 있는 쇼핑과 엔터테인먼트의 천국이다. 오차드 로드에서 쇼핑, 외식, 문화를 원스톱으로 즐겨보자.

AREA4 차이나타운 170p

싱가포르에 이주한 중국인들이 모여 살던 지역. 파스텔톤의 예쁜 건물들과 중국인 거리 특유의 시끌벅적한 분위기가 묘한 조화를 이루고 있다. 기념품 가게가 즐비한 파고다 스트리트와 먹자 골목 스미스 스트리트, 세련된 다이닝 & 쇼핑 특구 안시앙힐과 클럽 스트리트 등 개성있는 거리가 여행자들의 발길을 끌어들인다.

AREA5 부기스 & 리틀 인디아 196p

싱가포르의 다문화를 제대로 경험할 수 있는 지역. 부기스에서 아랍 문화와 말레이시아의 정취를 느끼고, 싱가포르 속 작은 인도 리틀 인디아를 탐험하면 다인종 다문화 국가 싱가포르의 매력에 퐁당 빠지게 된다. 감각적인 쇼핑 골목 하지 래인도 매혹적이다.

AREA6 센토사 & 하버프론트 216p

싱가포르에서는 동남아시아 여느 휴양지 부럽잖은 휴식도 즐길 수 있다. 신나는 테마파크, 특급 리조트, 고운 해변이 어우러진 센토사 섬은 오감이 만족스러운 휴식을 선사한다. 하버프론트는 케이블카와 모노레일을 통해 도심과 센토사 섬을 연결하는 관문으로, 초대형 멀티쇼핑몰 비보시티가 위치하고 있다.

싱가포르, 알고 가면 더 재밌다!

아는 만큼 보인다는 것은 여행의 진리. 여행지와 관련된 스토리를 알고 떠나면 아무 것도 모를 때와는 다른 감흥이 생긴다. 싱가포르와 관련된 8가지 이야기로 더 재미난 싱가포르를 만나자.

1 사자의 도시 싱가포르

'싱가포르'라는 이름의 유래를 살펴보려면 14세기 초로 거슬러 올라가야 한다. 14세기 초 싱가포르 해협 건너편 수마트라 섬에 위치한 스리비자얀(Sri Vijayan)이라는 해상왕국의 왕자가 항해하던 도중 싱가포르 쪽에서 어떤 짐승을 보았는데, 왕자는 그 동물을 사자라고 생각해 이 지역을 '사자의 도시'라는 뜻의 '싱가푸라(Singa Pura)'라고 명명했다. 반전은 당시 말레이반도에는 사자가 살고 있지 않았다는 것. 다른 동물을 사자로 생각한 왕자의 창조적 착각이었다.

2 식민 지배와 독립의 역사

19세기 초 싱가포르 땅의 주인이었던 조호 왕국은 술탄의 자리 다툼으로 권력이 양분된 상태였다. 1819년 조호 왕국에 상륙한 영국 동인도 회사의 토마스 스탬포드 래플스(Thomas Stamford Raffles) 경은 당시 이 땅을 지배하던 네덜란드에 거액을 지불하고 싱가포르 사용권을 얻어냈다. 그 후 싱가포르가 동남아 무역의 기지로 개발되면서 중국 남부에서 수많은 이주민이 몰려왔다. 인도, 인도네시아, 파키스탄 및 중동 지역에서도 이주민이 대거 유입됐다. 싱가포르는 줄곧 영국의 통치를 받았으며 2차 세계대전 당시에는 일본의 잔인한 식민 지배를 겪기도 했다. 전쟁 후 다시 영국의 통치 하에 놓인 싱가포르는 1959년 리콴유(Lee Kuan Yew) 총리와 유소프 빈 이샥(Yusof Bin Ishak) 대통령에 의해 자치주가 됐고 1962년에는 말레이시아에 합병됐다. 그러나 싱가포르는 말레이시아와의 마찰로 인해 2년 뒤 독립, 1965년 독립국가로 새롭게 시작했다.

다문화 국가의 매력을 맛보세요~

3 다채로운 문화의 용광로

싱가포르는 다양한 인종이 어우러진 '멜팅 폿(Melting Pot)'을 잘 보여주는 나라다. 싱가포르 인구는 약 530만 명. 인구의 대부분을 차지하는 중국인(약 75%), 말레이인(약 13%), 인도인(약 9%)을 비롯해 백인, 유럽인, 페라나칸, 기타 아시아인들로 구성되어 있다. 따라서 싱가포르에는 다양한 인종만큼 다양한 종교, 문화와 예술이 공존한다.

4 손꼽히는 부자나라, 작지만 세다!

싱가포르는 세계에서 손꼽히는 선진국이자 부국이다. 싱가포르의 1인당 국내총생산(GDP)은 국제통화기금(IMF)의 2013년 통계 기준 52,917달러로, 세계 8위를 기록했다. 이는 미국(9위), 핀란드(15위), 일본(23위), 영국(24위) 등 대부분의 선진국보다 높은 수치다. 같은 자료에서 대한민국의 1인당 국내총생산이 23,837달러로 나타나 세계 33위를 기록한 것과 비교해보면 싱가포르의 부의 척도를 가늠할 수 있다.

©Fullerton Hotel

싱가포르 대표 관광지,
마리나 베이 일대

5 치밀한 계획으로 디자인한 도시국가

싱가포르는 효율적인 도시, 살기 좋은 도시, 녹지가 있는 정원 도시를 만들기 위해 1960년대부터 정부의 주도 하에 치밀한 계획을 세웠다. 40~50년 후를 내다보는 콘셉트 플랜을 짜서 도시를 디자인하고 재개발했다. 일례로 싱가포르 남부 해안의 '마리나 베이'는 1970년부터 바다를 매립해 조성한 곳으로 이 인공의 부지에는 현재 마리나 베이 샌즈 호텔, 쇼핑센터, 공연장 등이 들어서 싱가포르의 대표 관광지로 제몫을 톡톡히 하고 있다.

6 싱글리시, 싱가포르에만 있는 영어

싱가포르의 공용어는 공식적으로 영어, 중국어, 말레이어, 타밀어 4개지만 사실상 일상 생활에서는 영어와 중국어가 주로 사용되는데 이로 인해 '싱글리시(Singlish)'라는 독특한 언어가 만들어졌다. 싱글리시는 영국식 영어를 바탕으로 중국이나 말레이식 억양을 담아 짧게 끊어 이야기한다. 대표적으로 말끝에 "라(Lah)"를 붙인다.

7 교통지옥이 거의 없는 나라

싱가포르는 서울(605㎢)보다 약간 더 큰 면적(692㎢)에 약 530만 명 이상의 인구가 살고 있어 인구밀도가 높은 편이다. 하지만 싱가포르에는 교통 체증이 거의 없다. 1975년부터 도심에 통행 억제 구역을 지정해 혼잡 통행료를 부과하고 오차드 로드, 센트럴 등 유동인구가 많은 지역에는 택시의 승하차 장소를 제한해서 차량의 혼잡을 피하기 위한 엄격한 법을 집행하고 있기 때문이다.

안전을 위해
곳곳에 설치된
CCTV

8 여자가 여행하기에 가장 안전한 나라

싱가포르는 엄격한 법치주의 국가로 명성이 높다. 껌을 씹다 버리는 것이 불법이기에 껌 판매조차 하지 않을 정도. 깐깐한 법 때문에 '싱가포르'하면 엄격하고 경직된 이미지를 떠올릴 수도 있지만 사실 편견일 뿐이다. 오히려 싱가포르의 까다로운 법은 다른 어떤 국가보다 안전한 나라를 만들어냈다. 또한 곳곳에 CCTV를 설치하는 등 국민의 안전을 위한 인프라를 체계적으로 갖추고 있어서 싱가포르에는 강력범죄가 적다. 때문에 여자 혼자 여행하기에도 좋은, 안전하고 편안한 나라로 손꼽힌다.

싱가포르에서는 세계여행을 할 수 있다!

중국, 말레이시아, 인도, 중동을 찍고 영국으로 돌아오는 흥미진진한 세계여행을 싱가포르라는 작은 나라에서 한 번에 할 수 있다. 싱가포르에는 다양한 인종과 문화가 조화롭게 공존하고 있기 때문이다.

말레이
헤리티지 센터

차이나타운 170p

싱가포르로 이주하여 정착한 중국인의 문화가 가장 강하고 짙게 남아 있는 곳으로 중국인들이 열광하는 붉은색 아이템을 곳곳에서 볼 수 있는 거리다. 다양한 길거리 음식으로 늘 왁자지껄한 먹자 골목, 중국 전통 의상 치파오를 비롯한 기념품을 두루 만날 수 있는 숍들, 여러 가지 중국 음식점과 디저트 가게 등 중국 특유의 문화를 만날 수 있어 돌아보는 재미가 남다르다.

아랍 스트리트 199p

이번엔 아랍으로 떠나보자. 부기스에 있는 아랍 스트리트는 19세기경 커피, 향신료 등을 교역하기 위해 건너온 아랍 상인들과 이슬람 교도들이 만든 거리다. 아랍인들은 고유의 문화를 싱가포르 한가운데 꽃피워냈다. 아랍 스트리트의 상징인 술탄 모스크를 중심으로 색감이 화려한 카펫과 직물을 파는 상점, 무슬림 의상을 갖춘 상점, 이슬람 음식을 파는 레스토랑들이 즐비하다.

캄퐁 글램 199p

캄퐁 글램은 말레이인들의 문화를 느낄 수 있는 지역으로 말레이 왕족이 살던 곳이다. 술탄 모스크와 아랍 스트리트, 부소라 스트리트, 하지 레인 등의 명소를 아우르는 캄퐁 글램은 말레이 역사와 문화를 전시하고 있는 말레이 헤리티지 센터 등 말레이의 문화와 아랍의 문화가 어우러져 있어 싱가포르의 다양성을 체험하기에 좋다.

리틀 인디아 210p

싱가포르에서 세 번째로 많은 인종인 인도인들이 모여 사는 지역. 말 그대로 작은 인도다. 거리에는 인도식 레스토랑, 카페, 상점들이 가득하다. 인도 특유의 강렬한 원색으로 칠해진 건물들 사이로 전통 인도 복장인 '사리'를 입은 여인들이 지나가고 이국적인 힌두 사원이 우뚝 서 있으며 향신료 냄새가 코끝을 찌른다. 힌두교와 불교 사원들을 구경하고 알록달록한 건물 사이를 산책한 후, 인도식 요리와 디저트를 맛볼 수 있는 이색적인 장소다.

올드 시티 84p

사진으로 보면 흡사 유럽의 어느 도시 같다. MRT 시티홀 역 일대인 올드 시티 지역은 영국 식민지 당시의 건축과 현대식 빌딩들이 공존하고 있는 매력적인 곳이다. 영국식 건축물 래플스 호텔, 고딕 양식으로 지어진 세인트 앤드류 성당, 새하얀 고딕 성당 차임스가 시공간을 옮겨온 듯한 착각을 하게 만들 정도다. 전통과 현대, 동양과 서양이 만나는 현재를 거닐 수 있다.

카통

페라나칸(Peranakan)은 중국 남성과 말레이 여성 사이에서 태어난 혼혈인으로 고유의 문화를 지닌 소수 민족이다. 카통 전통 지구(Katong Traditional Area)의 주치앗 로드(Joo Chiat Rd.)에는 페라나칸의 핵심 명소가 모여 있다. 강렬한 색과 정교한 무늬를 자랑하는 숍하우스, 페라나칸 음식점, 전통 수공예품점 등 이국적이고 화려한 페라나칸 문화를 경험할 수 있는 매력적인 거리지만 대중교통으로 찾아가기가 쉽지 않다는 게 단점. 페라나칸 특유의 예쁜 건물이 집중적으로 모여 있는 곳은 남북으로 주치앗 로드와 동서로 던맨 로드(Dunman Rd.), 쿤셍 로드(Koon Seng Rd.)가 만나는 교차로 주변이다.

TIP 주치앗 로드 가는 법

MRT CC8 다코타(Dakota) 역 B출구로 나가 육교 건너편 버스정류장에서 16번 버스 탑승, 3 정거장 후 하차하여 도보 100m

싱가포르에는 세계에서 가장 큰 OO가 있다!

나라 크기가 워낙 작아서일까? 싱가포르는 '세계 최대'에 대한 나름의 집착이 있는 듯하다. 이 작은 나라에는 '세계 최대'라는 타이틀을 자랑하는 명물이 넘쳐난다. 싱가포르가 보유한 세계 최대의 아이템들!

1 싱가포르 플라이어 120p

영국에 런던아이가 있다면 싱가포르에는 싱가포르 플라이어가 있다. 싱가포르 플라이어는 런던아이보다 30m 더 높은 해발 165m까지 올라가는 세계 최대의 대관람차. 커다란 창문이 달린 캡슐을 타고 해발 165m의 아찔한 높이까지 올라가 워터 프론트와 마리나 베이 지역, 싱가포르 강, 래플스 플레이스, 멀라이언 공원은 물론 맑은 날엔 저 멀리 떨어진 말레이시아와 인도네시아까지 조망할 수 있는 명소다.

2 S.E.A 아쿠아리움 222p

2012년 12월, 싱가포르 남부의 멀티 휴양지 센토사 섬에 새로운 강자가 등장했다. 세계에서 가장 큰 규모의 수족관인 S.E.A 아쿠아리움은 높이 8.3m, 길이 36m에 달하는 세계 최대의 수중 관람 통로를 지나고, 가로 36m, 세로 8.3m, 극장 스크린 2배 크기의 초대형 투명 아크릴 패널을 통해 커다란 상어와 가오리는 물론 열대어들의 군무를 감상하며 바닷속을 거니는 듯한 신비로운 체험을 할 수 있다.

©Resort World Sentosa

3 가든스 바이 더 베이 118p

'가든 시티(Garden City)'를 넘어서 '정원 속의 도시(City in the Garden)'로 탈바꿈하겠다는 싱가포르 정부의 야심찬 녹지 정책 아래, 2012년 6월 세계 최초의 기계 숲(Mechanical Forest)이자 세계 최대의 인공 정원 가든스 바이 더 베이를 오픈했다. 높이 20~25m에 달하는 거대한 슈퍼트리 그로브와 잘 가꿔놓은 실내 식물원 클라우드 포레스트, 플라워 돔 등으로 구성되어 있다.

©Wildlife Reserves Singapore

4 주롱 새 공원 41p

1971년 1월 문을 연 주롱 새 공원은 세계 최대 규모의 야생 조류 공원. 20만 2,000㎡ 부지의 너른 공원에 전 세계에 서식하는 400여종, 5,000여 마리의 새들이 서식하는 '새들의 천국'이다. 독수리, 매 등 위엄 있는 맹금류부터 앵무새와 홍학 등 알록달록 예쁜 새들을 25개의 전시관에서 만날 수 있다.

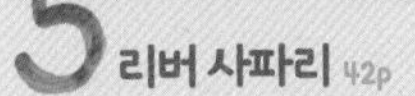

©Wildlife Reserves Singapore

©Wildlife Reserves Singapore

5 리버 사파리 42p

아시아 최초이자 유일하게 '강'을 주제로 한 테마파크로 2013년 4월에 문을 열었다. 12헥타르의 너른 부지에 메콩강, 아마존강, 미시시피강 등 세계 7대 주요 강의 생태계를 재현했다. 매년 6개월 동안 계절성 비가 내려 숲이 10m 이상 침수되는 아마존을 전시하고 있는 전시관의 탱크는 부피 2,000㎥, 크기 22mx4m로 측정돼 세계 최대 규모의 담수 수족관으로 꼽힌다. 이외에도 귀여운 자이언트 판다 두 마리도 있다.

싱가포르에는 세계 최초의 ○○가 있다!

싱가포르가 탄생시킨 '세계 최초의 것들'을 확인할 때면 새삼 작은 나라 싱가포르의 저력이 느껴진다. 싱가포르에서 시작되어 지구촌 곳곳으로 퍼진 세계적인 명물들을 확인해보자.

1 싱가포르 슬링 89p

섹시한 핑크빛의 유혹! 싱가포르 슬링은 1915년 래플스 호텔의 '롱 바'에서 세계 최초로 만들어진 칵테일. 체리 브랜디의 달콤함과 진의 상쾌함이 어우러져 특히 여성들에게 사랑받는 싱가포르 슬링은 싱가포르를 대표하는 명물 중 하나인 만큼 싱가포르의 국적항공사인 싱가포르항공에서도 제공된다.

ⓒWildlife Reserves Singapore

2 나이트 사파리 42p

야생동물의 70% 이상이 본래 야행성이라는 점에 착안해 싱가포르는 1994년 세계 최초로 나이트 사파리를 개장했다. 나이트 사파리는 연간 110만 명이 넘는 관광객이 찾는 싱가포르의 대표 관광지로 아프리카 초원, 미얀마 정글, 네팔 계곡 등 7개의 구역에서 1,000여 마리의 야생동물을 만날 수 있다. 어둠 속에서 밀림을 탐험하며 동물을 관찰하는 색다른 체험은 짜릿한 즐거움을 준다.

3 F1 나이트 레이스

싱가포르는 세계 최초로 세계 3대 스포츠인 포뮬러원(F1)을 밤에 개최해 이목을 집중시켰다. 세계 유일의 야간 F1 경기인 '싱가포르 F1 나이트 레이스'의 정식 명칭은 '포뮬러원 싱가포르 그랑프리(Formula 1 Singapore Grand Prix)'. 매년 9월 마리나 베이의 항구 주변 도로를 중심으로 조성된 5,073km 길이의 마리나 베이 스트리트 서킷(Marina Bay Street Circuit)에서 펼쳐진다. F1 나이트 레이스는 싱가포르 플라이어, 래플스 블루바드, 앤더슨 브릿지, 풀러톤 호텔 등 싱가포르 대표 관광 명소들이 집결해 있는 도심을 질주하기에 더욱 특별하다.

✉ www.singaporegp.sg

©Singapore GP

5 스카이 다이닝 233p

싱가포르에서 두 번째로 높은 산인 마운트 페이버(Mount Faber). 해발 106m의 마운트 페이버 정상에 위치한 주얼 박스는 싱가포르 시티와 센토사 섬을 오가는 케이블카를 타는 곳이자, 케이블카를 타고 저녁식사를 하는 '스카이 다이닝(Sky Dining)'을 세계 최초로 선보인 로맨틱 스폿이다.

4 샹그릴라 호텔 241p

'지상낙원'이라는 뜻의 '샹그릴라(Shangri-La)'는 아시아를 중심으로 전 세계에 체인을 두고 있는 특급 호텔 브랜드로 홍콩에 본사를 두고 있다. 그러나 샹그릴라의 기념비적인 첫 번째 호텔은 1971년 싱가포르에서 오픈했다는 사실. 전통과 역사가 녹아 있는 싱가포르 샹그릴라에는 故 노무현 대통령 등 한국의 역대 대통령과 미국 부시 전 대통령 등 수많은 명사들이 묵은 바 있다.

©Singapore Cable Car/The Jewel Box

Special Page

화려하고 매혹적인 페라나칸 문화 엿보기

중국인과 말레이인이 결합해 탄생한 인종과 그 문화를 일컫는 페라나칸(Peranakan)은 싱가포르의 뿌리다. 페라나칸의 독특한 문화를 살펴보면서 싱가포르의 다양성을 재확인해보자.

페라나칸 여인들의 전통 의상 사롱 거바야

페라나칸 박물관 Peranakan Museum

페라나칸에 대해 재미있게 알아볼 수 있는 체험형 박물관. 1912년 지어진 3층 규모의 유럽풍 건물에 들어서 있는 박물관으로 페라나칸 사람들의 초상화, 12일 동안 치르는 결혼식, '바바(Baba)'와 '노냐(Nonya)'의 의미 등 페라나칸 사람들의 의식주와 과거, 현재, 미래 모습을 아우르는 이야기를 10개의 전시실에 걸쳐 보여준다. 특히 페라나칸 출신의 인기가수 에밀리를 소재로 한 'Emily of Emerald Hill' 전시에서는 싱가포르항공과 말레이시아항공 승무원 유니폼에 영향을 준 페라나칸 전통 의상 '사롱 거바야(Sarong Kebaya)'와 정교한 구슬공예, 자수공예, 장신구 등을 선보이고 있어 흥미롭다. 스탬프 찍기 놀이 등 재미난 체험 활동도 마련해 놓았다.

Map 대형①-C2 MRT CC2 브라스 바사(Bras Basah) 역 B출구로 나와 스탬포드 로드(Stamford Rd.)를 따라 직진하면 아르메니안 스트리트(Armenian St.)가 나온다. 도보 약 5분 월요일 13:00~19:00, 화~일요일 09:00~19:00(단, 금요일은 21:00까지) SGD6, 6세 이하 무료(금요일 19:00부터 SGD3) +65 6332 7591 39 Armenian St. www.truebluecuisine.com

TIP 페라나칸이 뭐예요?

18세기 무렵, 많은 중국인들이 주석 광산 등에서 일하기 위해 말레이 반도로 넘어와 정착하게 됐다. 말레이 반도로 이주해 온 중국인 남성과 말레이인 여성들이 결혼하는 경우가 많았는데 이들의 후손을 페라나칸이라고 한다. 남자는 바바(Baba), 여자는 노냐(Nonya)라고 하며 바바와 노냐의 이름을 딴 음식이나 문화도 점차 양산되었다. 페라나칸의 문화는 중국과 말레이의 전통에 화려한 스타일이 더해진 독특한 퓨전 문화다. 페라나칸은 싱가포르뿐 아니라 말레이시아의 페낭, 말라카 등에 집중적으로 거주하고 있다.

Map 대형❶-C2 페라나칸 박물관 바로 우측에 위치 11:30~14:30, 18:00~21:30 아얌 부아 켈루악 SGD18++, 아얌 퐁테 SGD16++ +65 6440 0449 47/49 Armenian St. www.truebluecuisine.com

트루 블루 True Blue

페라나칸 음식은 동남아에서 흔히 볼 수 있는 재료를 중국식으로 요리하면서도 중국 음식에서는 거의 쓰지 않는 코코넛 밀크를 많이 사용한다. 트루 블루는 전통 페라나칸 음식뿐 아니라 전통 춤이나 전통 공예품 등 페라나칸 문화도 체험할 수 있는 페라나칸 레스토랑. 추천 메뉴는 닭고기와 강황, 블랙너트를 넣고 매콤새콤하게 양념한 아얌 부아 켈루악(Ayam Buah Keluak). 맵지 않은 메뉴를 원한다면 닭고기 조림인 아얌 퐁테(Ayam Pongteh)를 선택해보자. 메뉴판에 자세한 설명이 있어 수월하게 음식을 주문할 수 있다.

블루 진저 Blue Ginger

페라나칸 음식의 중요한 식재료인 고량강(말레이어로 Galangal, 생강의 일종)에서 이름을 딴 차이나타운의 맛집. 닭요리부터 해산물까지 다양한 메뉴를 선보이는데, 코코넛 밀크를 첨가한 소고기 커리인 소고기 렌당(Beef Rendang)은 싱가포르 최고 수준으로 꼽힌다. 이 집의 하이라이트는 두리안 첸돌(Durian Chendol). 팥빙수처럼 잘게 간 얼음에 코코넛 밀크를 넣고 첸돌과 팥, 두리안을 얹어낸 디저트로 두리안 특유의 냄새가 적고 고소하다. 모든 고객에게 자릿세 개념으로 SGD2.2가 부과되며 밥, 피클, 삼발소스가 제공된다. 페라나칸 음식은 향신료가 강한 편이니 로컬 푸드가 입에 맞는다면 도전해볼 것.

Map 대형❶-B4 MRT EW15 탄종 파가(Tanjong Pagar) 역 A출구로 나와 공원을 가로지른 후, 오키드 호텔(Orchid Hotel)에서 우회전하여 탄종 파가 로드(Tanjong Pagar Rd.)를 따라 도보 약 3분 12:00~14:30, 18:30~22:30 소고기 렌당 SGD12.9++ +65 6222 3928 97 Tanjong Pagar Rd. www.theblueginger.com

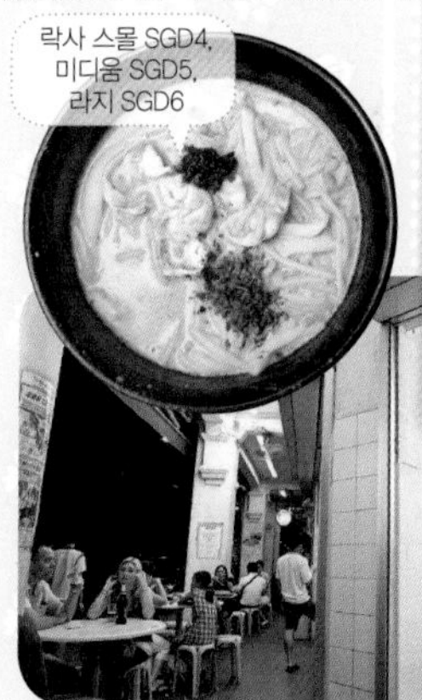

328 카통 락사 328 Katong Laksa

페라나칸의 대표적인 음식 락사. 동남아 음식 특유의 향에 거부감이 없는 사람이라면 한 번 빠지면 헤어나올 수 없는 누들 요리다. 싱가포르 제일의 락사로 꼽히는 328 카통 락사는 카통 지역에서만 2개의 매장을 운영하는 인기 식당으로, 수많은 매체에서 인정한 곳이다. 이곳의 락사는 유부, 어묵, 새우 등의 토핑과 쫄깃한 면발, 코코넛 그레비가 들어간 고소하고 담백한 국물이 일품. 현금 결제만 가능하다.

Map 대형❼ MRT EW8/CC9 파야 레바(Paya Lebar) 역 A출구에서 112 카통 쇼핑몰의 셔틀버스를 타고 112 카통에서 하차. 이스트 코스트 로드(East Coast Rd.) 건너편에 위치 08:00~22:30 +65 9732 8163 53 East Coast Rd./ 216 East Coast Rd.

싱가포르
&

나만의 싱가포르 여행 테마를 찾아라!

"싱가포르? 하루면 볼 건 다 본다던데? 조그만 나라라 좀 심심할 것 같아." 라고 생각하는 당신! 아직 싱가포르에 대해 손톱만큼도 모르는 것이다. 먹고, 놀고, 보고, 쉬고, 배우는 오색 만족 여행이 가능한 도시, 여행자의 다양한 취향을 200% 만족시키는 무궁무진한 즐거움이 있는 싱가포르로 떠나보자.

볶음 국수 호키엔 미

한 끼 식사로 충분한 하이난식 치킨라이스

1 미식 탐험

식탐 여행자들이여, 싱가포르에서 '먹방' 한 번 제대로 찍어보자! 중국, 말레이시아, 인도, 아랍, 이탈리아, 프랑스 등 세계 요리가 총집결한 싱가포르는 아시아에서 둘째가라면 서러운 미식의 도시. 단돈 3,000원으로 훌륭한 로컬 음식을 맛볼 수도, 수십 만원을 호가하는 미슐랭 스타 셰프들의 고품격 정찬을 경험할 수도 있다.

2 쇼핑 원정

여행자들이 꼽는 싱가포르의 매력 중 으뜸은 단언컨대, 쇼핑이다. 화려한 명품 숍과 쇼핑센터가 즐비한 오차드 로드부터 트렌디하고 감각적인 디자이너 숍이 밀집한 하지 래인까지 도시 곳곳이 쇼핑 천국이다. 쇼퍼홀릭이라면 매년 6~7월 싱가포르 전역의 쇼핑몰이 세일에 들어가는 쇼핑 축제를 노려보자.

3 야경 홀릭

홍콩만큼 화려하진 않아도 홍콩보다 근사하고 로맨틱한 야경이 싱가포르에 있다. 유럽 못지않은 고풍스러운 건축물과 반짝반짝 빛나는 스카이라인. 싱가포르의 랜드마크 마리나 베이 샌즈와 싱가포르 플라이어가 만들어내는 싱가포르의 야경은 은은하고 달콤하다. 하늘과 맞닿은 루프톱 바, 싱가포르 강 위를 흐르는 크루즈에서 야경을 감상하면 낭만은 두 배!

©The Sentosa

4 달콤한 휴양

싱가포르에서 도시여행만 가능할 거라는 건 편견일 뿐이다. 싱가포르 남부 섬인 센토사의 럭셔리 리조트에서 온전한 휴식을 취하거나, 한적한 해변을 거닐며 휴양지 분위기를 한껏 느끼거나, 도심 속 스파에서 호사로운 여유를 누려 보자. 센토사에서는 세상에서 가장 달콤한 힐링 타임을 가질 수 있다.

5 건축 기행

철저한 계획 아래 만들어진 도시답게 싱가포르에는 랜드마크가 되는 수많은 건축물이 있다. 마리나 베이 샌즈(108p), 에스플러네이드(122p) 등 혁신적인 디자인의 현대식 건물은 물론 아랍 스트리트(199p)의 술탄 모스크(199p)와 동양과 서양이 조화를 이룬 차이나타운(170p)의 옛 건축물들이 독특한 도시 풍경을 완성한다.

가든 산책

싱가포르는 가든 시티(Garden City)를 목표로 공원과 정원을 도시 곳곳에 조성하고 가로수를 아름답게 정비했다. 도시인의 청량한 휴식처 보타닉 가든(39p), 환상적인 인공나무 슈퍼트리(Supertree)가 우뚝 서 있는 거대한 테마 가든 가든스 바이 더 베이(118p) 등을 산책하며 한 박자 쉬어 가자.

7 테마파크 정복

각양각색의 테마파크가 가득한 싱가포르는 아이와 함께 하는 가족여행에도 안성맞춤이다. 유니버설 스튜디오 싱가포르(220p)와 어드벤처 코브 워터파크(219p)에서 익사이팅한 시간을 보내고 나이트 사파리(42p), 싱가포르 동물원(40p), 주롱 새 공원(41p)에서 귀엽고 용맹한 동물들과 함께 추억을 만들 수 있다. 2013년 4월 개장한 리버 사파리(42p)에는 두 마리의 귀여운 판다도 기다리고 있다.

센토사에 위치한 동남아시아 유일의 유니버설 스튜디오

아이들이 좋아하는 주롱 새 공원

이슬람 문화를 체험할 수 있는 술탄 모스크

8 다문화 체험

다양한 문화 체험을 좋아하는 여행자들에게는 싱가포르가 답이다. 중국계, 말레이계, 인도계 사람들이 한 하늘 아래 어울려 살고 있는 싱가포르에서는 다양한 문화의 서로 다른 맛과 멋을 한꺼번에 경험할 수 있다.

9 박물관&갤러리 탐방

동남아시아 문화 예술의 허브가 되기를 꿈꾸는 싱가포르. 현대 미술, 동남아시아 문명, 페라나칸 문화 등 각종 박물관은 물론 싱가포르의 도시 계획을 한번에 보여주는 싱가포르 시티 갤러리(180p), 세계에 단 두 곳뿐인 레드닷 디자인 뮤지엄(181p), 뉴욕 소호를 꿈꾸는 갤러리 지구 길먼 배럭스(181p)까지. 싱가포르의 일상에 문화와 예술을 녹여내기 위한 프로젝트는 오늘도 활기차게 진행 중이다.

10 열정의 나이트라이프

그야말로 신세계다. 동남아시아에서 가장 세련되고 열정적인 나이트라이프를 자랑하는 싱가포르에서는 자유로운 올빼미가 되어 밤의 여흥을 만끽할 필요가 있다. 클락키(132p)에 밀집한 수많은 클럽과 바는 청춘의 열기와 여행자들의 설렘이 시너지 효과를 내며 매일 밤 달아오른다. 아주 뜨겁게!

레드닷 디자인 뮤지엄

걷는 재미가 쏠쏠! 매력만점 골목 탐험

이국적이거나, 고향처럼 정답거나! 싱가포르는 골목마다 뚜렷한 개성을 자랑하기 때문에 골목골목을 지날 때마다 마치 다른 나라로 건너온 것 같은 기분이 든다. 총천연색 매력을 내뿜는 싱가포르의 골목을 걸어보자.

에메랄드힐 Emerald Hill

오차드 로드에는 화려한 빌딩 숲과 쇼핑몰만 있는 게 아니다. 쇼핑 인파로 가득한 오차드 로드에서 한 발자국만 벗어나면 운치 있는 옛 건축물들과 야자수가 어우러진 에메랄드힐이 나온다. 에메랄드힐은 파스텔톤의 페라나칸 건축물과 숍하우스가 오밀조밀 들어서 있는 동네. 도시의 소음과 한 발자국 떨어져 있는 이곳에서는 천천히 걸어도 된다. 큰 기대를 품으면 실망할 수도 있는 작은 거리지만 물병 하나, 지도 한 장 들고 조용히 산책할 수 있는 곳.

하지 래인 Haji Lane 200p

부기스의 아랍 스트리트는 실크, 인도네시아 전통문양을 염색한 바틱(Batik) 천을 이용해 만든 사롱이나 원피스, 화려한 카펫을 살 수 있는 이슬람과 말레이시아인들의 전통 거리다. 아랍 스트리트에서 이국적인 흥취를 느꼈다면 이곳과 바로 연결되는 좁은 골목 하지 래인으로 발길을 돌려보자. 오너의 반짝이는 감각이 엿보이는 상점들이 즐비한 하지 래인은 기웃기웃 골목을 걸어보는 재미가 쏠쏠하다. 하지 래인의 건물들은 알록달록한 색감과 톡톡 튀는 벽화로 장식돼 있어 사진을 찍기에도 제격. 골목 중간에는 이슬람권 문화에서 빼놓을 수 없는 물담배를 경험할 수 있는 카페도 있다.

안시앙힐&클럽 스트리트 Ann Siang Hill & Club Street 172p

어스킨 로드(Erskine Rd.)를 지나 언덕길로 올라가면 안시앙힐과 클럽 스트리트가 나온다. 파스텔톤의 숍하우스를 그대로 보존해 만든 이국적인 분위기의 레스토랑, 카페, 펍, 부티크, 호텔이 도도하고 새침한 표정으로 여행자들을 맞이한다. 지도는 필요 없다. 그저 발길 닿는 대로 걷다 보면 이 예쁜 골목의 다양한 면모를 하나 둘 파악하게 될 것. 규모도 크지 않아 도보 여행하기에도 그만이다. 이 길을 만난 후에는 차이나타운은 촌스러울 거라는 편견을 갖고 있는 사람도 "싱가포르에서 가장 스타일리시한 곳은 차이나타운!"이라고 엄지를 치켜들게 될 것이다.

케옹색 로드 Keong Saik Road 173p

차이나타운 중심가에서 조금 떨어진 케옹색 로드는 홍대 거리가 핫 플레이스로 유명해지자 상수동까지 상권이 확장된 것처럼 안시앙힐과 클럽 스트리트에 이어 새롭게 부상하고 있는 차이나타운의 골목이다. 2012년 11월, 영국 콜로니얼 건축물을 개조한 부티크 호텔 나우미 리오라(247p)가 오픈하면서 더욱 주목받고 있다. 현지인들이 거주하는 골목 구석구석에서 감각적인 카페와 레스토랑, 바 등 보석처럼 빛나는 시크릿 플레이스를 찾아내는 재미가 쏠쏠하다. 키 작은 건물들과 알록달록 예쁜 숍하우스들이 감성을 충전해준다.

티옹 바루 Tiong Bahru 192p

유행에 민감한 싱가포르 사람들 사이에서 최근 가장 주목 받고 있는 곳. 조용한 주거지역이었던 티옹 바루에 지역 주민을 타깃으로 한 베이커리와 카페, 서점은 물론 부티크 호텔까지 하나 둘 들어서면서 싱가포르의 새로운 명소로 떠올랐다. MRT 티옹 바루 역부터 유명한 상점이 밀집해 있는 용색 스트리트(Yong Saik St.)까지는 약 15분이 소요되는데 동네 산책하듯 걷다보면 싱가포르 사람들의 라이프스타일을 엿볼 수 있다. 숨은 맛집과 작고 개성있는 상점 찾기를 좋아하는 여행자라면 한번쯤 방문해보자.

TIP 골목 산책에 재미를 더하는 건축 상식

- **콜로니얼(Colonial)**: '콜로니얼'은 '식민지 시대'를 뜻한다. 콜로니얼 양식은 유럽 국가들이 식민지에 건물을 지을 때 본국의 건축 양식을 기반으로 짓지만 식민지의 풍토, 기후, 재료, 현지 상황 등을 감안해 건축에 약간의 변화를 주기 때문에 본국의 정통 건축 양식과는 약간 다른 특색을 띤다. 싱가포르에는 많은 콜로니얼 건축이 남아 있다.
- **숍하우스(Shop House)**: 싱가포르의 전통가옥인 숍하우스는 1820년대부터 1970년대까지 지어진 2~3층 규모의 작은 건물로 대개 1층은 상점, 2층은 살림집으로 쓰인다. 1900년대 이후 지어진 숍하우스들은 바로크 양식과 아르데코 양식을 반영해 유럽풍의 건축을 보여주는데, 여기에 파스텔톤의 색상이 어우러져 아름답다. 보트키의 서큘러 로드(Circular Rd.), 차이나타운의 클럽 스트리트와 차이나 스퀘어(China Square), 에머랄드힐, 카통(Katong) 지역 등에서 볼 수 있다.

힐링 타임! 스파에서 한 박자 쉬기

바쁜 일상을 잠시 내려놓는 쉼표 같은 여행에서 스파가 빠질 수 없다. 힐링이 필요할 때, 섬세한 손길로 심신을 어루만져주는 스파에서 잠시 쉬어 가보자.

오붓하게 커플 스파를 즐길 수 있는 스위트룸

SK-II와 최첨단 스파 시스템의 만남!

SK-II 부티크 스파
SK-II Boutique Spa

명품 화장품 브랜드 SK-II가 스파를 운영한다니 좀 생소하다. 하지만 싱가포르에는 스파 전문가인 센즈 살러스(Senze Salus)와 SK-II 브랜드가 합작해 만든 세계 최초의 SK-II 스파가 있다. 오직 SK-II 제품을 이용한 최첨단 스파 시스템을 자랑한다. 현재 싱가포르에 4곳의 지점이 있는데, 그 중 오차드 로드 인근 스코츠 로드(Scotts Rd.)에 있는 본점은 정원으로 둘러싸인 방갈로 스타일의 건물에 9개의 트리트먼트 스위트룸을 갖춘 럭셔리 스파로 싱가포르 사람들에게도 인기다. 래플스 시티 쇼핑센터, 313@서머셋, 밀레니아 워크 지점은 쇼핑 후 스파를 즐기기 좋다.

Map 대형②-A1 MRT NS21 뉴톤(Newton)역 A출구로 나와 택시 정류장 방향으로 스코츠 로드(Scotts Rd.)를 따라 직진. 도보 약 10분 ⏱ 월~금요일 10:00~21:00, 토·일요일·공휴일 10:00~19:00 $ 아우라 광채 얼굴관리(Aura Lecency Facial, 100분) SGD320, 크리스탈 클리어 얼굴관리(Crystal Clear Facial, 60분) SGD160 ☎ +65 6836 9168 🏠 31 Scotts Rd. ✉ www.senzesalus.com

겐코 리플렉솔로지 & 스파 Kenko Reflexology & Spa

싱가포르 곳곳에서 볼 수 있는 스파 프랜차이즈. 설립자인 지미 탄(Jimi Tan) 박사가 중국과 미국에서 15년 이상 경험한 노하우가 담긴 테크니컬 반사요법 발 마사지와 닥터피시 발 관리로 유명하다. 이밖에 바디 트리트먼트, 헤드 테라피, 숄더 마사지 등 전문가의 손길이 필요한 부위를 골라 집중 스파를 받을 수도 있다. 발 마사지로 유명한 웰니스 스파(Wellness Spa)와 닥터피시를 이용한 발 마사지로 알려진 피시 스파(Fish Spa)가 있다. 마리나 베이, 오차드 로드, 차이나타운 등 여행자들이 자주 가는 명소에 있어 접근성이 좋다.

지점 별로 다름 발 마사지(60분) SGD89부터, 바디 트리트먼트(60분) SGD120부터 에스플러네이드 몰 지점 +65 6363 0303, 차이나타운 지점 +65 6223 0303, 마리나 스퀘어 지점 +65 6336 7117 에스플러네이드 몰 지점 8 Raffles Ave., 차이나타운 사우스 브릿지 지점 199 South Bridge Rd., 마리나 스퀘어 지점 6 Raffles Boulevard #01-230/231 등 www.kenko.com.sg

스파 보타니카 Spa Botanica

센토사 섬의 휴양지 분위기를 200% 만끽하려면 흔치 않은 정원식 스파 '스파 보타니카'에서 힐링 타임을 가져보자. 스파 보타니카는 센토사 뷰포트 호텔(245p)에 있는 럭셔리 스파. 자쿠지가 완비된 야외 정자와 프라이빗 커플룸에서 자연친화적이면서도 비밀스러운 스파를 즐길 수 있어 신혼 여행의 필수 코스로 각광 받는다. 시그니처 마사지인 보타니카 뱀부 마사지(Botanica Bamboo Massage)는 대나무 지팡이를 이용한 테라피로 피부 조직 너머 깊은 근육을 자극해 혈액 순환과 근육 긴장 완화에 도움을 준다.

Map 대형❸-B1 센토사 뷰포트 호텔(센토사 리조트 & 스파) 투숙객에 한해 무료 셔틀버스 운행. MRT 하버프론트(Harbour Front) 역 비보시티(VivoCity)에서 매시 정각과 30분에 출발. 탑승 장소는 점보 제이폿 레스토랑(Jumbo Jpot Restaurant) 앞 10:00~24:00(예약 필수) 보타니카 뱀부 마사지(60분) SGD180++, 스트레칭 포함(90분) SGD230++ +65 6371 1318 2 Bukit Manis Rd. www.spabotanica.sg

만다린 오리엔탈 스파 Mandarin Oriental Spa

싱가포르 최고의 호텔 중 한 곳인 만다린 오리엔탈이 자랑하는 럭셔리 스파. 만다린 오리엔탈 스파는 동양의 신비로움을 담아 호화롭게 디자인된 4개의 싱글룸과 2개의 커플룸 총 6개의 프라이빗룸으로 이뤄져 있다. 편안한 라운지에서 아이패드를 이용해 스파 컨시어지에게 상담을 받을 수 있으며, 스파 후에는 음료와 음식을 즐기며 여유롭게 쉬어 갈 수 있다. 빛, 음악, 향기가 어우러져 특별한 샤워 경험을 제공하는 샤워룸(Experience Shower Room)은 꼭 한 번 이용해보자. 영국 브랜드인 아로마테라피(Aromatherapy) 제품을 이용한 트리트먼트도 선보인다.

MAP 대형❶-D2 MRT CC3 에스플러네이드(Esplanade) B출구로 나가 래플스 링크(Raffles Link)로 우회전하여 마리나 스퀘어 방향으로 도보 약 5분 10:00~23:00 만다린 오리엔탈 시그니처 스파테라피(110분) SGD330 +65 6885 3533 Mandarin Oriental Singapore, Marina Square, 5 Raffles Ave. www.mandarinoriental.com/singapore

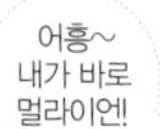

인증샷 필수! 싱가포르의 7대 명소

"거기 다녀왔어? 안 갔으면 싱가포르에 다녀왔다고 할 수 없지!" 사진발 잘 받는 싱가포르의 명소 일곱 군데를 콕콕 찍었다. 카메라를 챙겨 들고 기념사진 찍으러 떠나보자.

1 멀라이언 공원 107p

싱가포르의 상징 멀라이언(Merloin)은 인어(Mermaid)와 사자(Lion)의 합성어. 공원에는 물고기 몸통에 사자의 머리를 가진 거대한 하얀 동상이 물을 뿜어낸다. 1964년 싱가포르 관광청 로고로 처음 디자인된 멀라이언은 싱가포르의 초대 총리 리콴유(李光耀, Lee Kuan Yew)가 싱가포르의 공식 마스코트로 지정했고 1972년 동상으로 탄생했다. 싱가포르 강과 바다가 만나는 마리나 베이의 원 풀러톤(One Fullerton) 지역에 있다.

TIP 멀라이언 가족은 다섯?

싱가포르에는 공식적으로 총 5개의 멀라이언이 있다. 멀라이언 공원에 있는 '원조' 멀라이언(높이 8.6m)과 그 뒤쪽에 있는 앙증맞은 아기 멀라이언(높이 2m), 센토사 섬에 만들어진 9층 규모의 거대한 멀라이언 타워(높이 37m), 싱가포르 관광청사에 서 있는 멀라이언(높이 3m) 그리고 싱가포르에서 두 번째로 높은 산인 마운트 페이버(Mount Faber)의 정상을 지키고 있는 멀라이언(높이 3m)이다.

2 마리나 베이 샌즈 108p

57층 규모, 높이 200m의 건물 3개 동 위에 축구장 2배 넓이에 달하는 거대한 배 모양의 옥상이 올려져 있는 마리나 베이 샌즈. 비주얼부터 압도적인 포스를 풍기는 싱가포르의 랜드마크로 호텔, 카지노, 쇼핑몰, 컨벤션 센터, 극장, 박물관으로 이뤄진 복합 관광 단지다. 마리나 베이 샌즈를 배경으로 기념사진을 찍으려면 멀라이언 공원 또는 가든스 바이 더 베이가 명당이다.

3 오차드 로드 140p

2.2km의 대로를 따라 무려 27개의 쇼핑몰과 7개의 백화점이 늘어서 있는 싱가포르의 최대 쇼핑 거리. 싱가포르의 명동격인 오차드 로드는 쇼핑과 다이닝을 즐기려는 사람들로 언제나 북적인다. 눈부시게 화려한 명품 브랜드의 플래그십 스토어를 배경으로 모델 포스를 풍기면서 인증샷을 찍어보자.

4 클락키 132p

낮에는 강변의 낭만, 밤에는 클럽과 바의 열기로 가득한 이색 플레이스. 해가 저물면 클락키의 강변과 다리 위에 친구들과 연인들이 삼삼오오 모여 앉아 맥주를 마신다. 타이거 맥주 한 캔을 손에 들고 강변의 바람을 만끽하며, 찰칵!

5 센토사 섬 216p

남녀노소 고루 만족시키는 싱가포르의 대표적인 관광지 겸 휴양지. 싱가포르 도심에서 약 15분 떨어진 센토사 섬에는 유니버설 스튜디오 싱가포르, 아쿠아리움, 카지노, 2km의 인공 해변, 2개의 골프 코스, 5성급 호텔인 리조트 월드 센토사 등 다채로운 어트랙션이 들어서 있다.

6 래플스 호텔 88p

1887년 영국 식민지시대에 지어진 호텔로, 당시의 영국 건축을 본따 기품 넘치는 우아한 외관이 인상적이다. 싱가포르를 대표하는 호텔인 만큼 영화배우 찰리 채플린, 소설가 헤르만 헤세, 윌리엄 서머셋 모옴 등 유명 인사들이 머문 곳으로 유명하다. 유럽여행을 하는 것 같은 기분을 선사하는 래플스 호텔에서 우아한 기념사진을 남겨보자.

7 싱가포르 플라이어 120p

2008년 마리나 베이 지역에 들어선 세계 최대의 대관람차. 영국 런던에 런던아이가 있다면 싱가포르에는 싱가포르 플라이어가 도시의 미관을 예쁘게 꾸며준다. 싱가포르 플라이어를 타면 165m 높이의 상공에서 도시와 바다의 경관을 한눈에 내려다볼 수 있다. 지상의 관광객들에게는 완벽한 인증샷 포인트가 되어 준다.

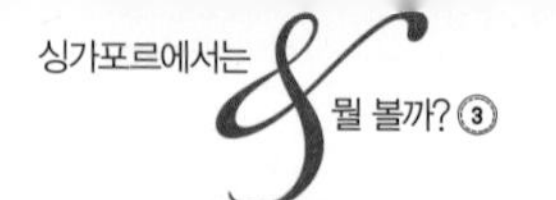

싱그러운 녹색의 향연, 가든 시티 싱가포르 산책

싱가포르는 본래 열대나무가 자랄 수 없는 척박한 땅이었다. 하지만 '가든 시티(Garden City)'를 목표로 국토 전체를 초록빛으로 가꾸기 위한 싱가포르 정부의 노력이 끊임없이 진행되었고, 싱가포르는 가든 시티로 다시 태어났다.

TIP 정원 도시, 싱가포르

지난 50년 간 싱가포르는 도시 녹지화 프로젝트를 진행해 왔다. 2007년 촬영한 위성 사진에 국가의 40% 이상이 초록색으로 나타났을 정도. 싱가포르 곳곳에 자리한 정원, 공원, 자연 보호 구역은 물론 거리에 울창하게 자라난 가로수는 도시 속의 정원이 아니라 '정원 속의 도시(City in a Garden)'를 목표로 하는 싱가포르 정부의 비전을 여실히 보여준다. 2012년에는 대규모 인공 정원 가든스 바이 더 베이를 성공적으로 오픈하여 싱가포르 사람들의 삶을 풍성한 초록빛으로 채웠다.

www.nparks.gov.sg

보타닉 가든 Botanic Gardens

싱가포르 최대 규모의 공원, 보타닉 가든은 울창한 열대나무 아래서 피크닉 나온 가족, 백조가 떠다니는 연못길을 따라 산책하는 연인, 가든 내 레스토랑에서 브런치를 나누는 사람들을 여유롭게 품어준다. 회색빛 일상에 지친 도시인들에게는 '로맨틱한 힐링 타임'을 제공하는 귀중한 장소다. 화보처럼 아름다운 사진을 남기고 싶다면 보타닉 가든에서도 낭만적인 곳으로 손꼽히는 어퍼 링 로드(Upper Ring Rd.)로 가보자. 어퍼 링 로드는 싱가포르 커플들의 웨딩 촬영 장소로도 인기높은 산책로다. 난과 꽃을 좋아한다면 공원 내의 내셔널 오키드 가든(National Orchid Garden)에 들러 볼 것. 열대우림을 재현해 만든 식물원에서 1,000여 종의 난과 2,000여 종의 개량난을 만날 수 있다. 넬슨 만델라, 다이애나 왕세자비, 배용준 등의 이름을 딴 개량난을 찾는 재미도 쏠쏠하다.

어퍼 링 로드의 그림같은 풍경

보타닉 가든은 가족 피크닉에도 인기 만점

MAP 대형④-B1 🚊 MRT CC19 보타닉 가든(Botanic Gardens) 역을 이용하면 북쪽 끝의 에코 가든(Eco Garden)과 연결 🕒 05:00~24:00(내셔널 오키드 가든 08:30~19:00) $ 무료(내셔널 오키드 가든의 입장료는 SGD5, 학생·60세 이상 SGD1, 어린이(12세 이하) 무료 📞 +65 6471 7361 🏠 1 Cluny Rd. ✉ www.sbg.org.sg

호트 파크 Hort Park

도심 속 정원을 제대로 구현한 공원. 조경에 관심이 많다면 서던 리지스(Southern Ridges) 지역에 있는 호트 파크를 강력 추천한다. 가드닝의 허브(The Gardening Hub)라고 불리울 만큼 섬세하게 디자인된 호트 파크는 탐스러운 꽃과 싱그러운 나무들이 도시의 경관과 조화를 이루고 있어 천천히 산책하기에 딱 좋다. 특히 공원 한가운데 위치한 인피니티 풀은 자연과 인공의 건축이 어우러진 가드닝의 절정을 보여준다. 공원 산책은 2~3시간 정도 소요되며, 새롭게 조성된 현대 미술 단지 길먼 배럭스(181p)와 가까워 함께 둘러볼 수 있다.

호트 파크 한가운데 조성된 인피니티 풀

MAP 대형⑥ 🚊 MRT CC27 래브라도르 파크(Labrador Park) 역 A출구 오른편에 있는 육교를 건너 맥도날드가 있는 방향으로 알렉산드라 로드(Alexandra Rd.)를 따라 도보 약 15~20분 🕒 06:00~22:00 🏠 Hyderabad Rd

MAP 대형①-C2/대형②-B1 🚊 MRT NS24 도비갓(Dhoby Ghaut) 역 A출구에서 도보 약 10분, MRT NS25/EW13 시티홀(City Hall) 역 B출구에서 도보 약 15분 🕒 24시간 🏠 70 River Walk Rd.

포트 캐닝 파크 Fort Canning Park

올드 시티, 클락키, 도비갓 등 싱가포르 중심 지역과 맞닿아 있는 60m 높이의 낮은 언덕 위에 포트 캐닝 파크가 있다. 이곳은 1859년 막사, 무기고, 병원으로 구성된 요새가 지어졌던 곳으로 14세기경 싱가포르 초기의 역사를 보여주는 유산들과 토마스 스탬포드 래플스 경의 개인 방갈로 등이 보존된 명소이기도 하다. 울창한 열대나무가 만들어주는 시원한 그늘 아래서 한 박자 쉬어가도 좋고 데이트 코스로 인기인 공원 내 레스토랑에서 근사한 식사와 티타임을 즐길 수도 있다.

테마파크의 천국, 가족여행에 강력 추천!

"싱가포르까지 가서 동물원에?" 했다가도 막상 가보면 아이들보다 어른들이 더 푹 빠져버리고야 마는 곳! 싱가포르 동물원부터 새로 개장한 리버 사파리까지, 싱가포르의 매력 만점 테마파크를 찾아 떠나보자.

TIP 동물원 완전정복, 파크 호퍼스

파크 호퍼스(Park Hoppers)란 주롱 새 공원, 싱가포르 동물원, 나이트 사파리, 리버 사파리, 4곳의 테마파크를 2~4곳까지 패키지로 구매할 수 있는 티켓. 구매일로부터 1개월 간 이용 가능하며 각 장소를 각기 다른 날 방문할 수 있어 더욱 매력적이다. 테마파크를 좋아한다면 낮에는 주롱 새 공원, 싱가포르 동물원, 리버 사파리 중 2곳을, 밤에는 나이트 사파리를 방문하는 일정을 추천한다.

* **4-in-1 파크 호퍼**: 4곳 모두 이용 가능. SGD89, 어린이 SGD58이며 따로 구매할 때에 비해 어른 기준 SGD23 절약
* **3-in-1 파크 호퍼**: 4곳의 동물원 중 3곳 선택. 조합에 따라 SGD59, 어린이 SGD32부터. 어른 기준 최소 SGD13 이상 절약
* **2-in-1 파크 호퍼**: 4곳의 동물원 중 2곳 선택. 조합에 따라 SGD39, 어린이 SGD26부터. 어른 기준 최소 SGD11 이상 절약

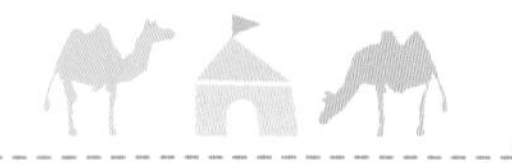

TIP Don't Forget!

- 유모차 유료 대여 가능
- 쇼타임
  Splash Safari Show 10:30 · 17:00
  Animal Friends Show 11:00 · 16:00
  Elephants at Work & Play Show 11:30 · 15:30
  Rainforest Fights Back Show 12:30 · 14:30
- Rainforest Kidzworld
  동물도 보고 물놀이도 즐길 수 있는 어린이 놀이터. 09:00~18:00

싱가포르 동물원 The Singapore Zoo

1973년 오픈, 2013년 개관 40주년을 맞이한 싱가포르 동물원은 '울타리와 철창이 없는 동물원'으로 유명하다. 캥거루, 수달, 피그미 하마, 악어, 바다사자 등 전세계에서 온 300여 종, 2,800여 마리의 동물을 가까이에서 만날 수 있다. 울타리가 없어서 위험하지 않겠냐고? 울타리 대신 바위와 물웅덩이 같은 천연 방어물을 이용해 야생의 느낌을 더하고 맹수들로부터 관람객 보호에 만전을 기하고 있으니 안전에 대한 걱정은 붙들어 매도 된다. 싱가포르 동물원은 동물들과 기념촬영을 허가하고 먹이를 주거나, 다양한 쇼에 함께 참여하면서 동물과 친해질 수 있어 가족여행에 인기. 동물원의 인기스타 오랑우탄과 기념촬영을 하거나 아침식사를 하는 프로그램도 있다.

MAP 008p MRT NS16 앙 모 키오(Ang Mo Kio) 역에서 하차, 138번 SBS 버스로 갈아타거나 택시로 이동 08:30~18:00(티켓은 17:30까지 판매) SGD22, 어린이(3~12세) SGD14 +65 6269 3411 Mandai Lake Rd. www.zoo.com.sg

주롱 새 공원 Jurong Bird Park

1971년 1월 문을 연 세계 최대 규모의 새 공원. 전 세계에 서식하는 400여 종, 5,000여 마리의 새가 모여 사는 '새들의 천국'이다. 총천연색 새들의 향연이 펼쳐지는 주롱 새 공원에서는 곳곳에 마련된 알록달록한 포토존에서 기념사진을 찍거나 새들에게 먹이를 주고 쇼를 감상하는 등 다채로운 액티비티가 가능하다. 25개의 전시관 중에서도 야행성 조류가 모여 있는 월드 오브 다크니스(World of Darkness), 희귀한 코뿔새(Hornbills)와 오색현란한 큰부리새(Toucans) 전시관은 놓쳐서는 안될 포인트. 아이들과 함께라면 9층 높이의 새장 안에 예쁘게 지저귀는 1,000여 마리의 앵무새가 있는 세계 최대의 잉꼬 전시장, 로리 로프트(Lory Loft)를 추천한다.

MAP 008p MRT EW27 분 레이(Boon Lay) 역에서 하차, 194번이나 251번 SBS 버스로 갈아타거나 택시로 이동 08:30~18:00(티켓은 17:30까지 판매) SGD20, 어린이(3~12세) SGD13 +65 6265 0022 2 Jurong Hill www.birdpark.com.sg

TIP Don't Forget!

- 유모차 유료 대여 가능
- 쇼타임
  Kings of the Skies Show 10:00·16:00
  High Flyers Show 11:00·15:00
  Lunch with Parrots 13:00
- Birdz of Play
  아이들을 위한 물놀이장. 여벌의 옷을 챙겨가면 좋다.
  월~금요일 11:00~17:30, 토·일요일·공휴일 09:00~17:30

나이트 사파리 Night Safari

밤에 더욱 활동적이 되는 야행성 야생동물의 본능을 살려, 1994년 세계 최초로 개장한 나이트 사파리. 오직 밤에만 문을 여는 열대우림 속 야외동물원은 120종, 1,000여 마리 동물의 보금자리로 연간 110만 명이 넘는 관광객이 찾는 인기 관광지다. 나이트 사파리의 매력은 담장이 없는 동물원이라는 것. 야생동물을 철창 속에 가둬놓는 대신 지형적인 특성을 이용해 자연 우리를 만들었다. 아프리카 초원, 미얀마 정글, 네팔 계곡 등 7개의 구역을 보름달보다 밝은 특수 조명을 이용해 야생동물의 생활을 방해하지 않으면서 탐험할 수 있다. 총 길이 3.2km의 트램을 타고 돌아보거나 산책 코스를 걸으면서 구경할 수 있으며 20분 간 펼쳐지는 나이트 쇼는 놓치면 아까운 볼거리다. 나이트 사파리 내부는 무척 어두워 일부 장소 외엔 사진 촬영이 쉽지 않다.

MAP 008p MRT NS16 앙 모 키오(Ang Mo Kio) 역에서 138번 SBS버스 이용. 혹은 선텍시티, 차이나타운, 오차드, 리틀 인디아에서 출발하는 유료 셔틀버스 이용 가능. (www.bushub.com.sg) 19:30~24:00(마지막 입장은 23:00까지), 레스토랑과 기념품숍은 18:00부터 SGD35, 어린이(3~12세) SGD23 +65 6269 3411 80 Mandai Lake Rd. www.nightsafari.com.sg

리버 사파리 River Safari

2013년 4월 문을 연 따끈따끈한 동물원. 미시시피강, 콩고강, 나일강, 갠지스강, 머레이강, 메콩강, 양쯔강 등 인간의 삶과 문명에 커다란 영향을 끼친 세계 7대 강을 생생하게 재현한 테마파크다. 자이언트 판다 카이카이(Kai Kai)와 지아지아(Jia Jia)를 비롯한 500여 종, 5,000여 동물을 만날 수 있다. 구불구불한 강물을 따라 산책하면서 동남아 최대의 판다 전시관인 자이언트 판다 숲, 세계 최대 규모의 담수 수족관, 다람쥐 원숭이 숲 등을 경험해볼 수 있다. 근처에 있는 싱가포르 동물원, 나이트 사파리까지 도보로 이동 가능.

MAP 008p MRT NS16 앙 모 키오(Ang Mo Kio) 역에서 하차, 138번 SBS 버스로 갈아탄다. 어렵다면 지하철 역에서 내려 택시를 이용한다 09:00~18:00(티켓은 17:00까지 판매) SGD25, 어린이(3~12세) SGD16 +65 6269 3411 80 Mandai Lake Rd. riversafari.com.sg

센토사 Sentosa 216p

센토사 섬은 어른 아이 할 것 없이 흥미로운 체험을 할 수 있는 엔터테인먼트의 천국이다. 싱가포르 최초의 워터파크인 어드벤처 코브 워터파크(219p), 83m에 날하는 투명터널을 지나며 2,500여 마리의 물고기를 감상하는 거대한 수족관 언더워터 월드(Underwater World Singapore), 핑크 돌고래와 함께 수영하는 독특한 체험을 할 수 있는 돌핀 라군(223p) 등 섬 전체에 다양한 테마파크가 밀집해 있다.

테마파크 마니아들에게 센토사는 유니버설 스튜디오 싱가포르(220p)가 있는 섬으로 더욱 유명하다. 미국 할리우드 영화를 소재로 만든 유니버설 스튜디오 싱가포르는 세계에서 다섯 번째이자 아시아에서는 일본 오사카에 이어 두 번째로 탄생한 유니버설 스튜디오 테마 파크다. 다른 유니버설 스튜디오의 인기 아이템을 쏙쏙 뽑아온데다가 트랜스포머 더 라이드 등 오직 유니버설 스튜디오 싱가포르에서만 만날 수 있는 18개의 공연과 놀이시설을 운영해 더욱 인기다. 범블비, 슈렉, 쿵푸 판다, 마다가스카, 미이라 등 남녀노소가 열광하는 영화 주인공을 7개의 테마 존에서 만날 수 있다.

MAP 대형③ MRT CC29/NE1 하버프론트(HarbourFront) 역에서 센토사 익스프레스 탑승
www.sentosa.com.sg

여행은 드라마처럼, 휴식은 영화처럼

낭만적인 거리와 화려한 야경을 자랑하는 싱가포르는 우리나라 드라마와 영화 촬영지로도 각광받는다. 주인공들의 사랑이 꽃피는 그곳, 드라마와 영화 속 로맨틱 싱가포르를 찾아서.

드라마 <그들이 사는 세상>

표민수 PD, 노희경 작가, 배우 현빈과 송혜교가 만들어 낸 〈그들이 사는 세상〉은 2009년 종영 후 지금까지도 수많은 마니아를 이끌고 있는 명작 드라마다. 〈그들이 사는 세상〉에서 싱가포르는 극중 드라마 PD인 주인공들이 해외 로케를 진행하는 촬영 현장으로 근사하게 등장한다. 동시에 주인공 정지오(현빈 분)와 주준영(송혜교 분)의 애정전선을 형성해주는 도우미 역할을 했다.

★주요 촬영지

차이나타운 덕스톤힐: 주준영이 촬영 장면을 구상하고 드라마를 촬영한 파스텔톤의 예쁜 건물이 가득한 골목 170p

보트키와 클락키: 정지오와 주준영이 촬영 스태프와 이야기를 나누고 싱가포르 강변의 아름다운 야경 속을 거닐던 장면의 배경 131, 132p

래플스 랜딩 플레이스: 주준영과 정지오가 밤새도록 이야기 꽃을 피우다 잠들었던 곳

보트키의 야경을 빛내주는 풀러튼 호텔

리버 크루즈를 타고 싱가포르 강을 유람해보자

TIP 싱가포르와 한류

동남아시아 여느 국가와 마찬가지로 싱가포르에도 한류의 바람이 강하게 불고 있다. 2011 엠넷 아시안 뮤직 어워즈(MAMA)가 싱가포르에서 성황리에 개최되어 K-POP의 인기를 증명한 바 있고 한국 가수들이 싱가포르에서 공연을 할 때마다 수많은 관중들이 객석을 메운다. 〈그 겨울, 바람이 분다〉 등 수많은 한국 드라마들이 끊임없이 방영되면서 한류 팬 층을 넓히고 있다.

싱가포르 건국의 아버지라 불리는 토마스 스탬포드 래플스 경의 동상

드라마 <케세라세라>

2007년 방영된 〈케세라세라〉는 첫사랑의 열병을 담은 성장 드라마. 김윤철 PD의 감각적인 연출로 그려진 강태주(문정혁 분)와 한은수(정유미 분) 등 네 청춘남녀의 엇갈리는 러브 스토리로 시청자들의 열렬한 호평을 받았다. 이 드라마에서 싱가포르는 가장 로맨틱하고 강렬한 에피소드를 탄생시킨 배경으로 등장한다.

★주요 촬영지

스칼렛 부티크 호텔: 차이나타운에 위치한 부티크 호텔. 네 남녀의 엇갈린 사랑이 강렬하게 그려지는 바로 그 곳이다. 비 오는 싱가포르 거리에서 강태주와 한은수가 격렬한 키스를 하며 숨겨왔던 사랑의 감정을 확인하기도 했다. 247p

〈케세라세라〉의 배경이 된 스칼렛 부티크 호텔

드라마 속 한 장면을 떠올리게 하는 예쁜 객실

영화 <달콤, 살벌한 연인>

2006년 개봉작 〈달콤, 살벌한 연인〉은 수상한 남녀의 예측불허 연애를 그려낸 로맨틱 스릴러 영화다. 순진한 남자 황대우(박용우 분)와 무서운 여자 이미나(최강희 분)의 달콤하면서도 살벌한 연애가 끝나고 영화의 마지막 장면에 등장한 장소가 바로 싱가포르다.

★주요 촬영지

멀라이언 공원: 대우와 미나가 2년 만에 우연히 재회한 엔딩 장면에 등장한 곳. 파란 하늘, 시원하게 물을 뿜어내는 멀라이언 동상, 센트럴 지역의 화려한 스카이라인이 예쁘게 담겨 흐뭇한 엔딩을 완성했다. 107p

싱가포르 대표 음식

음식을 빼고 싱가포르에 대해 이야기한다는 건 상상도 할 수 없는 일! 중국식, 말레이식, 인도식 등 다채로운 로컬 푸드를 경험해 보는 것은 싱가포르 여행의 빼놓을 수 없는 즐거움이다. 그 중에서도 꼭 맛봐야 할 로컬 푸드 10가지를 엄선했다.

락사 Laksa

페라나칸 요리의 대표주자. 매콤한 커리 그레비(Curry Gravy), 고소한 코코넛 밀크로 만든 국물에 쫄깃한 쌀 국수와 새우, 달걀, 어묵, 숙주 등의 야채를 넣어 만든 국수 요리. 매콤하면서도 고소한 국물 맛이 일품이며 매운 칠리소스인 삼발(Sambal)을 곁들여 먹는다.

바쿠테 Bak Kut Teh

중국식 약재가 가득 들어간 국물에 돼지갈비를 넣어 끓인 돼지갈비탕. 밥과 함께 먹으면 쇠력해진 기운을 충전해주는 보양식이자 술 마신 다음날 먹기에 좋은 해장식사다. 바쿠테의 핵심은 국물! 후추를 사용한 맑은 수프와 간장으로 맛을 낸 검은 수프 두 가지가 있는데 맑은 수프가 한국인 입맛에 더 잘 맞는 편이다.

미 고렝 Mee Goreng

인도네시아식 국수 볶음. '미(Mee)'는 노란색을 띤 달걀 면을, '고렝(Goreng)'은 볶음을 뜻한다. 도톰한 면발에 고기, 해산물, 각종 채소, 달걀을 넣고 강한 불에서 볶아 만드는 흔한 길거리 음식이다.

캐롯 케이크 Carrot Cake

정식 이름인 '차이 타오 쿼이(Chai Tao Kway)'보다 '캐롯 케이크'로 더 많이 알려진 이 메뉴는 중국식 아침식사 중 하나. 쌀, 밀가루, 마늘, 달걀 등을 볶아 만들며 화이트 캐롯 케이크와 블랙 캐롯 케이크 두 종류가 있다. 블랙 캐롯 케이크엔 달콤한 간장을 넣어 좀 더 달달하다.

칠리크랩 Chilli Crab

토마토 칠리소스로 만들어 매콤달콤하고 걸쭉한 양념에 게를 볶아낸 요리. 한국인 입맛에 아주 잘 맞아서 '손가락 쭉쭉 빨며' 게살을 발라먹게 될 정도. 양념에 밥을 비벼 먹거나, 구운 빵인 번(Bun)을 찍어 먹으면 그 맛이 일품이다.

사테 Satay

양념한 고기를 숯불에 지글지글 구워내는 꼬치구이. 주로 소고기, 닭고기, 양고기 등으로 만들고 중국 음식점에서는 돼지고기로 내놓기도 한다. 싱가포르식 푸드코트인 호커센터에 맛있는 냄새를 퍼뜨리는 주인공. 늦은 밤 맥주 안주로 그만이다.

호키엔 미 Hokkien Mee

볶음 국수요리. 달걀 노른자와 밀가루를 섞어 만든 '미(Mee)'라는 면과 달걀, 새우, 숙주 등을 넣어 볶아낸다. 볶음면이지만 새우 국물이 들어가 촉촉하고 담백하며, 매콤한 삼발소스를 곁들여 먹어도 좋다.

하이난식 치킨라이스 Hainanese Chicken Rice

하이난 출신 중국인들이 가져온 '하이난식 치킨라이스'는 싱가포르 사람들이 사랑하는 음식. 닭고기를 삶은 육수로 지은 밥 위에 양념이 안 된 담백한 닭고기를 얹어내온다. 생강소스, 칠리소스 등과 함께 먹으면 더 맛있다.

차 퀘이 티아우 Char Kway Teow

달콤 짭짤한 말레이식 볶음국수. '차(Char)'는 중국 복건성 말로 '볶음'을, '퀘이 티아우(Kway Teow)'는 주 재료인 '납작한 쌀국수'를 뜻한다. 납작한 쌀국수에 간장, 달걀, 고추, 새우, 꼬막, 숙주, 부추 등을 넣고 센 불에 볶아 먹는다.

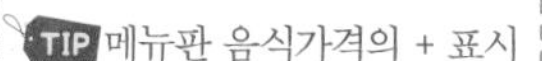

TIP 메뉴판 음식가격의 + 표시

메뉴판 음식 가격 옆에 + 표시가 있을 경우 소비세(GST) 7%가 추가되고 ++가 있을 경우 서비스 요금(Service Charge) 10%와 소비세 7%가 더해진다는 뜻. 호텔 레스토랑이나 고급 식당에는 ++ 표시 및 'Prices are subject to 10% Service Charge & 7% GST'라는 문구가 있는 경우가 많으니 잘 살펴보자.

피시 헤드 커리 Fish Head Curry

커다란 생선 머리가 그대로 나오는 비주얼이 다소 충격적이지만 매콤하고 중독성 있는 맛은 그 충격마저 잊게 한다. 생선 머리에 오크라(Okra), 토마토, 가지 등 각종 채소와 커리를 더해 끓여낸 칼칼한 국물이 한국 사람 입맛에도 딱. 눈 한 번 질끈 감고 도전해보자.

싱가포르식 아침식사

싱가포르의 아침식단은 다양하다. 다양한 인종과 버라이어티한 식문화 만큼 다채로운 메뉴가 싱가포르 사람들의 아침 입맛을 깨운다. 여러가지 싱가포르식 아침식사로 하루를 시작해보자.

카야 토스트 Kaya Toast

바삭하게 익힌 식빵 사이에 카야 잼과 버터를 듬뿍 넣어 발라먹는 아침식사 메뉴. 반숙 달걀과 연유를 듬뿍 넣은 진한 맛의 싱가포르식 로컬 커피인 코피(Kopi)가 더해지면 싱가포르식 아침식사 완성!

쪽 Jok

중국 남부의 죽 요리. 중국인들의 아침식사와 간식, 야참으로 이보다 더 좋을 수 없는 메뉴로 별다른 향신료가 들어가지 않고 한국의 죽보다 묽기 때문에 부담없이 훌훌 넘어간다. 취향에 따라 간장이나 파 등을 뿌려 먹는다.

나시 르막 Nasi Lemak

말레이시아와 싱가포르 사람들이 아침에 주로 먹는 음식. 코코넛 물로 지어 달작지근한 밥에 오이, 달걀, 땅콩, 멸치 등으로 이뤄진 것이 기본인데 닭튀김을 얹어내오는 경우가 많다. 매콤달콤한 삼발소스를 적당히 뿌려 먹으면 더욱 좋다. 호텔 조식 뷔페에서도 쉽게 찾아볼 수 있다.

피시볼 미 Fish Ball Mee

어묵 국수. 입안에서 쫄깃쫄깃하게 씹히는 통통한 어묵과 부드러운 국수가 개운한 국물 안에 퐁당! 국수를 사랑하는 싱가포르 사람들에게 가볍고 든든한 아침식사로 애용된다.

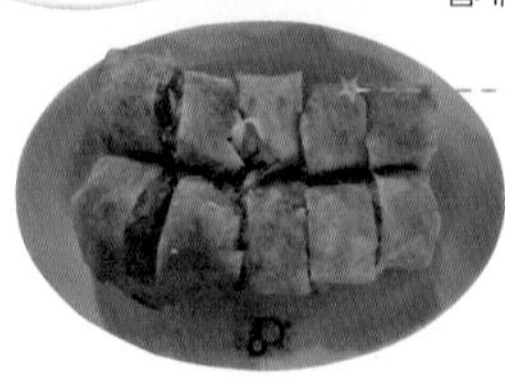

포피아 Popiah

중국식 스프링롤. 쉽게 말해 밀전병 쌈이다. 채썬 순무, 죽순, 숙주나물, 새우, 달걀, 중국 소시지를 밀전병에 넣어 도톰하게 만다. 여기에 마늘, 칠리 페이스트, 단팥소스로 간을 한다. 영양도 만점, 담백하고 부드러운 맛도 만점!

비훈 Bee Hoon

아침식사로 국수를 즐겨 먹는 싱가포르 사람들의 전형적인 아침 메뉴. 비훈은 간장과 육수로 양념을 한 가느다란 쌀국수를 센 불에 볶아낸 뒤 고기, 야채, 달걀, 소시지 등 다양한 토핑을 얹어 먹는 국물 없는 볶음 국수다. 토핑은 가게에 따라 다르다.

싱가포르식 디저트 열전 

먹는 것에 환호하는 싱가포르 사람들! 식후의 즐거움까지 결코 놓치지 않는다. 새콤달콤 다채로운 맛을 자랑하는 싱가포르식 디저트로 만족스럽게 마무리해 보자.

버블 티 Bubble Tea

녹차, 홍차, 보이차를 베이스로 각종 과일 및 타피오카를 넣어 만드는 차. 타피오카 밀크티라고도 불린다. 대만이 원조지만 싱가포르에서도 즐겨 마신다.

아이스크림 샌드위치 Ice Cream Sandwich

1달러로 누리는 달콤한 행복! 아이스크림을 네모로 잘라 식빵 안에 넣은 간식이다. 오차드 로드, 싱가포르 강변 등 인파가 몰리는 곳의 노점상에서 쉽게 찾을 수 있다.

아이스 카창 Ice Kachang

싱가포르식 팥빙수. 얼음을 간 후 타피오카, 코코넛 밀크, 각종 과일, 연유 등 여러 가지 토핑을 수북히 쌓고 식용색소로 알록달록 장식해 예쁜 비주얼을 자랑한다.

사탕수수 주스 Sugar Cane Juice

사탕수수를 압착 기계에 넣고 즉석에서 즙을 짜내 만들어주는 주스. 갈증 해소에 좋은 달콤한 음료로 거의 모든 호커센터에서 찾아볼 수 있다.

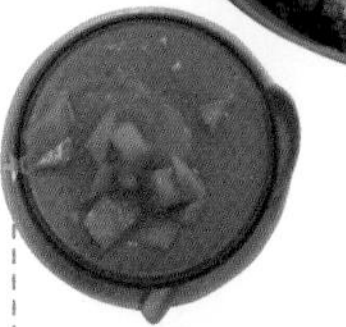

망고 포멜로 사고 Mango Pomelo Sago

상큼하고 달콤한 망고, 시큼한 열대과일 포멜로, 쫄깃하고 탱글탱글한 알갱이 사고와 코코넛 밀크, 크림, 설탕으로 이뤄진 디저트. 시원하고 새콤달콤한 맛이 일품이다.

타이 레드 루비 Thai Red Ruby

태국에서 온 디저트지만 싱가포르에서도 많이 먹는다. 호커센터에서 쉽게 찾을 수 있는 달달한 맛의 디저트다. 빨간 것은 색소를 첨가한 물밤(Water Chestnuts)이다.

테 타릭 Teh Tarik

'잡아당기는 차'라는 뜻의 인도식 뜨거운 밀크티. 차와 연유를 섞어 만들어 상당히 달달하다. 테 타릭은 얼마나 높고 길게 차와 연유를 따라내느냐가 관건. 만드는 것을 보는 재미와 맛이 모두 좋다.

첸돌 Chendol

빙수 얼음, 두리안, 코코넛 밀크, 팥, 갈색 설탕 등을 넣어 만든 인도네시아식 디저트. 카창과 더불어 싱가포르를 대표하는 디저트로 초록색 녹말로 만든 녹색 젤리가 뿌려져 있다.

잊지 못할 그 맛! 카야 토스트

카야 토스트는 바삭하게 구운 식빵에 카야 잼과 버터를 발라 먹는 싱가포르의 대중적인 아침식사 겸 간식. 싸고 맛있는 카야 토스트가 여기 있다. 길을 걷다 출출하다면 주저하지 말고 들어가 '카야 토스트 타임'을 즐겨보자.

야쿤 카야 토스트
Ya kun Kaya Toast

카야 토스트의 원조. 1944년 야쿤이라는 중국계 싱가포르인이 팔기 시작했다. '카야'는 말레이어로 달걀의 달콤한 맛이라는 뜻이다. 카야 토스트 세트는 일반적으로 카야 토스트, 반숙 달걀, 커피 혹은 밀크티로 구성된다. 반숙 달걀을 간장으로 간을 맞춘 후 빵을 찍어 먹으면 고소하면서도 감칠맛 나는 한 끼 식사가 완성된다. 여기에 연유를 넣은 진하고 달달한 싱가포르 스타일의 커피인 '코피'까지 곁들이면 카야 토스트를 제대로 즐긴 것.

차이나타운에 위치한 야쿤 카야 토스트의 본점은 옛날 분위기를 그대로 이어온 맛집. 한국어 메뉴판도 갖추고 있어 주문하기도 편하다. 카야 토스트의 핵심인 카야 잼은 판단나무의 잎으로 만들어 달콤하면서도 고소하다. 병으로도 판매하고 있어 선물용이나 기념품으로 사기에 딱 좋다.

MAP 대형①-C3 MRT NE4 차이나타운(Chinatown) 역 E출구로 나가 홍림 콤플렉스(Hong Lim Complex) 방향으로 직진. 사거리에서 좌회전하여 약 100m쯤 걸어가면 길 맞은편 파이스트 스퀘어 입구에 위치 월~금요일 07:30~19:00, 토·일요일 08:30~17:30, 공휴일은 휴무 카야 토스트 세트(카야 토스트 2개+반숙 달걀 2개+커피 혹은 밀크티) SGD4, 카야잼(290g) SGD5.8 +65 6438 3638 18 China St., #01-01, Far East Square www.yakun.com

토스트 박스 Toast Box

2005년 문을 열어 현재 싱가포르뿐 아니라 태국, 말레이시아, 홍콩에도 분점을 둔 토스트 체인점. 화이트톤의 깔끔한 공간에서 다양한 종류의 토스트와 가벼운 요리를 맛볼 수 있는 캐주얼 레스토랑으로 브래드톡(BreadTalk) 그룹에서 운영한다. 토스트 박스의 카야 토스트는 야쿤 카야 토스트보다 빵이 더 부드럽고 도톰한 것이 특징이며 반숙 달걀은 직접 깨뜨려 먹을 수 있게 제공한다. 진하고 달콤한 전통 커피인 난양 코피(Nanyang Kopi)와 먹는 전통 카야 토스트 세트, 도톰한 토스트 빵 위에 땅콩버터를 두껍게 바른 피넛 토스트(Peanut Thick Toast)는 물론 락사, 치킨 커리, 미 시암 등 아시안 요리도 판매한다.

대부분의 메뉴를 SGD5 이내에 먹을 수 있고 사진을 보고 메뉴를 선택할 수 있어 주문도 편리하다. 313@서머셋 5층, 마리나 베이 링크 몰, 비보시티 3층, 위스마 아트리아 4층 등 일부 지점에서는 토스트 위에 아이스크림을 얹은 아이스크림 토스트(Ice Cream Thick Toast)도 맛볼 수 있다.

부기스 정션 지점 MAP 대형①-D1 MRT EW12 부기스(Bugis) 역 C출구 맥도날드에서 노스 브릿지 로드(North Bridge Rd.) 방향으로 50m, 부기스 정션 타워 1층 ⏰ 일~목요일·공휴일 08:00~23:00, 금·토요일·공휴일 전날 08:00~23:30 💲 피넛 토스트 SGD1.3, 락사 SGD4.2, 미 시암 SGD4.2 📞 +65 6333 4464 🏠 #01-67, Bugis Junction, 200 Victoria St. ✉ www.toastbox.com.sg

동아 이팅 하우스 Tong Ah Eating House

Sweet

싱가포르 3대 카야 토스트 가게 중 한 곳. 차이나타운 케옹색 로드에 1939년 문을 연 오래된 식당으로, 지금의 주인인 아위(Ah Wee)가 할아버지로부터 물려받아 30년 넘게 운영하고 있는 유서 깊은 식당이다. 동아 이팅 하우스는 '로티 카야 토스트'로 마칸수트라 맛집에 선정되는 등 독특한 카야 토스트와 코피(Kopi)를 선보인다. 다른 토스트에 비해 얇고 바삭한 카야 토스트에 직접 만든 홈메이드 카야 잼을 발라낸다. 깊고 풍부한 맛의 코피와 곁들이면 미슐랭 3스타 레스토랑에서의 정찬이 부럽잖다. 커피소스로 돼지고기를 버무린 커피 폭립(Coffee Pork Ribs)도 이 집만의 독특한 메뉴다.

MAP 대형①-B3 MRT NE3/EW16 오트램 파크(Outram Park) 역 H출구로 나와 뉴 브릿지 로드(New Bridge Rd.)를 따라 오른쪽 방향으로 직진 후 우회전. 크레타 에이어 로드(Kreta Ayer Rd.)로 진입 후 한 블록 지나 다시 우회전 후 케옹색 로드(Keong Saik Rd.)를 따라서 약 2분 ⏰ 06:30~22:00, 수요일 휴무 📞 +65 6223 5083 🏠 35 Keong Siak Rd.

킬리니 코피티암 Killiney Kopitiam

야쿤 카야 토스트, 동아 이팅 하우스와 함께 싱가포르의 3대 카야 토스트 전문점으로 꼽히는 곳. 코피티암(Kopotiam)은 저렴한 식당을 뜻한다. 킬리니 코피티암은 싱가포르 곳곳에 약 20여개의 지점을 갖고 있는데 본점은 오차드 로드 지역의 킬리니 로드에 있다. 킬리니 코피티암의 대표 메뉴는 프렌치 토스트(French Toast). 달걀 옷을 입혀 구운 황금빛의 프렌치 토스트는 촉촉하고 부드럽다. 취향에 따라 발라먹을 수 있도록 카야 잼과 버터를 따로 제공한다. 현지인들이 선호하는 메뉴는 코코넛 우유를 첨가해 전통 방식으로 만든 커리 치킨. 닭볶음탕에 커리를 섞은 느낌인데 인도식 커리보다 덜 매콤하면서 더 풍부한 맛이다. 킬리니 코피티암은 창이국제공항 터미널 1, 2, 3에도 위치해 있어 출국 전 싱가포르의 맛을 즐기기에도 안성맞춤. 현금만 이용 가능.

MAP 대형①-B1/대형②-B1 MRT NS23 서머셋(Somerset) 역 A출구로 나와 왼쪽으로 100m, 사거리에서 대각선으로 길을 건너면 된다 ⏰ 월·수~토요일 06:00~23:00, 화·일요일·공휴일 06:00~18:00 💲 반숙 달걀 SGD0.75, 커리 치킨 SGD6.1, 브레드 토스트(Bread Toast) 1개 SGD1.0 📞 +65 6734 9648 🏠 67 Killiney Rd. ✉ www.killiney-kopitiam.com

후회하지 않을 한 끼! 프랜차이즈 맛집

짧은 여행에서는 한 끼도 소중하다. 섣부른 도전으로 맛있는 식사를 놓치고 싶지 않다면 프랜차이즈 맛집들을 공략하자. 싱가포르에서 탄생한 크고 작은 프랜차이즈들이 기본 이상의 맛을 보장한다.

카페 라떼 SGD6.9

푸드 리퍼블릭 Food Republic

브래드톡, 토스트 박스, 딘타이펑(Din Tai Fung) 등을 운영하는 브래드톡 그룹이 만든 푸드코트. 엄선된 로컬 푸드를 한데 모아 세련된 분위기에서 깔끔하게 즐길 수 있도록 한다. 추억의 소품들로 장식된 위스마 아트리아 점, 나무 문을 활용해 1900~1940년대 분위기를 근사하게 재현한 비보시티 점, 통유리와 현대적인 디자인으로 꾸민 선텍시티 점 등 싱가포르 주요 쇼핑몰에 10여개 매장이 입점해 있다.

✉ www.foodrepublic.com.sg

티씨씨 Tcc

커피감정가라는 뜻의 'The Coffee Connoisseur'의 이니셜을 딴 로컬브랜드 카페. 까다롭게 선별한 고메 커피(Gourmet Coffee)와 각종 음료는 물론 케이크, 프렌치 토스트, 샐러드, 파스타 등을 판매하며 애프터눈 티도 가능하다. 다른 로컬 카페에 비해 조금 비싼 편이지만 그만큼 퀄리티가 있다.

✉ www.theconnoisseurconcerto.com

브래드톡 BreadTalk

2000년 문을 연 싱가포르의 베이커리 브랜드. '빵순이'들이 그냥 지나칠 수 없게 만드는 신선한 빵들로 가득하다. 시그니처 메뉴인 프로스(Floss)는 빵 위에 말린 돼지고기를 잘게 썰어 솔솔 올린 것으로 살짝 비릿하지만 짭쪼롬하고 담백하며 부드러운 맛. 313@서머셋, 부기스 정션, 래플스 시티 등 싱가포르에서만 약 37개 지점이 인기리에 운영 중이어서 언제 어디서든 맛있는 빵을 맛 볼 수 있다.

✉ www.breadtalk.com

크리스탈 제이드 Crystal Jade

싱가포르에 본사를 둔 세계적인 레스토랑. 중국 4대 요리 가운데 하나인 광둥 요리를 선보인다. 광둥 요리는 해산물과 과일을 비롯한 다양한 식재료를 이용해 가볍고 담백한 맛을 내는 것이 특징이다. 크리스탈 제이드는 딤섬으로 특히 유명하며, 싱가포르에 다양한 콘셉트의 체인점을 포함해 약 50여개의 지점을 보유하고 있다.

✉ www.crystaljade.com

비첸향 Bee Cheng Hiang

1933년부터 시작된 80년 전통의 육포 브랜드. 홍콩이 원조인 줄 아는 이가 많지만 사실 싱가포르가 비첸향의 고향이다. 적당히 조미된 양념과 부드럽고 신선한 고기를 숯불에 구워낸 비첸향 육포 '박과(Bakkwa)'는 그 특유의 감칠맛으로 많은 팬을 확보하고 있다. 부기스 빌리지, 선텍시티, 타카시마야 백화점, 탕스 등 약 33개 지점에서 만날 수 있다.

✉ www.beechenghiang.com.sg

올드 창 키 Old Chang Kee

닭다리 튀김, 새우 튀김 등 다양한 튀김과 꼬치를 선보이는 간식 브랜드. 싱가포르에만 약 70여개의 점포가 있는 57년 전통의 인기 맛집이다. 만두처럼 생긴 바삭한 튀김옷 안에 커리가 들어 있는 커리오(Curry'O)가 베스트셀러. 케첩과 칠리소스 등을 뿌려 먹으면 더 맛있다.

✉ www.oldchangkee.com

오 커피 클럽 O Coffee Club

아침식사부터 저녁식사까지 다양한 음식과 커피를 제공하는 다이닝 카페. 1991년 첫 선을 보인 브랜드다. 아메리칸 브렉퍼스트, 프렌치 토스트, 치킨 수프, 샐러드, 파스타, 피자 등 다채로운 메뉴를 선보이며 마리나 스퀘어, 밀레니어 워크, 래플스 플레이스 등에 약 20개의 매장을 운영하고 있다.

✉ www.ocoffeeclub.com

싱가포르 미각 여행의 진수, 호커센터

싱가포르에서 호커 푸드(Hawker Food)를 맛보지 않는 것은 일본에서 라멘을, 이탈리아에서 파스타를 건너 뛰는 것과 같다. 분위기보다 착한 가격을 선호한다면, 싱가포르의 진짜 맛을 경험하고 싶다면, 도시 곳곳에 자리한 호커센터로 미각 여행을 떠나보자.

다양한 로컬 푸드를 한번에 맛보는 재미!

맥스웰 푸드센터 Maxwell Food Centre

여행자들이 꼭 한번은 들르는 차이나타운의 인기 호커센터. 넓고 편안한 분위기에서 값싸고 맛있는 음식을 먹을 수 있다. 100여개 매장 중 어딜 가야 하나 망설여진다면, 먼저 50년 전통의 맥스웰 푸저우 오이스터 케이크(Maxwell Fuzhou Oyster Cake, 5번 매장)에서 오이스터 케이크를 애피타이저로 주문해보자. 메인 식사로는 싱가포르 최고의 치킨라이스 식당 중 한 곳인 티안 티안 하이난식 치킨라이스(Tian Tian Hainanese Chicken Rice, 10~11번 매장)의 치킨라이스를, 디저트로는 림 키 바나나 프리터스(Lim Kee Banana Fritters, 61번 매장)의 달콤한 바나나 튀김을 추천한다. 차이나타운, 안시앙힐과 인접해 있어 함께 여행코스를 구성하면 좋다.

즉석에서 만드는 사탕수수 주스

TIP 호커센터, 알고 가면 더 맛있다!

• 호커센터란?
작은 식당과 포장마차를 한군데 모아 놓은 푸드코트다. 호커센터는 싱가포르 국가환경국(NEA)의 관리 하에 동네마다 하나씩 들어서서 서민들이 SGD3~5의 저렴한 가격으로 한 끼 식사를 먹을 수 있도록 운영되고 있다.

• 주문 방법
1. 먼저 테이블을 잡는다. 빈 자리가 없을 때는 다른 손님과 합석해도 무방하다.
2. 원하는 음식을 찾아 주문한다. 대부분의 호커센터에는 말레이식, 중국식, 인도식 등 싱가포르의 모든 요리들이 총집결되어 있는데 일반적으로 같은 나라의 음식끼리 모여 있다.
3. 테이블 번호를 말하면 음식을 자리로 가져다준다. 일반적으로 음식을 받을 때 후불로 계산한다. 단, 가게에 따라 선불이거나 음식을 직접 가져와야 하는 곳도 있다.

• 큐
싱가포르에서는 줄을 서는 것을 '큐(Queue)'라고 부른다. 음식점이 너무 많아서 뭘 먹어야 할 지 잘 모르겠다면 큐가 긴 곳을 선택하자. 새치기는 금물!

MAP 대형❶-C3 MRT EW15 탄종 파가(Tanjong Pagar) 역 B출구로 나와서 좌회전 후 맥스웰 로드(Maxwell Rd.)를 따라 도보로 7~10분 가면 길 건너편에 위치 06:00~22:30(가게마다 다름) 2 Maxwell Rd.

쫄깃한 어묵이 듬뿍!
피시볼 미

개운한 국물의
생선 국수

질 좋은 해산물로 만든
얼큰한 국수

뉴톤 푸드센터 Newton Food Centre

1970년대를 재현한 분위기의 야외 호커센터. 오차드 로드 인근에 위치해 접근성이 좋다. 다른 호커센터보다 다양한 음식을 맛볼 수 있어 현지인들이 좋아하는 곳으로 홍콩 스타 주윤발이 이 지역에 올 때마다 찾는다고 알려져 있다. 해산물로 유명한 호커센터인 만큼 새우나 고동, 바다가재 등의 해산물 요리나 보글보글 끓여 먹는 1인용 핫폿(Hot Pot) 등이 인기. 30년 전통을 자랑하는 해산물 바비큐 전문점 하이 얀 비비큐 시푸드(Hai Yan BBQ Seafood, 11번 매장)에서 해산물 바비큐를, 사테 치킨 윙스 오타(Satay Chicken Wings Otah, 30번 매장)에서 치킨 윙 또는 사테를 주문해 시원한 타이거 맥주와 함께 야식을 즐기는 것도 추천한다.

MAP 대형❷-B1 MRT NS21 뉴톤(Newton) 역 B출구에서 우회전, 교차로가 나오면 다시 우회전, 육교 건너편에 위치 12:00~03:00(가게마다 다름) 500 Clemenceau Ave.

차이나타운 콤플렉스 Chinatown Complex

싱가포르에서 가장 큰 호커센터. 차이나타운 먹자 골목인 스미스 스트리트(Smith St.)의 화룡점정이라 해도 무방한 곳으로 무려 226개의 식당과 477개의 상점이 있다. 2008년 리뉴얼을 통해 중국 분위기가 물씬 풍기도록 꾸며서 여행자들보다 현지인들에게 더욱 사랑받는다. 식사 시간엔 사람들로 꽉 차 빈 자리를 찾는 것이 어려울 정도다. 전통과 현대가 조화로운 공간에서 로컬 푸드를 즐기기 좋다. 1층은 의류, 기념품 등 각종 물건을 판매하는 상점이고 푸드 코트는 2층에 있다.

MAP 대형❶-B3 MRT NE4 차이나타운(Chinatown) 역 B출구로 나오면 바로 우측에 위치 가게마다 다름 335 Smith St.

아모이 스트리트 푸드센터 Amoy Street Food Centre

센트럴의 비즈니스 구역 한가운데 1983년 지어진 2층 규모의 호커센터. 인근 직장인들의 점심식사 장소로 애용되는 곳으로 맥스웰 푸드센터보다 깔끔하고 조용하다. 롱 터추 피시 포리지(Rong Teochew Fish Porridge, 1층 12번 매장)나 피아오 지 피시 포리지(Piao Ji Fish Porridge, 2층 103번 매장)에서 맛있기로 소문난 생선죽을 맛보거나 아모이 푸드센터 1층, 테 타릭 가게 바로 옆에 있는 로티 프라타를 먹어보자. 단, 토·일요일엔 문 닫는 상점이 많으니 가급적 평일에 방문할 것. 안시앙힐, 레드닷 디자인 뮤지엄과 가깝다.

MAP 대형❶-C4 MRT EW15 탄종 파가(Tanjong Pagar) 역 G출구로 나와 텔록 거리(Telok St.)를 따라 좌회전 후 도보로 약 2분 가게마다 다름 7 Maxwell Rd.

오후 3시, 애프터눈 티 타임

출중한 감각을 가진 여성들의 여행 일정에는 애프터눈 티 타임이 빠지지 않는다. 에너지 충전이 필요한 오후 3시, 근사한 레스토랑에서 달콤쌉싸래한 애프터눈 티와 함께 즐기는 망중한(忙中閑).

주말 하이 티 뷔페는 예약 필수!

ⓒRegent Singapore

티 라운지 Tea Lounge

귀족의 도서관을 연상케 하는 고풍스러운 공간에서 우아하게 애프터눈 티를 즐길 수 있는 곳. 오차드 로드 인근에 자리한 리젠트 싱가포르(241p)의 로비에 있다. 평일 오후의 애프터눈 티는 향기를 맡아보고 선택할 수 있는 22가지 프리미엄 차, 또는 커피와 함께 작은 샌드위치와 갓 구운 스콘, 달콤한 패스트리와 케이크 등을 3단 티어에 제공한다. 주말의 하이 티 뷔페에서는 와규 샌드위치, 샐러드, 스시, 훈제 연어, 치킨 윙, 칠리크랩소스의 해산물, 케이크, 아이스크림, 와플 등을 풀코스로 맛볼 수 있다. 하이 티 뷔페는 매일 만석을 이룰 정도로 인기지만 공간이 좁기 때문에, 최소 한 달 전에는 예약을 해야 한다. 차와 커피는 리필 가능.

MAP 대형❷-A1 MRT NS22 오차드(Orchard) 역 E출구에서 도보 약 15~20분 ⓒ 애프터눈 티 월~금요일 12:00~17:00, 하이 티 뷔페 토·일요일 12:00~14:30 · 15:00~17:30 ⓢ 애프터눈 티 1인 SGD38++, 하이 티 뷔페 1인 SGD52++ ☎ +65 6725 3245~6 ⌂ 1 Cuscaden Rd. ✉ www.regenthotels.com/EN/Singapore

주말에만 가능한 할리아의 애프터눈 티

할리아 Halia

정원 속에 숨어있는 애프터눈 티의 명소. 2001년 보타닉 가든 내 진저 가든에 문을 연 유러피언 레스토랑으로 할리아는 말레이어로 생강(Ginger)을 뜻한다. 나무 데크로 만든 야외 좌석과 통유리창 너머로 자연을 감상할 수 있는 실내 좌석으로 이루어져 있다. 싱그러운 초록빛으로 둘러싸인 로맨틱한 분위기에서 여유롭고 근사한 오후의 한때를 즐길 수 있다. 주중에는 런치와 디너로 유럽과 아시아의 다양한 요리를 선보이며 토·일요일에는 애프터눈 티와 브런치를 제공한다. 래플스 호텔에도 지점이 있다.

MAP 대형❹-B1 MRT CC19 보타닉 가든(Botanic Gardens) 역을 이용하면 보타닉 가든 북쪽 끝의 에코 가든(Eco Garden)과 연결 ⓒ 애프터눈 티 토·일요일·공휴일 15:00~17:00, 런치 월~금요일 12:00~17:00(런치세트는 14:00까지), 디너 18:30~23:00, 브런치 토·일요일·공휴일 10:00~16:00 ⓢ 애프터눈 티 1인 SGD28++ ☎ +65 8444 1148 ⌂ 1 Cluny Rd., Ginger Garden, Singapore Botanic Gardens ✉ www.thehalia.com

코트야드 The Courtyard

싱가포르의 대표적인 문화유산이자 럭셔리 호텔인 풀러톤 호텔에서 경험하는 영국식 애프터눈 티는 더욱 특별하다. 로비에 자리한 코트야드는 벨벳 소파에 앉아 라이브 음악과 함께 애프터눈 티를 즐길 수 있는 레스토랑. 모듬 샌드위치, 케이크, 스콘 등이 3단 티어에 예쁘게 담겨 나오는데, 열대 지방에서 자라는 판단 잎을 첨가한 판단 크렘 브륄레(Pandan Crème Brûlée), 메추라기 알을 넣은 샌드위치 등 싱가포르식 터치가 가미된 메뉴도 맛볼 수 있는 것이 특징이다. 코트야드의 애프터눈 티는 티어에 담겨 나오는 메뉴들과 스콘까지 모두 리필이 가능해 더욱 만족스럽다. 코트야드는 금·토요일에 운영되는 초콜릿 뷔페로도 유명하다. 케이크, 무슈, 타르트, 마카롱, 크렘 브륄레, 퐁뒤 등 초콜릿을 이용한 다채로운 디저트를 맛볼 수 있다.

MAP 대형①-C3 MRT NS26/EW14 래플스 플레이스(Raffles Place) 역 H출구로 나와 50m, 싱가포르강에서 우회전 후 도보 약 5분 ⏱ 애프터눈 티 14:00~16:00 · 16:30~18:00 $ 애프터눈 티 1인 SGD42++, 초콜릿 뷔페 1인 SGD38++ ☎ +65 6877 8129 🏠 1 Fullerton Square ✉ www.fullertonhotel.com

영국과 싱가포르의 맛이 조화된 코트야드의 애프터눈 티

TIP 애프터눈 티? 하이 티?

애프터눈 티는 오후에 공복을 달래기 위해 차와 간단한 티 푸드를 먹는 영국식 다과 문화로 1840년대 영국 베드포드 가(家) 7대 공작부인 안나 마리아가 시작한 것으로 알려져 있다. 이후 영국인들은 애프터눈 티와 함께 사교를 하고 문화 예술을 교류했다. 애프터눈 티는 서서히 중산층부터 서민까지 폭넓게 즐기는 차 문화로 자리잡았다.
애프터눈 티가 간식의 개념이라면, 하이 티(High Tea)는 저녁을 일찍 당겨 먹는 식사의 개념이다.
또 애프터눈 티가 상류층에서 시작된 다과 문화인데 비해 하이 티는 서민층의 저녁식사에서 유래되었다는 점도 차이. 그러나 하이 티는 그 의미가 변화되어 오늘날에는 애프터눈 티보다 늦은 시간대에 로스트 비프, 베이컨 등 고기류를 포함한 음식과 함께 보다 배불리 즐기는 티 타임을 뜻한다.

애시스 바 & 라운지 AXIS Bar & Lounge

멋진 전망을 감상하며 애프터눈 티를 즐길 수 있는 곳. 만다린 오리엔탈 싱가포르 4층에 자리한다. 바닥부터 천장까지 이어진 커다란 창문 너머로 마리나 베이 샌즈 호텔과 풀러톤 호텔, 센트럴의 수많은 빌딩이 어우러진 싱가포르 시티 뷰를 파노라마로 감상할 수 있다. 프랑스의 유명 홍차 브랜드 마리아주 프레르(Mariage Freres)와 싱가포르의 프리미엄 티 브랜드 TWG 티(TWG Tea)가 만든 시그니처 티 6종 또는 커피 중 하나를 선택할 수 있고, 3단 트레이에 정통 영국 스타일로 예쁘게 담겨 나오는 티 푸드와 함께 즐길 수 있다. 애프터눈 티는 5코스로 제공되며 매달 메뉴의 테마가 바뀐다. 사전 예약은 필수, 기왕이면 창가 자리를 요청해 보자.

MAP 대형①-D2 MRT CC3 에스플러네이드(Esplanade) 역 B출구로 나와 래플스 링크(Raffles Link)로 우회전, 래플스 애비뉴(Raffles Ave.)가 나오면 마리나 스퀘어(Marina Square) 방향으로 도보 약 3분 ⏱ 월~금요일 15:00~17:00, 토·일요일·공휴일 12:00~14:30 $ 애프터눈 티 1인 SGD42++, 2인 SGD80++ ☎ +65 6885 3500 🏠 Mandarin Oriental Singapore, 5 Raffles Ave., Marina Square ✉ www.mandarinoriental.com

취향따라 골라 가는 TWG 티 살롱 & 부티크

명품 티 브랜드 TWG 티(TWG Tea)는 싱가포르에 총 5군데의 TWG 티 살롱 & 부티크를 운영한다. 취향 따라 여행 동선 따라 마음에 맞는 곳에서 향긋한 티 타임을 즐겨보자.

전문 교육을 받은 직원들이 원하는 차를 추천해 드려요~

TWG 티가 명품이라 불리는 이유

TWG 티는 2007년 싱가포르에서 탄생한 세계적인 명품 티 브랜드. TWG에는 차 감별사가 있다. 차 감별사는 매년 1,000여 곳의 차 농장을 여행하며 그 해에 가장 좋은 차를 찾아낸다. 그렇게 공수한 찻잎들은 숙련된 장인의 손을 거쳐 1,000여 종류의 차 콜렉션으로 탄생한다. 또 TWG 티는 100% 순면으로 만든 핸드메이드 티백(Teabag)과 약 1시간까지 보온이 되는 자체 제작 황금빛 티폿(Teapot)을 이용해 최상의 상태로 차를 즐길 수 있도록 한다. 한편, TWG 티 로고에 박혀있는 1837이라는 숫자는 싱가포르가 동서양 차 무역의 중심지로 떠오른 계기가 된 상공회의소의 설립 연도다.

Ⓢ 티 SGD11++부터, 브렉퍼스트 메뉴 SGD6++부터, 브런치세트 SGD40++부터, 샐러드 SGD22++부터, 초콜릿 퐁당 SGD12++, 마카롱 1개 SGD2++, 티 타임 1837(티 1잔+홈메이드 스콘 2개 또는 머핀 또는 케이크) SGD19++ ✉ www.twgtea.com

에그 베네딕트 SGD19++ / TWG 티 샐러드 SGD29++ / 라자냐 SGD19++부터

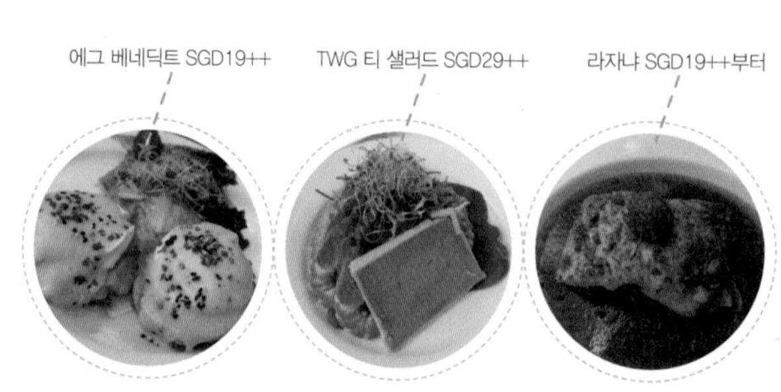

TIP TWG 티 마니아 K씨의 데일리 티 타임

09:00 기분을 편안하게 해주는 화이트 티로 하루를 시작한다. 딸기를 가미한 화이트 후브(White Hoove) 또는 중국에서 온 화이트 이메오탈 티(White Imeotal Tea)가 달콤하게 아침을 깨워준다.

13:00 향긋한 블랙 티 얼 그레이 포춘(Earl Gray Fortune)이나 향이 진하고 쌉싸래한 TWG의 시그니처 티 1837 블랙 티(1837 Black Tea)로 나른함을 달랜다.

19:00 녹차와 딸기가 어우러진 달달하면서도 깨끗한 맛의 그린 티 실버 문(Silver Moon)으로 입가심을 하며 식후의 텁텁함을 털어낸다.

23:00 카페인이 없어 늦은 밤에 마셔도 부담이 없고 임산부들이 마셔도 되는 홍차 레드 오브 아프리카(Red of Africa)로 하루를 마무리. 레드 오브 아프리카는 아이스 티로 마셔도 훌륭하다.

기념으로
제공되는
엽서

최초의 TWG 티 매장, 리퍼블릭 프라자점

2008년 오픈한 첫 번째 TWG 티 살롱 & 부티크. 고풍스러운 가구와 은은한 조명, 화사한 꽃이 어우러진 2층 티 살롱에서는 250여 종의 차와 각종 디저트, 애프터눈 티, 차를 첨가한 시그니처 요리, 수석 셰프 필립 랑글로와(Philippe Langlois)가 핸드메이드로 만드는 케이크 등을 취급한다. 1층 부티크에서는 티백과 차 세트, TWG 티에서만 선보이는 시그니처 티 액세서리를 판매한다.

MAP 대형❶-C3 MRT NS26/EW14 래플스 플레이스(Raffles Place) 역 D출구로 나와 달메다 스트리트(Dalmeda St.) 건너편 왼쪽 대각선 방향에 리퍼블릭 프라자(Republic Plaza) 위치 월~금요일 10:00~20:00 +65 6538 1837 #01-22, Republic Plaza, 9 Raffles Place

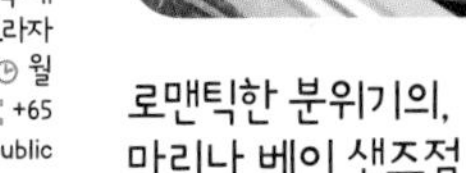

로맨틱한 분위기의, 마리나 베이 샌즈점

마리나 베이 샌즈 쇼핑몰 지하 2층에 2개의 TWG 티 살롱이 있다. 하나는 베네치아를 연상시키는 다리 위에 자리한 TWG 티 온 더 브릿지이고, 또 하나는 정원처럼 꾸며진 TWG 티 가든이다. 둘 다 로맨틱하게 꾸며져 있어 데이트와 미팅 장소로도 인기다. TWG 티 가든 인근에 위치한 TWG 티 부티크에는 TWG와 관련된 모든 상품이 총집결해 있어 원스톱 티 쇼핑이 가능하다.

MAP 대형❶-D3 MRT CE1 베이프론트(Bayfront) 역 하차 C출구로 나가 'Marina Bay Sands Shoppes' 표지판을 따라 이동. 더 숍스 앳 마리나 베이 샌즈 지하 2층 10:00~22:30, 금·토요일·공휴일 전날은 10:00~24:00 +65 6535 1837 #B2-65,68A/#B2-89,89A, The Shoppes at Marina Bay Sands, 2 Bayfront Ave.

쇼핑과 티 타임을 동시에, 아이온 오차드점

아이온 오차드에는 두 개의 TWG 매장이 있다. 2층의 TWG 티 살롱&부티크는 럭셔리하면서도 편안한 분위기에서 티 타임을 제공하며, 1층에 마련된 TWG 티 그랜드 아트리움에서는 초콜릿 봉봉, 트러플&초콜릿 바 등 다양한 차가 함유된 디저트 메뉴도 선보인다.

MAP 대형❶-A1/대형❷-A1 MRT NS22 오차드(Orchard) 역 E출구와 연결된 아이온 오차드(ION Orchard) 1층과 2층에 입점 10:00~22:00 +65 6735 1837 #01-29/#02-21, ION Orchard, 2 Orchard Turn

마니아들이 가장 사랑하는 타카시마야점

오차드 로드의 타카시마야(Takashimaya) 백화점에 2개의 TWG 살롱이 있다. 2층의 TWG 티 살롱은 우아하게 디자인한 글래스 티폿을 최초로 사용한 매장이다. 크리스탈 샹들리에와 실크로 꾸며져 19세기에 대한 향수를 불러일으키는 우아한 공간으로, 오차드 로드가 내려다보이는 전망도 근사하다. 지하 2층 푸드코트에 들어선 TWG 티 부티크에서는 다채로운 차와 디저트, 프렌치 티 케이크 등을 제공한다.

MAP 대형❶-B1/대형❷-A1 MRT NS22 오차드(Orchard) 역 D출구에서 도보 약 5분, 니안시티(Ngee Ann City) 내 타카시마야 백화점 지하 2층과 2층에 입점 10:00~22:00 +65 6363 1837 #B2/#02, Takashimaya Department Store, 391 Orchard Rd.

하늘과 가까운 천국의 시간, 루프톱 바

사방이 탁 트인 옥외 바에서 선선한 밤바람을 맞으며 반짝반짝 빛나는 도시의 야경을 안주 삼아 칵테일 한 잔을 즐기는 낭만의 시간. 하늘과 가까운 루프톱 바에서 달콤한 천국의 맛을 느껴보자.

©Marina Bay Sands

쿠데타 Ku De Ta

최근 가장 주목받는 루프톱 바. 발리의 인기 라운지클럽 쿠데타가 싱가포르 마리나 베이 샌즈 57층에 낸 분점으로 세계의 멋쟁이들이 모여든다. 57층의 쿠데타에서는 발 아래로는 싱가포르 도심과 바다를 내려다보고 머리 위로는 탁 트인 밤하늘을 감상할 수 있다. 모던 아시안 요리를 선보이는 레스토랑, DJ의 음악과 함께 칵테일을 즐길 수 있는 클럽라운지, 마리나 베이 샌즈 호텔 투숙객만 이용 가능한 스카이데크, 우아하고 세련된 디자인의 야외 바인 스카이 바 등 4개 구역이 있다. 6시 입장객부터는 스타일리시 & 시크 드레스코드를 준수해야 한다.

MAP 대형①-D3 MRT CE1 베이프론트(Bayfront) 역에서 마리나 베이 샌즈 호텔에 도착한 후 Tower3에 있는 Skypark 입구 이용 11:00~새벽 늦게까지 스카이 바는 별도 요금 없음/금·토요일·공휴일 전날 21:00부터 클럽라운지는 1인 SGD38, 스카이데크는 1인 SGD50 입장료 발생. 스카이 바의 경우 칵테일 SGD20++부터, 병맥주 SGD16++부터 +65 6688 7688 SkyPark at Marina Bay Sands Tower 3, 1 Bayfront Ave. www.kudeta.com.sg

원 알티튜드 1 Altitude

로맨틱 시티 싱가포르의 진면목을 경험하려면 2012년 싱가포르 관광청이 최고의 야간 명소로 선정한 원 알티튜드로 가자. 원 알티튜드는 61층 스포츠 바 282, 62층 유러피안 레스토랑 스텔라(Stellar), 63층 야외 바 원 알티튜드 갤러리 & 바(1 Altitude Gallery & Bar)로 이뤄져 있다. 해발 282m 높이의 원 알티튜드 갤러리 & 바는 마리나 베이 일대와 센트럴 지역의 스카이라인이 펼쳐져 보이는 야경감상의 명당. 선셋 타임에 맞춰 가면 붉게 물든 마리나 베이 일대를 감상할 수 있다. 원 래플스 플레이스 1층에서 입장권과 음료를 구매한 뒤 올라가야 하며, 밤 10시 이후에는 여성은 21세, 남성은 25세 이상만 입장이 가능하다.

MAP 대형①-C3 MRT NS26/EW14 래플스 플레이스(Raffles Place) 역 G출구로 나가 원 래플스 플레이스에서 엘리베이터 탑승 월~목요일 18:00~02:00, 금·토요일 18:00~04:00, 일요일 18:00~01:00 일~목요일 SGD25, 금·토요일·공휴일 전날 21:00까지 SGD25, 21:00 이후 SGD30(입장료엔 무료음료 1잔 포함) +65 6438 0410 63 Floor, 1 Raffles Place(구 OUB Centre) www.1-altitude.com

루프 Loof

래플스 호텔 근처 오데온 타워의 꼭대기층에 자리한 루프는 뻥 뚫린 야외에서 선선한 밤바람을 맞으며 칵테일을 즐길 수 있는 곳. 나무가 많아 정원처럼 아늑하다. 넥타이를 맨 직장인들이 퇴근 후 모여들어 하룻동안 쏟아낸 에너지를 재충전하기도 한다. 위스키, 칵테일, 와인, 무알콜 음료, 샴페인 등 주류와 로컬의 풍미를 더한 안주가 갖춰져 있다.

MAP 대형①-C2 MRT NS25/EW13 시티홀(City Hall) 역 B출구로 나와 노스 브릿지 로드(North Bridge Rd.)에서 우회전하여 도보 약 5분. 래플스 아케이드 맞은편 위치 월~목요일 17:00~01:00, 금·토요일·공휴일 전날 17:00~03:00, 일요일 휴무 모히토 SGD18++, 싱가포르 슬링 SGD20++, 목테일 SGD10++, 레몬 아이스티 SGD9++, 칠리크랩 치즈프라이 SGD14++ +65 6338 8035 #03-07, Odeon Towers Extension Rooftop, 331 North Bridge Rd., www.loof.com.sg

©Wangz

MAP 대형①-B3 MRT EW16/NE3 오트램 파크(Outram Park) 역 A출구로 나와 길 건너 버스정류장에서 33, 63, 75, 851, 970번 버스 탑승 후 1 정거장 일~목요일 16:00~23:00, 금·토요일 16:00~24:00 칵테일 류, 마티니 류, 목테일 류 SGD18+, 주스 SGD7+, 하우스와인 글래스 SGD13+ +65 6595 1388 7 Floor, Wangz Hotel, 231 Outram Rd. www.wangzhotel.com

할로 루프톱 라운지 Halo Rooftop Lounge

티옹 바루 지역의 부티크 호텔, 왕즈 호텔(249p)에 있는 루프톱 라운지. 비즈니스 구역 한가운데 위치해 크고 작은 빌딩에 둘러싸인 색다른 밤의 풍경을 감상할 수 있다. 마리나 베이처럼 화려하지 않지만 잔잔한 도심 전망이 은근히 매력적이다. 매일 오후 5시부터 밤 9시까지 해피 아워에는 일부 병맥주와 와인 1잔 구매시 1잔을 더, 이 주의 칵테일을 SGD10에 즐길 수 있으며, 화요일에는 '맛있는 타파스 화요일(Tasty Tapas Tuesdays)' 프로모션을 통해 알코올 메뉴 주문 시 무료 타파스를 제공한다.

TIP 핑크빛 동양의 신비, 싱가포르 슬링

싱가포르의 석양을 닮은 핑크빛 칵테일 싱가포르 슬링은 싱가포르의 자랑이다. 슬링(Sling)은 과일주스와 탄산음료를 섞어서 만드는 칵테일의 한 종류. 1915년 래플스 호텔의 바텐더였던 니암 통 분(Ngiam Tong Boon)이 슬링에 드라이 진을 넣어 새로운 칵테일을 탄생시켰다. 싱가포르의 아름다운 석양의 이미지를 살린 싱가포르 슬링은 〈달과 6펜스〉의 작가 서머셋 모음(Somerset Maugham)이 '동양의 신비'라고 극찬한 칵테일이다. 향긋한 진을 베이스로 체리브랜디와 레몬주스를 넣어 새콤달콤한 맛이라 남성보다 여성에게 인기가 높다. 싱가포르 슬링의 레시피는 각 바마다 다르므로 여러 바에서 맛을 비교해보는 재미도 쏠쏠하다.

Recipe

* 재료: 드라이 진 30㎖, 체리브랜디 15㎖, 레몬주스 15㎖, 그레나딘 시럽 또는 플레인 시럽, 오렌지, 소다수, 얼음.

* 방법: 셰이커에 얼음을 채우고 드라이 진과 체리브랜디를 넣는다. 그레나딘 시럽 또는 플레인 시럽을 적당히 넣고 강하게 흔들어준다. 하이볼 글라스에 따른 후 레몬주스와 소다수를 컵의 80% 정도 차도록 붓는다.

나이트라이프를 책임지는 클럽 배틀!

직접 겪어보기 전엔 모를 것이다. 싱가포르의 밤이 얼마나 화려하고 뜨거운지를!
싱가포르를 대표하는 인기 클럽과 참신한 콘셉트로 무장한 클럽들의 배틀이 시작된다.

싱가포르에서 '불금'을!

주크 Zouk

싱가포르 나이트라이프계의 전설이자 2012년 〈DJ Magazine〉 선정 '세계 100대 클럽' 5위를 차지한 클럽. "싱가포르의 모든 젊은이는 주크에서 자란다"는 말이 있을 정도로 클러버들의 전폭적인 지지를 받는 곳이다.

주크는 4개의 테마관으로 구성된다. 커다란 댄스플로어에서 세계적인 DJ들의 공연이 펼쳐지는 '주크', 댄스 공간과 고급 라운지로 구성된 '벨벳 언더그라운드', 화려한 LED 조명 속에서 힙합과 R&B를 감상할 수 있는 바 '퓨쳐(Phuture)', 본격적인 클러빙 전에 즐기기 좋은 '와인 바'에서 뜨거운 밤을 만끽할 수 있다. 하우스, 테크노, 트렌스, 힙합, 일렉트로닉 등 다양한 음악을 선보인다. 수요일은 복고 음악을 즐기는 맘보 나이트(Mambo Night) 겸 레이디스 나이트.

MAP 대형①-B2 MRT NE5 클락키(Clarke Quay) 역 또는 MRT EW17 티옹 바루(Tiong Bahru) 역에서 택시로 5~7분 수·금·토요일 22:00~밤늦게까지(퓨쳐는 21:00~) 남성 SGD32, 여성 SGD25(무료 음료 쿠폰 2장 포함), 수요일 여성 무료 +65 6738 2988 17 Jiak Kim St. www.zoukclub.com

아티카&아티카 투 Attica & Attica Too

개성 만점 클럽들이 밀집해 있는 클락키에서도 유명세를 떨치고 있는 뉴욕스타일의 바 겸 클럽. 싱가포르에서 가장 빵빵한 사운드 시스템을 갖춘 클럽으로 알려져 있기도 하다. 아티카는 2층으로 이뤄져 있다. 1층 아티카에서는 R&B, 힙합, 인기 팝송이 흘러나오고, 2층 아티카 투에서는 하우스, 트랜스, 일렉트로닉 장르의 음악을 선보여 다양한 취향의 클러버를 만족시킨다. 서양인들에게 특히 인기가 높아 줄을 서기 일쑤다.

MAP 대형①-C2 MRT NE5 클락키(Clarke Quay) 역 E출구로 나와 치어스(Cheers) 편의점을 끼고 좌회전하면 강이 나온다. 다리를 건너 좌회전하여 도보 7~10분 일~화요일 17:00~02:00, 수·금·토요일 17:00~04:00, 목요일 17:00~03:00(아티카 투 금·토요일 23:00~06:00) SGD28(드링크 쿠폰 2장 포함)/수요일 여성 무료 +65 6333 9973 #01-03, Clarke Quay, 3 River Valley Rd. www.attica.com.sg

밍크 Mink

밍크는 라스베이거스와 로스엔젤레스의 클럽을 연상시키는 핫 플레이스로, 싱가포르 로컬들이 사랑하는 클럽 중 하나다. 라스베이거스의 뮤직 신에서 영향을 받아 디자인된 댄스플로어는 불타는 새벽을 보내는 이들로 꽉꽉 들어차며 정상급 DJ가 선보이는 하우스와 일렉트로닉 중심의 음악도 감상할 수 있다. 입장 시 줄이 너무 길다면 밍크와 연결돼 있는 라운지 로얄룸(Royal Room)에서 술을 몇 잔 즐기고 들어가는 것도 방법이다.

MAP 대형❶-D2 MRT CC4 프로메나드(Promenade) 역에서 도보 3분, 팬퍼시픽 싱가포르 1층 ⓒ 수·금·토요일 22:30~새벽 늦게까지 ⓢ SGD28(무료 음료 1잔 포함) ☎ +65 6734 0305 ⌂ Pan Pacific Singapore, 7 Raffles Boulevard Marina Square ✉ www.clubmink.sg

세인트 제임스 파워 스테이션 St. James Power Station

1927년 건립된 석탄화력발전소가 싱가포르에서 가장 주목받는 유흥의 메카로 화려하게 변신했다. 센토사 섬으로 들어가는 입구, 비보시티 쇼핑몰 맞은편에 위치한 세인트 제임스 파워 스테이션은 각기 다른 음악과 분위기를 지닌 15개의 클럽과 바로 구성된 올인원 클럽. 낮에는 타이거 맥주박물관이 운영되고 밤에는 입맛에 맞는 바와 클럽만 쏙쏙 골라 즐길 수 있는 클러버들의 천국으로 탈바꿈한다.

MAP 대형❸-A1 MRT CC29/NE1 하버프론트(HarbourFront) 역 C출구로 나가 좌회전, 텔록 브랑가 로드(Telok Blangah Rd.)를 따라 약 2분 걸어가면 맞은편에 위치 ⓒ 일~목요일 18:00~03:00, 금·토요일 18:00~05:00, 매장별로 다름 ⓢ 파워 하우스는 수·금·토요일·공휴일 전날 남성 SGD20(여성은 매일 무료 입장), Gallery Ba/Lobby Bar, Peppermint Park, Movida 등은 요금 없음(15개 매장이 연계돼 있어 요금 1회만 내면 모든 클럽 이용 가능) 매장별로 다름 ☎ +65 6270 7676 ⌂ 3 Sentosa Gateway ✉ www.stjamespowerstation.com

버터 팩토리 Butter Factory

버터 팩토리는 엣지 있는 일렉트로닉 음악과 패션, 디자인, 예술 등 파티를 위한 모든 것을 대담하게 조화시킨 클럽으로 젊은 예술인들과 20대 초반 젊은이들이 즐겨찾는 아지트 같은 곳. 만화 캐릭터 등을 이용해 발랄하게 꾸며진 내부 공간과 어울리게 주 고객층의 연령대가 어린 편이다. 매주 목요일에는 케이팝(K-POP) 파티가 벌어지기도 한다. 버터 팩토리는 범프(Bump)와 아트 바(Art Bar) 두 개의 공간으로 구성돼 있는데, 범프는 일렉트로닉 댄스 음악과 팝 음악, 아트 바는 힙합, 인디, 하우스 음악이 중심이다. 멀라이언 공원 옆, 원 풀러톤에 위치.

MAP 대형❶-D3 MRT NS26/EW14 래플스 플레이스(Raffles Place) 역 B, H출구로 나와 뱅크 오브 차이나 방향으로 도보 5분, 신호등을 건너면 원 풀러톤이 나온다 ⓒ 수요일 22:00~04:00, 목요일 20:00~03:00, 금·토요일 20:00~05:00 ⓢ 범프 이용 시 여성 SGD25, 남성 SGD30(무료 음료 2잔 포함), 아트 바 이용 시 첫 번째 음료 금액으로 SGD15 부과. 매주 수요일 여성 입장 무료 ☎ +65 6333 8243 ⌂ 1 Fullerton Rd. ✉ www.thebutterfactory.com

TIP 싱가포르 클럽 더 신나게 즐기기!

- 클럽의 피크타임은 수·금·토요일 밤 12시 이후다.
- 대부분의 바와 클럽에서는 매주 수요일 '레이디스 나이트'를 진행해 여성들에게 무료 입장, 무료 음료 등의 혜택을 제공한다.
- 주류 가격이 비싼 싱가포르. 클럽의 주류 역시 비싼 편이다.
- 여자는 슬리퍼, 남자는 숏 팬츠, 슬리퍼, 앞이 트인 샌들을 착용할 경우 입장이 제한될 수 있다.

싱가포르를 더 오래 추억하는 방법

다문화 국가 싱가포르는 기념품도 다채롭다. 싱가포르의 풍경과 문화가 반영된 기념품으로 싱가포르를 오래 추억하자.

1 일러스트가 예쁜 노트, SGD8.9 림스 아트 앤 리빙, 167p 2 마그네틱 기념품, 6개 SGD10 차이나타운 노점 3 귀여운 동전 지갑, SGD4.9 림스 아트 앤 리빙, 167p 4 싱가포르 머그컵 SGD5.9 차이나타운 5 가든스 바이 더 베이 연필꽂이 SGD39 가든스 바이 더 베이 기념품숍, 118p 6 마리나 베이 샌즈 미니어처, SGD29 마리나 베이 샌즈 기념품숍, 108p 7 싱가포르 슬링 미니어처(6개들이) SGD50 래플스 호텔 아케이드 기념품숍, 90p 8 바틱무늬 아기 옷, SGD16 림스 아트 앤 리빙, 167p 9 카야 잼(290g), SGD5.8 야쿤 카야 토스트, 50p

선물로도 좋은 아기자기 생활 잡화

아기자기하거나 독특하거나. 곳곳에서 지갑을 열게 만든 다양한 싱가포르 잡화 아이템들.

1 개성 넘치는 디자인의 지갑, SGD33 월렛 숍, 124p 2 핸드메이드 표지의 책, SGD27.75 순 리, 200p 3 그리폰 티(Gryphon Tea), SGD16 숍 원더랜드, 202p 4 패턴이 예쁜 베개&베개 커버, SGD47.95 크레이트 & 배럴, 145p 5 에스닉 패턴의 실크 테이블웨어, SGD7.9 림스 아트 앤 리빙, 167p 6 케이스가 예쁜 TWG 티, SGD45 TWG 티, 58p 7 6kg의 차를 이용해 만든 TWG 향초, SGD85 TWG 티, 58p 8 패키지가 예쁜 바닐라 비스킷, SGD11.9 존스 더 그로서, 163p 9 100% 코튼 티백에 담긴 TWG 티, SGD23 TWG 티, 58p

스타일을 살려주는 패션 아이템

거대한 쇼핑몰부터 로컬 디자이너의 감각이 빛나는 거리까지! 개성 있는 패션 상점의 유혹.

1 몸맵시를 예쁘게 살려주는 원피스, SGD138 순 리, 200p 2 독특한 소재의 남성 슈즈, SGD100, 블랙마켓, 149p 3 깔끔한 핫팬츠, SGD119 아나 부티크, 187p 4 천으로 만든 백팩, SGD79, 에디터스 마켓, 148p 5 컬러감이 좋은 블라우스, SGD33 mds, 231p 6 상큼한 패턴의 슈즈, SGD55 스트레인지렛, 194p 7 그린 클러치, SGD12.9, 소사이어티 오브 블랙 쉽, 117p 8 감각적인 보타이, SGD75 블랙마켓, 149p 9 언더그라운드 잉글랜드 슈즈, SGD245 액츄얼리 플러스, 204p

특명! 슈퍼마켓을 털어라!

여행지의 슈퍼마켓 구경은 또 다른 즐거움이다. 현지인들의 라이프스타일을 엿볼 수 있는 것은 물론 합리적인 가격으로 식료품과 기념품 쇼핑이 가능하기 때문. 싱가포르 슈퍼마켓에서 즐기는 쇼핑!

싱가포르의 대표 슈퍼마켓 브랜드

★ 무스타파 센터 Mustafa Center
리틀 인디아에 위치한 싱가포르 유일의 24시간 쇼핑몰. 각종 생활용품과 식료품을 다양하게 갖췄다.
✉ www.mustafa.com.sg

★ 콜드 스토리지 Cold Storage
싱가포르 전역에 48개의 지점이 있다. 현지인들의 식생활을 책임지는 신선한 식재료와 식료품으로 가득하다.
✉ www.coldstorage.com.sg

★ 마켓 플레이스 Market Place
콜드 스토리지에서 운영하는 마켓. 전 세계에서 들여온 프리미엄 식료품과 신선한 식재료를 취급한다.
✉ www.coldstorage.com.sg

★ 자이언트 Giant
싱가포르 최대의 슈퍼마켓으로 싱가포르 곳곳에서 찾아볼 수 있다. 식재료부터 생활용품까지 다양한 품목을 갖췄다.
✉ www.giantsingapore.com.sg

★ 페어프라이스 FairPrice
싱가포르 정부에서 운영하는 대형 슈퍼마켓 체인. 다른 슈퍼마켓보다 가격이 저렴하다.
✉ www.fairprice.com.sg

1 타이거 믹스 밤(라지) SGD2.9, 히말라야 수분 크림 SGD4.9 2 매콤새콤한 미 시암소스 SGD3.9, 칠리크랩소스 SGD4.8 3 락사 라면 SGD2.75 4 아침식사용으로 우유에 타먹는 홀릭스 SGD7.4

한눈에 보는 싱가포르 쇼핑 지도

'쇼핑'은 싱가포르 여행의 핵심 키워드다. 신상품이 가장 먼저 들어오는 유행에 민감한 도시 싱가포르는 발빠른 트렌드세터부터 개성있는 아이템을 찾아헤매는 쇼퍼들까지 모두 만족시킨다. 쇼핑 천국 싱가포르의 주요 쇼핑 스폿을 한눈에 살펴 보자.

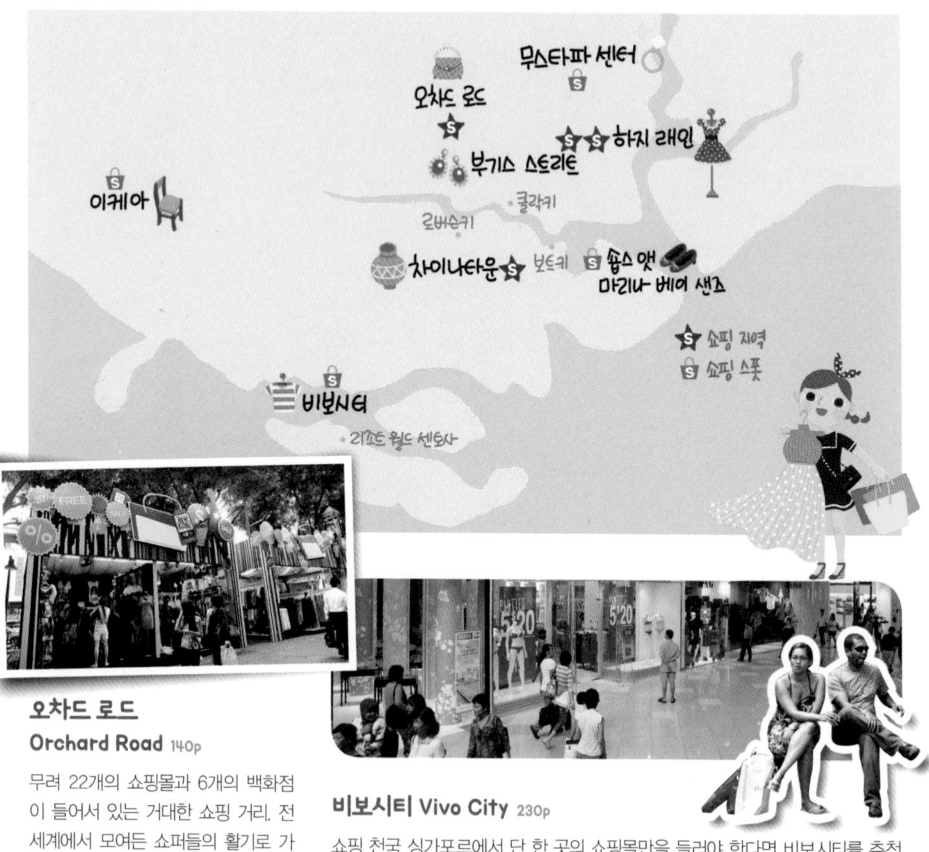

오차드 로드
Orchard Road 140p

무려 22개의 쇼핑몰과 6개의 백화점이 들어서 있는 거대한 쇼핑 거리. 전 세계에서 모여든 쇼퍼들의 활기로 가득하다. 동남아시아에서 가장 큰 루이비통 매장부터 디자이너의 감각이 고스란히 묻어 있는 작은 셀렉트숍까지, 원하는 모든 쇼핑이 가능한 곳.

비보시티 Vivo City 230p

쇼핑 천국 싱가포르에서 단 한 곳의 쇼핑몰만을 들러야 한다면 비보시티를 추천한다. 비보시티는 남녀 브랜드는 물론 유아와 어린이용품 브랜드, 커다란 푸드코트까지 몽땅 갖춘 싱가포르 최대 규모의 쇼핑몰이다. 3층 옥상에 마련된 야외 풀장 덕분에 어린이를 동반한 가족여행객에게도 인기다. 하버프론트에서 센토사 섬으로 가는 길목에 자리하고 있다.

숍스 앳 마리나 베이 샌즈 The Shoppes at Marina Bay Sands 114p

싱가포르 럭셔리 쇼핑의 지도를 바꿔 놓은 쇼핑몰. 마리나 베이 위에 섬처럼 떠 있는 크리스탈 파빌리온에 위치한 루이비통 매장과 싱가포르에서 가장 큰 샤넬 매장을 필두로 보테가 베네타, 버버리, 까르띠에, 프라다, 크리스찬 디올 등 명품 브랜드가 총집결돼 있으며 남녀의류, 전자제품, 라이프스타일, 주얼리 등 다채로운 숍이 입점해 있다. 푸드코트는 24시간 운영.

하지 래인 Haji Lane 200p

별 볼 일 없던 아랍 스트리트 옆의 작은 골목에 싱가포르의 감각적인 로컬 디자이너들이 모여들면서 싱가포르에서 가장 앞서고 멋진 거리로 변신했다. 남녀의류와 잡화점이 주를 이루며 액세서리, 라이프스타일용품 등도 찾아볼 수 있다. 내 맘에 꼭 드는 물건을 찾아 파스텔톤의 아기자기한 건물들을 탐험해보자.

부기스 스트리트 Bugis Street 203p

우리나라의 동대문시장 같은 쇼핑 거리. 빅토리아 스트리트부터 퀸 스트리트까지 이어진 쇼핑 거리에 중저가 보세 옷과 신발, 액세서리 가게가 늘어서 있는데, 저렴한 가격대의 쇼핑이 가능해 현지 젊은이들에게 인기가 높다. 언제나 인파가 넘쳐나므로 보다 편안한 쇼핑을 즐기려면 부기스 정션으로 가자.

차이나타운 Chinatown 170p

차이나타운의 파고다 스트리트는 기념품과 액세서리, 공예품, 골동품, 도자기, 비단 등을 파는 상점이 즐비하다. 흥정은 필수. 안시앙힐과 클럽 스트리트에는 세련되고 멋있는 셀렉트숍이 곳곳에 숨어 있다.

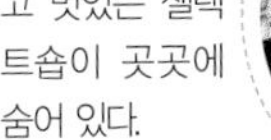

무스타파 센터 Mustafa Centre 211p

리틀 인디아 지역에 위치한 싱가포르 유일의 24시간 쇼핑센터. 하루 일정이 끝난 후 밤 시간을 이용해 쇼핑을 즐길 수 있는 매력적인 곳이다. 의류, 향수, 전자제품 등 온갖 아이템들을 판매하는데 그 중에서도 거대한 슈퍼마켓에서 식료품과 건강식품 등을 구매하거나 커다란 기념품 섹션에서 기념품을 챙겨가기를.

TIP 인테리어 쇼핑의 메카, 이케아

신혼부부들과 주부들이 시간 가는 줄 모르고 쇼핑 삼매경에 빠지는 곳. 이케아(IKEA)는 북유럽 스타일의 심플한 디자인과 저렴한 가격의 가구와 침구류, 각종 인테리어 소품들을 구경하는 것만으로도 행복한 쇼핑센터다. 알렉산드라(Alexandra)와 공항 인근의 탐피니스(Tampines) 두 지점이 있는데 이케아 알렉산드라 지점은 규모가 좀 작지만 싱가포르 중심가와 좀 더 가깝다. 한국으로의 배송도 가능하다.

MAP 008p MRT EW19 퀸스타운(Queenstown) 역 B출구 하차 후 퀸스타운 경찰서(Queenstown Neighbourhood Police Center) 앞에서 195번 버스를 타고 2 정거장. 도보로는 약 15분
10:00~23:00(식당은 09:00~22:30) 317 Alexandra Rd. www.ikea.com/sg

쇼핑 영순위! 싱가포르 로컬 패션브랜드

싱가포르에는 세련된 제품을 저렴하게 살 수 있는 브랜드부터 특유의 감각을 자랑하는 하이 퀄리티 브랜드까지 다양한 로컬브랜드가 존재한다. 진정한 쇼핑 고수들은 싱가포르에서만 만날 수 있는 로컬 브랜드를 사수한다는 말씀!

찰스 & 키스 Charles & Keith

싱가포르를 대표하는 SPA 슈즈 & 액세서리 브랜드. "싱가포르에 가면 찰스 앤 키스를 꼭 사와야 한다."는 말이 있을 정도로 여행자들에게 사랑받는 패션브랜드다. 찰스 & 키스의 매력은 트렌디하고 예쁜 구두, 감각적인 백 등 멋을 아는 여성들이 사랑하는 아이템들을 저렴한 가격으로 만날 수 있다는 것! 샌들과 하이힐을 한국돈으로 3만원대부터, 다양한 디자인의 가방을 5만원대부터 구매 가능하며 신상의 경우 우리나라 절반 가격에 득템할 수도 있으니 일단 들러 보자.

🏠 313@서머셋, 위스마 아트리아, 비보시티, 래플스 시티, 아이온 오차드, 창이국제공항 터미널, 마리나 베이 샌즈, 부기스 정션 등 ✉ www.charleskeith.com

🏠 비보시티, 래플스 시티, 부기스 정션, 니안시티, 이세탄 스코츠, 프라자 싱가푸라 등 ✉ www.mphosis.net

엠포시스 m)phosis

시크하고 스타일리시한 제품을 전개하는 싱가포르의 패스트 패션브랜드. 블랙을 기본으로 하는 심플하면서도 독특한 디자인의 의류, 슈즈 등을 경쟁력 있는 가격으로 선보여 젊은 여성들에게 인기가 많다. 단점은 특정 인기제품이 다 팔려 버리면 다시는 구입할 수 없다는 것. 그러니 마음에 드는 제품을 발견하면 일단 사고 봐야 한다.

바이씨 bYSI

'모든 여성들은 아름다운 옷을 입을 권리가 있다'는 모토로 매월 100여개의 새 디자인을 선보이는 싱가포르의 패션브랜드. 다양한 디자인과 합리적인 가격으로 젊은 층에게 어필하고 있다. XS부터 XXL까지 폭 넓은 사이즈를 갖추었다는 점도 바이씨만의 장점이다. 여성스러운 핏과 과감한 패턴의 세련된 데일리 룩을 선보인다. 블라우스 SGD40~50대, 원피스 SGD60대로 가격대도 합리적이다.

비보시티, 부기스 정션, 시티 링크 몰, 시티 스퀘어 등 www.bysi.com

잡화도
다양하다

라울 RAOUL

남성 셔츠 레이블로 시작해 세계적으로 주목 받고 있는 싱가포르의 럭셔리 패션브랜드. 의류, 잡화를 모두 취급하며 유행을 타지 않는 베이직한 디자인이 주 품목이다. 얼핏 심플해 보이지만 컬러나 패턴, 소재의 디테일이 살아 있는 남성과 여성 정장 제품을 찾아볼 수 있다. 편하게 착용할 수 있는 기본 품목을 구입하면 활용도가 아주 높다. 셔츠 SGD200 이상, 원피스 SGD400 이상.

밀레니아 워크, 파라곤, 선텍시티 몰, 래플스 시티 등 www.raoul.com

올 드레스트 업 all dressed up

아시아, 미국, 유럽, 중동 등에 70개 이상의 매장을 보유한 국제적인 패션브랜드. 여성스러운 라인과 섬세한 디테일, 루즈한 핏의 디자인을 선보여 싱가포르의 오피스 레이디들이 선호하는 브랜드 1위로 꼽히기도 했다. 수작업을 통해 섬세하게 완성한 고급스러운 의류와 액세서리 등을 만날 수 있다.

아이온 오차드, 파라곤, 이세탄 스코츠 등 www.alldressedup.com

추천 일정

3박 4일 주요 관광 명소를 중심으로 알차게 돌아보기

Day1 여유롭게 야경 감상

14:20
싱가포르 도착

↓ 공항에서 시내까지 약 30분

16:00
호텔 체크인

↓

추천! 점보 시푸드 138p

17:30
클락키에서 이른 저녁식사
136p

↓ 도보 약 15분

19:00
보트키 산책 후 싱가포르 리버 크루즈 탑승
81p

↓ 리버 크루즈 약 10분

21:30
마리나 베이 샌즈에서 원더풀 쇼 감상
113p

Day2 가든 시티 산책

10:00
보타닉 가든 산책
39p

↓

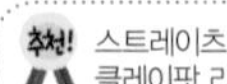

추천! 스트레이츠 키친 154p
클레이팟 라이스·수프 152p

12:00
오차드 로드에서 점심식사

↓

13:00
오차드 로드 쇼핑 142p

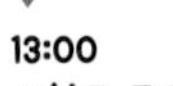

↓ MRT 약 15분

17:30
가든스 바이 더 베이 걷기
118p

↓ 도보 약 25분/택시 약 5분

21:00
마칸수트라 글루턴스 베이에서 야식과 맥주 한 잔
127p

Day3 센토사 섬 탐험

10:00
MRT 하버프론트 역에서 센토사 섬으로 이동

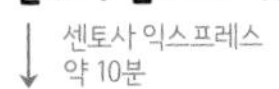

↓ 센토사 익스프레스 약 10분

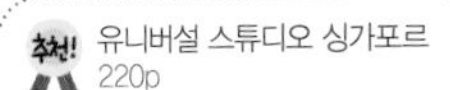

추천! 유니버설 스튜디오 싱가포르 220p

10:30
센토사 섬 어트랙션 즐기기

↓ 센토사 익스프레스 약 10분

18:00
비보시티 푸드 리퍼블릭에서 저녁식사와 쇼핑
232p

↓

추천! 쿠데타 60p, 클락키 지역 132p

21:00
나이트라이프 즐기기

Day4 다양한 문화 체험

10:00
MRT 차이나타운 역

↓ 도보 약 5분

10:30
안시앙힐 & 클럽 스트리트
172p

↓

추천! 야쿤 카야 토스트 본점 50p, 얌차 레스토랑 176p

12:00
차이나타운에서 점심식사

↓ 도보 약 30분/MRT 약 15분

추천! 하지 래인 200p, 아랍 스트리트 199p

13:30
부기스 둘러보기
196p

↓ 도보 약 20분

16:00
리틀 인디아 산책
210p

추천! 바나나 리프 아폴로 213p

↓

18:00
인도식 저녁식사
212p

↓

21:00
공항으로 이동

↓ MRT 약 40분/택시 약 20분

22:00
창이국제공항 도착

추천 일정

4박 5일 테마파크부터 브런치까지 야무지게 맛보는 휴가

Day1 올드 시티의 낭만 만끽

14:20
싱가포르 도착

공항에서 시내까지 약 30분

16:00
호텔 체크인

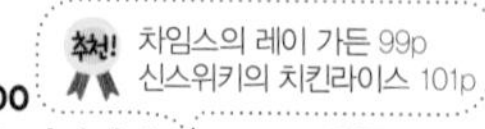

추천! 차임스의 레이 가든 99p
신스위키의 치킨라이스 101p

17:00
올드 시티에서 저녁식사

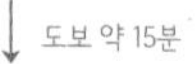

도보 약 15분

19:00
래플스 호텔 & 아케이드 구경 후 롱 바에서 싱가포르 슬링 한 잔
89p

Day2 마리나 지역 뽀개기

09:00
가든스 바이 더 베이 산책
118p

도보 약 15분

12:00
숍스 앳 마리나 베이 샌즈에서 점심식사 후 쇼핑

추천! TWG 티 살롱에서 차 마시기 58p

16:00
마리나 베이 샌즈 전망대 109p **또는 싱가포르 플라이어** 120p**에서 싱가포르 전경 감상**

도보 약 15분

18:00
라우파삿 페스티벌 마켓에서 저녁식사
126p

도보 약 10분

20:00
멀라이언 공원에서 원더풀 쇼 감상
107p

도보 약 5분

21:00
로맨틱한 루프톱 바 즐기기
128p

추천! 랜턴 128p

TIP 젊은 여성여행자를 위한 추천 스폿

티옹 바루: 티옹 바루 베이커리에서 빵과 커피를 먹고 용색 스트리트에서 쇼핑 즐기기 192p

차이나타운 케옹색 로드: 예쁜 건물에 부티크 호텔, 시크한 레스토랑 & 카페들이 모여 있는 거리 182p

뎀시힐 & 홀랜드 빌리지: 이국적인 분위기가 물씬 풍기는 다이닝 스폿 160p, 166p

호트 파크: 도시 가드닝의 정석을 보여주는 예쁜 공원 39p

박물관 투어: 레드닷 디자인 뮤지엄 181p, 페라나칸 박물관 22p, 아시아 문명박물관 181p 등 박물관 돌아보기

카통 & 이스트 코스트: 카통에서 페라나칸 문화를 경험하고 이스트 코스트 지역에서 바다를 감상하며 해산물 맛보기

티옹 바루 베이커리 193p

용색 스트리트의 북스 액츄얼리 194p

페라나칸 전통 음식 락사 46p

Day3 신나게 놀고, 먹기

10:00
MRT 하버프론트 역에서 센토사 섬으로 이동

↓ 센토사 익스프레스 약 10분

10:30
센토사 섬 어트랙션 즐기기
222p

추천! S.E.A 아쿠아리움 222p
루지 & 스카이라이드 223p

↓

15:30
센토사 해변에서 여유롭게 산책
224p

↓ 센토사 익스프레스+MRT 약 40분/택시 약 10~15분

17:00
매력 만점 차이나타운 둘러보기

↓ 도보 약 10분

18:00
저녁식사

추천! 맥스웰 푸드센터 54p
징후아 177p

↓ 도보 약 5분

17:00
안시앙힐 & 클럽 스트리트 거닐기
172p

↓

추천! 라이브러리 183p
라 테라짜 루프톱 바 191p

20:30
차이나타운 나이트라이프 즐기기
190p

Day4 테마 파크+문화 산책

09:00
테마파크 선택해 즐기기

추천! 싱가포르 동물원 40p

↓ 버스+MRT 약 1시간 20분

14:00
알록달록 개성있는 리틀 인디아 걷기
210p

추천! 무스타파 센터에서 쇼핑 211p

↓ 도보 약 5분

16:00
문화와 패션이 있는 부기스 둘러보기
196p

추천! 하지 래인 220p
아랍 스트리트 199p

↓

18:30
저녁식사
208p

추천! 싱가포르 잠잠 208p
신유안지 214p

↓

19:30
부기스 정션 또는 부기스 스트리트 나이트 마켓 구경
203p

Day5 느긋하게 여행 마무리

10:00
호텔 체크아웃 전 수영 즐기기

↓

추천! 화이트 래빗 161p
PS.카페 163p

12:00
뎀시힐에서 여유롭게 브런치
160p

↓ 버스 약 10분

15:00
오차드 로드에서 쇼핑
142p

↓

추천! 채터박스 154p
& 메이드 155p

18:00
저녁식사

↓

추천! 아티스티크 153p

19:00
예쁜 카페에서 티 타임

↓

21:00
호텔에서 짐 찾아서 공항으로 이동

↓ MRT 또는 택시로 약 30분

22:00
창이국제공항 도착

다양한 어트랙션을 경험하는 가족여행

Day1 싱가포르 맛보기

14:20
싱가포르 도착

↓ 공항에서 시내까지 약 30분

16:00
호텔 체크인

↓

17:00
싱가포르 플라이어 탑승
120p

↓ 도보 약 15분

추천! 노 사인보드 시푸드 139p

18:00
칠리크랩 먹기

↓ 도보 약 10분

20:00
싱가포르 리버 크루즈 탑승
81p

Day2 테마파크 데이

09:00
알록달록 새들의 천국 주롱 새 공원
41p

↓ 택시 약 25분 / 버스+MRT 약 2시간

14:00
싱가포르 동물원 40p **또는 리버 사파리 투어** 42p

↓

19:00
야생 그대로! 나이트 사파리 관람
42p

Day3 센토사 완전정복

09:00
MRT 하버프론트 역에서 센토사 섬으로 이동

↓ 센토사 익스프레스 약 10분

추천! 유니버설 스튜디오 싱가포르 220p, 어드벤처 코브 워터파크 219p

09:30
센토사 섬 어트랙션 즐기기

↓

추천! 말레이시안 푸드 스트리트 226p, 트라피자 229p

18:00
저녁식사

↓ 도보 약 20분

19:40
송즈 오브 더 시 관람
225p

트라피자의 피자 디 마레 229p

Day4 알찬 쇼핑 &관광

10:00
차이나타운 둘러보기
170p

↓ 추천! 맥스웰 푸드센터 54p / 징후아 117p

12:00
점심식사

↓ 추천! 메이홍윤 179p

13:00
디저트 먹기

↓ 도보 약 30분/ MRT 약 15분

14:00
오차드 로드 쇼핑

↓ MRT 약 15분 추천! '빛과 소리 쇼' 감상 119p

17:30
가든스 바이 더 베이 산책
118p

↓ 도보 약 15분

20:30
숍스 앳 마리나 베이 샌즈에서 저녁식사
114p

↓ 추천! 푸드코트 또는 스타 셰프의 레스토랑 114p

21:30
마리나 베이 샌즈에서 원더풀 쇼 구경
113p

Day5 다채로운 문화 경험

10:00
흥미진진 박물관 투어

↓ 추천! 싱가포르 우표박물관 92p / 아시아 문명박물관 181p

12:00
가볍게 즐기는 점심식사

↓ 추천! 퍼비스 스트리트에서 태국 요리 102p

13:00
래플스 호텔 & 쇼핑 아케이드 둘러보기 88p

↓ 도보 약 10분

14:00
부기스 투어
196p

↓ 도보 약 20분

16:00
리틀 인디아 둘러보기
210p

↓ 도보 약 20분 추천! 와일드 로켓 155p

18:00
근사한 레스토랑에서 저녁식사
154p

↓ 택시 약 5분

20:00
호텔에서 체크아웃

↓

21:00
창이국제공항으로 이동

스톱오버 여행자라면!

Theme 01 싱가포르 맛보기

09:00
SIA 홉온 버스 타고 투어
81p

↓ 도보+MRT 약 20분

13:00
싱가포르 로컬 푸드 먹기
46p

↓ 도보 약 10분

추천! 맥스웰 푸드센터 54p

14:30
디저트 맛보기

↓ 도보 약 10분

추천! 클락키의 점보 시푸드 138p

17:30
칠리크랩 먹기

↓ 도보 약 5분

19:00
클락키에서 싱가포르 리버 크루즈 타고 멀라이언 공원으로 이동
81p

↓ 도보 약 5분

추천! 랜턴 128p

20:00
루프톱 바에서 원더풀 쇼 감상

Theme 02 주요 관광지 훑어보기

09:00
SIA 홉온 버스 타고 투어
81p

↓

12:00
점심식사

추천! 채터박스 154p

↓ 도보+MRT 약 20분

14:30
리틀 인디아 걸어보기
210p

↓ 도보+MRT 약 30분

16:00
싱가포르 플라이어 탑승
120p

↓ 도보 약 15분

17:30
숍스 앳 마리나 베이 샌즈에서 쇼핑 및 저녁식사
114p

↓ 도보 약 5분

추천! 멀라이언 공원 107p

20:00
원더풀 쇼 감상
113p

TIP 싱가포르 스톱오버 홀리데이 Singapore Stopover Holiday

스톱오버(Stop-Over)란 최종 목적지가 아닌 중간 경유지에서 하루 이상 머무는 것을 뜻한다. 싱가포르항공 스톱오버 홀리데이는 SGD59부터 호텔 숙박을 할 수 있는 패키지로 호텔 숙박+공항-호텔 간 교통편+SIA 홉온 버스 무제한 탑승권+주요 관광지 무료 입장 등의 혜택이 있어 편리하게 이용할 수 있다.

SIA 홉온 버스 루트
싱가포르 플라이어→에스플러네이드→보트키→차이나타운→클락키→오차드 로드→보타닉 가든→리틀 인디아→래플스 호텔→팬 퍼시픽 싱가포르→싱가포르 플라이어

恆發當 HENG FATT
PAWNSHOP PTE LTD
HENG FATT PAWNSHOP
金裕源
KIM JOO GUAN
天仁 茗茶
余仁生
Eu Yan Sang
6552 1111
Comfort

Special Page

속성으로 재미나게 싱가포르 뽀개기

햇볕 쨍쨍하고 기온과 습도가 높은 싱가포르를 효율적으로 여행하려면 다양한 투어 프로그램을 이용하는 것도 좋은 방법이다. 바다와 육지를 넘나드는 투어 프로그램으로 싱가포르의 다양한 매력을 파악해보자

싱가포르 덕 투어 Singapore Duck Tour

육지와 바다를 모두 달릴 수 있는 수륙양용차를 타고 싱가포르의 도심과 강을 탐험하는 익사이팅한 투어 프로그램. 베트남 전쟁 때 사용된 수륙양용차를 알록달록 오리 모양으로 귀엽게 꾸민 차량을 타고 싱가포르의 도심을 누비면서 싱가포르 플라이어, 마리나 베이 샌즈, 멀라이언 공원, 에스플러네이드 등을 감상할 수 있다. 도로를 달리던 차량이 갑자기 싱가포르 강으로 입수할 때의 짜릿함이 덕 투어의 하이라이트. 앞자리에 앉으면 물이 튈 수 있으니 염두에 두자. 투어는 약 1시간 소요되며 선텍시티에서 출발한다. 투어가 종료될 때까지 중간 하차는 불가능하다.

투어 루트 선텍시티→파당 지역→마리나 파크→마리나 베이(입수)→멀라이언 공원→마리나 베이 샌즈→반대 루트로 귀환
티켓 구매처 선텍시티, 오차드 로드, 싱가포르 플라이어, 차이나타운 헤리티지 센터, 클락키, 마리나 베이, 하버프론트, 창이국제공항
1시간 소요 SGD33, 어린이(3~12세) SGD23, 2세 이하 SGD2 +65 6338 6877 www.ducktours.com.sg

히포 버스 Hippo Bus

뙤약볕 아래 발품을 덜 들이고 싱가포르의 주요 지역을 콤팩트하게 스쳐보기에 좋다. 천장이 없는 2층 버스를 타고 클락키, 보타닉 가든, 오차드 로드, 리틀 인디아, 보트키, 차이나타운 등을 유람하는 버스 투어 프로그램으로, 관심 있는 지역에 내려서 둘러본 후 20분 간격으로 도착하는 다음 차량에 탑승하면 된다. 루트는 총 3가지.

투어 루트 시티 루트 보타닉 가든, 마리나 베이 샌즈, 싱가포르 플라이어, 클락키 등 총 39곳 **헤리티지 루트** 북쪽에서 남쪽으로 내려오는 루트. 리틀 인디아, 아랍 스트리트, 차이나타운 등 총 21곳 **오리지널 루트** 싱가포르 플라이어 앞에서 출발해 에스플러네이드, 멀라이언 공원, 차이나타운, 리틀 인디아, 클락키, 오차드 로드 등 총 17곳
티켓 구매처 선텍시티, 오차드 로드, 싱가포르 플라이어, 차이나타운 헤리티지 센터, 클락키, 마리나 베이, 하버프론트, 창이국제공항
24시간 동안 무제한 사용 가능(시티 루트 14분, 헤리티지 루트 20분, 오리지널 루트 30분 간격으로 운행) SGD33, 어린이(3~12세) SGD23, 2세 이하 무료 +65 6338 6877 www.ducktours.com.sg

TIP 덕 투어, 히포 버스 티켓 구입 장소

선텍시티 Safari Gate #01-K15, Suntec Shopping Mall, 3 Temasek Boulevard 09:00~18:30

싱가포르 플라이어 비지터 센터(Visitor Center) #01-06, 30 Raffles Ave. 09:30~21:30

오차드 로드 투어리스트 인포메이션 키오스크(Tourist Information Kiosk) Midpoint Orchard, 220 Orchard Rd., #B1-03 09:00~18:30

차이나타운 차이나타운 헤리티지 센터(Chinatown Heritage Centre) 48 Pagoda St. 09:00~20:00

마리나 베이 시티 갤러리(Marina Bay City Gallery) 11 Marina Boulevard 월~금요일 10:00~20:00, 토·일요일 10:00~21:00, 월요일 휴무

클락키 투어리스트 인포메이션 키오스크(Tourist Information Kiosk) Gallery 1F, The Central, 6 Eu Tong Sen St. 09:00~19:30

하버프론트 도착 게이트 2(Arrival Gate 2) 1 Maritime Square, #01-31D, HarbourFront Centre 09:00~18:30

창이국제공항 터미널 2,3(Arrival Meeting Hall 2,3) 터미널2 Counter 5, Arrival Meeting Hall North T2/터미널3 Counter 17, #01-K17, Arrival Meeting Hall North T3 07:30~21:00

펀비 시티 투어 FunVee City Tour

천장 없는 2층 버스에서 시원하게 바람을 맞으면서 싱가포르 곳곳의 명소 40군데를 무제한으로 탐험할 수 있는 투어 프로그램이다. 싱가포르 내 48개 호텔에서 09:00, 11:00에 무료 픽업 서비스를 제공하며 한국어 오디오 가이드도 제공해줘 더욱 매력적이다. 출발 지점이 아니라 중간 지점의 역에서 타도 된다.

투어 루트 **그린 루트(펀비 시티 호퍼)** 싱가포르 플라이어 투어리스트 허브…에스플러네이드…멀라이언 공원…라우파삿…차이나타운…클락키…보타닉 가든…오차드 로드…마리나 스퀘어…싱가포르 플라이어 **레드루트(펀비 센토사 호퍼)** 싱가포르 플라이어 투어리스트 허브…에스플러네이드…멀라이언 공원…유니버설 스튜디오 싱가포르…리틀 인디아…아랍 스트리트…마리나 스퀘어…싱가포르 플라이어 **오렌지루트(펀비 마리나 & 헤리티지 호퍼)** 싱가포르 플라이어 투어리스트 허브…마리나 베이 샌즈…가든스 바이 더 베이…차이나타운…클락키…리틀 인디아…아랍 스트리트…마리나 스퀘어…싱가포르 플라이어
티켓 구매처 **싱가포르 투어리스트 허브**(MRT CC4 프로메나드(Promenade) 역 A출구로 나와 싱가포르 플라이어 표지판을 따라 도보 5분)
⏲ 싱가포르 플라이어 출발 시각 기준. **그린루트** 09:00~17:00(20~30분 간격 운행) **레드루트** 09:45 · 11:45 · 15:45 · 17:45 **오렌지루트** 10:45~16:45(1시간 간격 운행) Ⓢ 1일권 SGD21.9, 어린이 SGD15.9 ✆ +65 6738 3338 ✉ www.citytours.sg/funveetour.html

싱가포르 리버 크루즈 Singapore River Cruise

전통미가 풍기는 작은 유람선을 타고 싱가포르 강을 따라 클락키, 보트키, 마리나 베이 샌즈 일대를 약 40분간 유람하는 투어 프로그램. 반짝 반짝 빛나는 센트럴 지역의 높은 빌딩들과 수줍게 조명을 밝힌 싱가포르 강의 다리 등을 만날 수 있다. 오후 6시쯤 클락키에 도착해 해질녘의 클락키 분위기를 만끽한 후, 히포 리버 크루즈에 탑승하여 싱가포르 강의 야경을 감상하는 코스를 추천한다. 출발 지점이 아닌 중간 지점에서 탑승해도 된다.

투어루트 로버슨키…클락키…보트키…풀러톤 호텔…멀라이언 공원…마리나 베이 샌즈 베이프론트 사우스…프로메나드(싱가포르 플라이어 인근)
티켓 구매처 로버슨키 리버뷰 호텔(Riverview Hotel) 앞, 클락키 리드 브릿지(Read Bridge) 인근, 클락키 지맥스 번지(G-MAX Reverse Bungy) 앞, 보트키, 풀러톤 호텔 정문 앞, 멀라이언 공원, 베이프론트 사우스, 프로메나드 역 등에서 티켓 구매 후 바로 탑승 가능
⏲ 40분 소요(마지막 투어 22:30) Ⓢ SGD20, 어린이(3~12세) SGD10, 중간 지점 탑승 시 가격이 내려감 ✆ +65 6336 6111(6119) ✉ www.rivercruise.com.sg

TIP 투어 프로그램, 이런 여행자에게 추천!

- 짧은 시간에 싱가포르의 다양한 면모를 보고 싶은 여행자
- 여행 첫날 싱가포르에 대한 감을 잡고 싶은 여행자
- 더운 날씨 속 걷기보다는 편안하게 투어를 하고 싶은 여행자
- 어린이 또는 부모님과 함께하는 가족여행자
- 하루만에 싱가포르를 속성으로 뽀개고 싶은 여행자

SIA 홉온 버스 SIA Hop-on Bus

2층 관광버스를 이용해 주요 관광지, 쇼핑몰, 레스토랑 등 지정된 승하차장에서 마음껏 타고 내리며 편리하게 싱가포르를 여행하는 투어 프로그램. 1층은 에어컨 설비가 잘 갖춰져 있고, 2층은 천장이 뻥 뚫려 있어 조금 덥지만 낭만적으로 도시 경관을 감상할 수 있다. 싱가포르항공의 '싱가포르 스톱오버 홀리데이(호텔+교통편+관광지 혜택)' 이용객들은 SIA 홉온 버스를 무료로 이용 할 수 있다.

투어 루트 싱가포르 플라이어…에스플러네이드…보트키…차이나타운…클락키…오차드 로드…보타닉 가든…리틀 인디아…래플스 호텔…팬 퍼시픽 싱가포르…싱가포르 플라이어
티켓 구매처 창이국제공항 2, 3 터미널 도착 홀에서 'SIA 스톱오버 홀리데이 프로그램 카운터(SIA Stopover Holiday Programme Counter)' 표지판 따라 이동. 원데이 패스는 탑승 시 버스 기사에게 직접 구입)
⏲ 09:00~21:00 (티켓 구입 시간부터 24시간 사용 가능) Ⓢ SGD25, 어린이 SGD15 ✆ +65 6338 6877 ✉ www.siahopon.com

싱가포르
by Area

AREA 1

올드 시티 Old City

싱가포르 관광의 중심지. 영국 식민지 시절에 지어진 오래되고 이국적인 건축물들과 싱가포르에서 가장 높은 호텔이 공존하는 지역이다. 과거와 현대, 서양과 동양이 우아한 하모니를 완성하는 올드 시티를 산책하면서 싱가포르의 정취를 느껴보자.

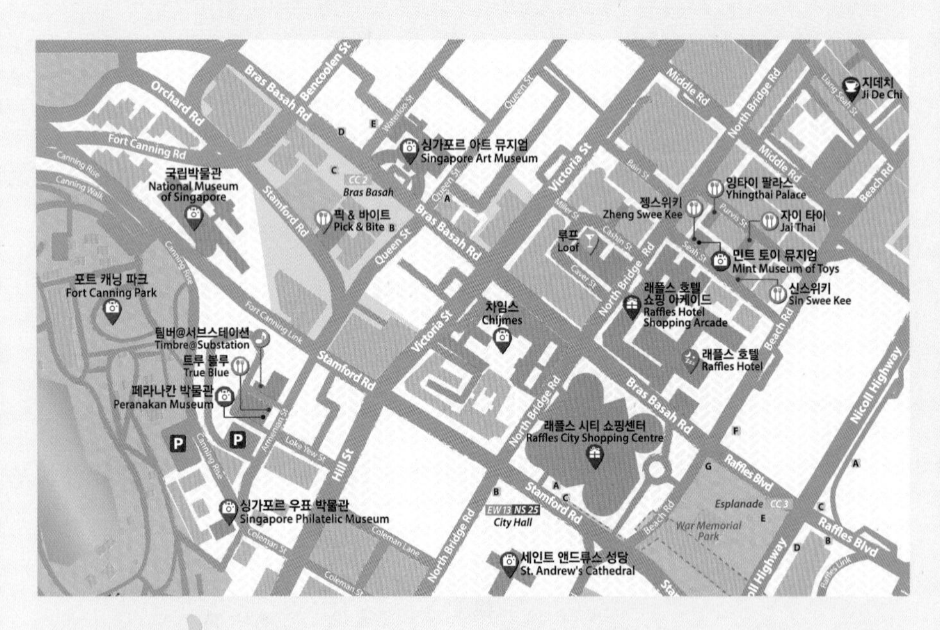

추천 여행 방법

래플스 시티와 시티 링크 몰에서 만끽하는 쇼핑, 골목마다 즐기는 식신 원정, 박물관 투어, 콜로니얼 건축물을 찾아 떠나는 다양한 테마 여행이 가능하다. 볼거리가 오밀조밀 모여 있으므로 도보여행을 추천한다.

교통 정보

MRT

★MRT 시티홀(City Hall) 역

A출구: 래플스 시티 쇼핑센터, 래플스 호텔, 국립도서관, 싱가포르 경영대학, 국립박물관, 싱가포르 아트 뮤지엄, 스위소텔 더 스탬포드, 차임스, 민트 토이 뮤지엄

B출구: 페라나칸 박물관, 세인트 앤드류 성당, 아시아 문명박물관

C출구: 마리나 스퀘어, 에스플러네이드, 싱가포르 플라이어, 선텍시티, 만다린 오리엔탈 싱가포르, 팬 퍼시픽 싱가포르, 리츠 칼튼 밀레니아 싱가포르

* MRT 시티홀 역 지하 연결통로를 따라 시티 링크 몰, 원 래플스 링크, MRT CC3 에스플러네이드(Esplanade) 역까지 연결

버스

★To 래플스 호텔: 오차드 로드에서 7, 14, 16, 36, 77, 106, 111, 128, 131, 162, 167, 171, 175, 700, 700A, 857번 승차, MRT 부기스(Bugis) 역에서 130번 승차, MRT 리틀 인디아(Little India) 역에서 131번 승차

추천 일정

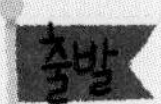

09:00

페라나칸 박물관 관람 22p

도보 3분

10:30

싱가포르 우표박물관 관람 92p

도보 13분

추천! 젱스위키 100p

12:00

저렴하고 맛있는
치킨라이스로 점심식사 100p

도보 4분

14:00

래플스 시티 쇼핑센터에서
쇼핑하기 94p

도보 5분

15:30

티핀 룸에서 하이 티 89p

도보 2분

17:00

래플스 호텔 & 쇼핑 아케이드 구경 88p

도보 3분

19:00

이국적인 분위기의 차임스에서
저녁식사 98p

낭만 가득한 올드 시티 산책

올드 시티에는 영국의 식민 지배 당시에 지어진 유럽풍의 건축물이 곳곳에 자리하고 있다.
고딕 양식으로 지어진 우아한 건축물 사이를 거닐며 싱가포르의 이국적인 정취를 한껏 느껴보자.

사진발 잘 받는 새하얀 교회당

세인트 앤드류 성당 St. Andrew's Cathedral

1830년대에 지어져 약 180여 년의 역사를 자랑하는 싱가포르의 국가 기념물. 녹음이 우거진 넓은 부지에 둥지를 튼 영국식 성당으로 영국의 국교인 성공회 신자들이 모이던 곳이다. 세인트 앤드류 성당은 뾰족한 첨탑을 지닌 새하얀 고딕 양식의 건축물 자체로도 아름답기 때문에 한번쯤 들러볼 만하다. 독특한 것은 영국식으로 지어진 성당 내부에 인도식 건축 기법이 녹아들어 있다는 것. 인건비 문제로 인도인 죄수들을 성당 건축에 대거 고용하면서 인도인의 건축 방식이 적용됐기 때문이라고 한다. 내부 입장도 가능하며 월~토요일에는 하루 2회 무료 가이드 투어도 있다. 어디를 찍어도 멋있게 나오는 성당에서 기념사진을 찍으면서 쉬엄쉬엄 산책을 즐기기에도 좋다.

Map 대형❶-C2 MRT NS25/EW13 시티홀(City Hall) 역 B출구와 바로 연결 ⏲ 09:00~17:00, 무료 가이드 투어 월~토요일 10:30~12:00, 14:30~16:00(수요일 오전과 토요일 오후는 제외) ☎ +65 6337 6104 ⌂ 11 St. Andrew's Rd. ✉ www.livingstreams.org.sg

유럽이야? 싱가포르야?
차임스 Chijmes

"여기 유럽 아니야?" 차임스의 사진을 보여주면 열에 아홉은 이렇게 되물을 것이다. 차임스는 영국의 식민 지배 시대인 1840~1841년에 지어진 콜드웰 하우스(Caldwell House)와 1904년에 세워진 고딕 양식의 예배당으로 이뤄진 건축물로 131년간 가톨릭 수도원으로 사용되었다. 1938년 수도원이 다른 곳으로 이전했고 오늘날 차임스는 약 13개의 레스토랑과 바가 모여 있는 근사한 다이닝 스폿으로 재탄생했다. 트렌디한 감각과 고전적인 아름다움이 어우러진 싱가포르의 명소가 된 차임스는 마치 유럽의 어느 광장에 와있는 듯한 낭만적인 분위기 때문에 결혼식 장소로도 인기 만점. 낮에는 유럽식 건축물을 배경으로 기념사진을 남기고 밤에는 야외 분수대 옆 테라스 좌석에서 시원한 맥주 한 잔을 마셔보기를 추천한다.

Map 대형①-C2 MRT NS25/EW13 시티홀(City Hall) 역 A출구로 나와 래플스 시티(Raffles City)를 끼고 사거리에서 우회전하여 도보 3분, 맞은편에 차임스가 보인다 +65 6336 1818 30 Victoria St. www.chijmes.com.sg

TIP 시티홀은 공사 중!

올드 시티에 자리한 시티홀과 대법원이 국립미술관(National Art Gallery)으로 새로 태어나기 위해 공사 중이다. 근대 서양 건축양식으로 지어진 화려한 건물에 들어서는 국립미술관은 '비주얼 아트의 본고장(Home of Visual Art)'을 목표로 2015년 완공될 계획이다.

www.nationalartgallery.sg

호텔 그 이상, 래플스 호텔 완전정복

래플스 호텔은 세계적인 명사들도 즐겨찾는 싱가포르의 명물이다. 기품 있는 호텔, 15개의 레스토랑과 바, 고급 쇼핑 아케이드로 이뤄진 래플스 호텔에서 과거와 현재를 넘나드는 시간 여행을 떠나보자.

1 래플스 호텔 Raffles Hotel

Map 대형❶-D2 MRT NS25/EW13 시티홀(City Hall) 역 A출구로 나가서 래플스 시티(Raffles City)를 끼고 사거리에서 우회전하여 도보 3분 +65 6337 1886 1 Beach Rd. www.raffles.com/singapore

엘리자베스 영국 여왕, 마이클 잭슨, 찰리 채플린, 어니스트 헤밍웨이, 서머셋 모옴의 공통점은? 래플스 호텔에 묵었다는 것! 명사들과 대문호도 극찬한 특별한 호텔, 래플스 호텔의 면면을 소개한다.

전 객실이 스위트룸

103개의 객실은 모두 높은 천장과 19세기 스타일의 우아한 가구, 대리석으로 장식한 욕실로 꾸민 스위트룸이다. 무려 15개의 레스토랑과 바, 20m 길이의 옥상 수영장, 피트니스 센터, 고급 스파, 쇼핑 아케이드 등 부대시설도 충실하다. 래플스 호텔은 투숙객들이 완벽한 휴식을 취할 수 있도록 관광객이 출입할 공간을 엄격하게 제한하고 있다. 관광객은 레스토랑과 래플스 호텔 쇼핑 아케이드, 그 안에 위치한 정원만 이용할 수 있다.

Since 1887

1887년 아르메니아 출신의 형제들은 방갈로를 개조해 객실 10개 규모의 여관을 만들었다. 그리고 싱가포르가 국제적인 도시로 발돋움하는 기틀을 마련한 토마스 스탬포드 래플스(Thomas Stamford Raffles)의 이름을 따 래플스 호텔이라 명명했다. 이후 호텔은 1899년 당시 흔치 않았던 화려한 신르네상스 양식의 본관 건물을 짓고 훌륭한 퀄리티의 음식과 다양한 칵테일로 유명세를 더하며 명실공히 싱가포르 최고의 호텔로 거듭났다.

19세기로 타입 슬립

래플스 호텔은 동양에 몇 남지 않은 19세기에 지어진 호텔 중 하나다. 순백색의 외관과 테라스, 경사진 붉은색 기와 지붕, 높은 천장과 아치형 창문, 섬세한 조각이 새겨져 있는 기둥 등은 싱가포르를 식민 지배했던 영국의 건축을 본떠 지은 콜로니얼 스타일의 전형을 보여준다. 1940년대까지는 백인만 출입 가능했던 래플스 호텔의 단아하고 아름다운 모습은 마치 100여년 전으로 시간 여행을 떠나온 듯한 기분을 선사한다.

TIP 도어맨과 기념사진을!

래플스 호텔의 명물 중 하나는 호텔 입구를 지키고 있는 도어맨. 멋진 제복을 입고 북슬북슬한 수염을 기르고 터번을 두른 도어맨과 함께 기념사진을 찍는 것도 잊지 말자. 래플스 호텔의 기념품숍에서는 도어맨을 캐릭터화한 상품도 판매한다.

② 바&레스토랑 Bar & Restaurant

래플스 호텔은 예로부터 훌륭한 음식과 다양한 칵테일로 명성이 자자했다. 원조 싱가포르 슬링부터 우아한 프렌치 다이닝, 트렌디한 뉴욕 스타일 델리, 여유로운 애프터눈 티까지, 총 15개의 레스토랑과 바에서 두루 즐길 수 있다.

롱 바 Long Bar

싱가포르 슬링 칵테일을 탄생시킨 싱가포르에서 가장 유명한 바. 1915년 래플스 호텔의 바텐더였던 니암 통 분(Ngiam Tong Boon)이 동양에서 가장 아름다운 싱가포르의 석양을 이미지화해서 싱가포르 슬링을 만들었다. 오리지널 싱가포르 슬링을 맛보기 위해 매일 전 세계에서 관광객들이 모여드는데, 바텐더의 말에 따르면 하루 1,000여 잔의 싱가포르 슬링이 팔린단다. 바에 앉아 싱가포르 슬링을 쉴 틈 없이 주조하는 바텐더를 구경하노라면 그 인기를 확인할 수 있다. 1920년대 말레이시아 농장에서 영감을 받아 영국풍으로 꾸며진 롱 바의 클래식한 인테리어 역시 여행자들을 반하게 하는 포인트. 자리에 앉으면 땅콩이 기본으로 제공되는데 땅콩 껍질은 바닥에 그냥 버려도 된다. 바닥에 수북이 깔린 땅콩 껍질은 롱 바만의 재미있는 인테리어이기도 하다.

🏠 래플스 호텔 2·3층 ⌚ 일~목요일 11:00~24:30, 금·토요일 11:00~01:30 Ⓢ 오리지널 싱가포르 슬링 SGD26++ ☎ +65 6412 1816

래플스 코트야드 Raffles Courtyard

온통 하얗고 깨끗한 래플스 호텔 쇼핑 아케이드의 한가운데에는 열대 야자수와 새하얀 아치 문, 야외 칵테일 바, 야외 테이블이 반겨주는 안뜰이 있다. 이 어여쁜 안뜰에 위치한 이탈리안 레스토랑 겸 바 래플스 코트야드는 '올드 싱가포르'의 낭만이 그대로 배어 있는 분위기다. 그 품에 오롯이 안겨 이탈리안 요리와 와인, 칵테일 등을 맛볼 수 있다.

🏠 래플스 호텔 1층 ⌚ 12:00~22:00, 가제보 바 칵테일 11:00~22:30 Ⓢ 피자 SGD21++부터, 파스타 SGD17++부터 ☎ +65 6412 1816

티핀 룸 Tiffin Room

1899년부터 시작된 전통 커리 뷔페를 런치와 디너로 제공하는 우아한 다이닝 룸. 화려하게 장식된 은쟁반 위에 강한 양념을 쓰는 담백하고 부드러운 북인도 스타일의 요리를 제공한다. 15:30부터 시작되는 하이 티(High Tea)는 티핀 룸의 자랑. 티핀 룸의 하이 티는 핑거 샌드위치와 케이크가 담겨 나오는 3단 티어와 딤섬, 스콘, 타르트, 과일 등이 제공되는 미니 뷔페로 이뤄지며 예약은 필수다.

🏠 래플스 호텔 1층 ⌚ 조식 뷔페 06:30~10:30, 런치 뷔페 12:00~14:00, 하이 티 15:30~17:30, 디너 뷔페 19:00~22:00 Ⓢ 조식 뷔페 1인 SGD45++, 하이 티 SGD58++ ☎ +65 6412 1816

③ 쇼핑 아케이드 Shopping Arcade

래플스 호텔 쇼핑 아케이드는 티파니, 루이비통, 스와로브스키 등 명품 브랜드숍부터 디자이너의 패션 부티크숍, 래플스 호텔 기념품숍까지 약 35개의 상점이 입점해 있는 쇼핑 스폿이다.

래플스 호텔과 바로 연결 ⌚ 월~토요일 12:00~20:00, 일요일 12:00~17:00 🏠 328 North Bridge Rd.

프론트 로우 Front Row

싱가포르 젊은 디자이너들의 감각을 엿볼 수 있는 편집매장으로 세련되고 트렌디한 남녀의류, 액세서리 등을 판매한다. 프론트 로우의 매력은 스스로 '브랜드 큐레이터(Brand Curator)'라 칭하는 사장이 엄선한 세계 곳곳의 브랜드를 만날 수 있다는 점. 유럽, 동남아 등 로컬 디자이너의 인터내셔널 브랜드와 자체 제작 상품을 제안하며, 유명하지는 않지만 개성 넘치는 신진 디자이너들의 콜렉션을 만나는 재미도 있다. 가격대는 센 편이지만 탐나는 아이템들이 많다.

🏠 래플스 호텔 쇼핑 아케이드 2층 9호 ☎ +65 6224 5501 ✉ www.frontrowsingapore.com

기념품숍 Raffles Hotel Gift Shop

쇼핑 아케이드 1층에 위치한 기념품숍은 래플스 호텔 방문의 필수 코스이자 가장 재미있는 공간. 싱가포르 슬링 레시피가 표시된 주조용 컵, 래플스 호텔이 그려진 다양한 머그컵, 컵받침, 호텔에서 사용하는 식기, 리조트웨어 및 포스터, 엽서, 신발주머니 등 래플스 관련 기념품부터 유용한 라이프스타일 아이템까지 다채로운 물품을 만날 수 있다.

🏠 래플스 호텔 쇼핑 아케이드 1층 $ 싱가포르 슬링 주조용 컵 SGD21.9, 우표가 붙여진 엽서 SGD4, 싱가포르 슬링 미니어처(6개들이) SGD50 ☎ +65 6337 1886 ✉ www.raffleshotelgifts.com

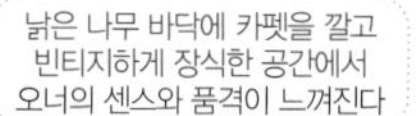

서렌더 Surrender

스타일리시한 젠틀맨을 위한 편집매장. 캐주얼부터 수트까지 다채로운 장르의 의류와 가방, 신발, 액세서리 등 남자의 모든 패션 아이템을 판매한다. 미국의 촉망받는 디자이너 스캇 스턴버그가 론칭한 브랜드 밴드 오브 아웃사이더스(Band of Outsiders), 아메리칸 클래식 트위스트 룩을 선보이는 브랜드 톰 브라운(Thom Browne), 멋진 디테일의 청바지로 유명한 네이버후드(NBHD) 등 유니크한 브랜드 제품이 눈에 띈다.

🏠 래플스 호텔 쇼핑 아케이드 2층 31호 ☎ +65 6733 2130 ✉ surrenderous.com

흥미진진 박물관 투어

올드 시티는 문화 유산이 풍부한 지역이다. 국립박물관을 필두로 여러 박물관들이 구석구석 포진해 있다. 싱가포르와 동남아시아의 다양한 역사와 문화를 탐험하는 박물관 투어, 올드 시티에서 떠나보자.

싱가포르의 과거와 현재를 만나보자

싱가포르의 모든 것!

국립박물관 National Museum Of Singapore

싱가포르의 전쟁사, 생활사, 의류사, 민족사 등 싱가포르의 역사와 문화를 총체적으로 볼 수 있는 싱가포르 최대의 박물관. 1887년 지어진 눈부신 자태의 신고전주의 양식 건축물부터 관람객의 눈길을 사로잡는다. 역사 갤러리에는 10~14세기 유물로 추정되는 싱가포르의 돌(The Singapore Stone)을 비롯한 11대 국가 보물 등을, 리빙 갤러리에서는 패션, 사진, 음식, 영화를 통해 알아보는 싱가포르의 문화를 상설 전시 중이다. 터치스크린 등 쌍방향 시설을 설치해 관람객들이 더 쉽고 재미있게 전시를 즐길 수 있도록 했다. 다양한 종류의 기획 전시가 수시로 진행된다.

Map 대형❶-C2 MRT CC2 브라스 바사(Bras Basah) 역 E출구로 나와 직진하다가 사거리에서 좌회전, 싱가포르 경영 대학교(Singapore Management University) 앞 횡단보도를 건너 포트 캐닝 로드(Fort Canning Rd.)로 진입, 도보 약 5분 ⏲ 싱가포르 역사 갤러리 10:00~18:00(마지막 입장 17:30)/싱가포르 리빙 갤러리 10:00~20:00(마지막 입장 19:30, 18:00부터 무료 입장) $ SGD10, 학생(유효한 학생증 필요) SGD5, 6세 이하 어린이 무료 ☎ +65 6332 3659 🏠 93 Stamford Rd. ✉ www.nationalmuseum.sg

다채로운 싱가포르의 보물을 전시한다

간식을 팔던 자전거

빨간 우체통 옆에서 편지를

싱가포르 우표박물관
Singapore Philatelic Museum

생각보다 알차고 재미난 박물관. 전 세계에서 수집한 주제별 우표, 희귀 우표 등을 전시해 우표수집가들이나 앤티크한 아이템을 좋아하는 여행자들이 좋아할 만한 곳이다. 우표 제작 과정과 우표 디자인 및 우체통의 변천사는 특히나 흥미롭다. 우표박물관은 현재 우체국 역할도 겸한다. 싱가포르 우표박물관만의 특별 스탬프가 찍힌 엽서를 써서 박물관 내의 오래된 빨간 우체통에서 부칠 수 있다. 2층에는 싱가포르의 주거 문화를 재현한 전시실과 아이들을 위한 체험 전시실이 있다.

Map 대형❶-C2 MRT CC2 브라스 바사(Bras Basah) 역 B출구로 나와 스탬포드 로드(Stamford Rd.)를 따라 직진, 아르메니안 스트리트(Armenian St.) 끝에 위치. 도보 약 10분 09:00~19:00(월요일은 13:00부터) SGD6, 어린이(3~12세) SGD4 +65 6337 3888 23B Coleman St. www.spm.org.sg

동남아시아 현대미술의 보고

싱가포르 아트 뮤지엄
Singapore Art Museum

1996년에 문을 연 동남아 최대의 공공 미술관. 1852년 프랑스 건축가에 의해 지어진 싱가포르 최초의 가톨릭 학교를 개조해 만들었다. 양쪽으로 대칭을 이룬 새하얗고 아름다운 3층 건물에서 싱가포르와 동남아시아의 현대 미술 작품 7,000여 점을 비롯해 회화, 조소, 설치미술 등을 감상할 수 있다. 다양한 미디어를 이용해 기발하게 창작한 작품 및 흥미로운 체험 프로그램도 가득하다.

Map 대형❶-C1 MRT CC2 브라스 바사(Bras Basah) 역 A출구 왼편에 바로 위치 10:00~19:00, 금요일 10:00~21:00 가이드 투어(영어) 월요일 14:00, 화~목요일 11:00·14:00, 금요일 11:00·14:00·19:00, 토~일요일 11:00·14:00·15:30 SGD10, 학생 SGD5(금요일 저녁 18:00~21:00, 공휴일 무료 입장) +65 6332 3222 71 Bras Basah Rd. www.singaporeartmuseum.sg

추억은 방울방울
민트 토이 뮤지엄 Mint Museum of Toys

잊고 살던 동심을 재발견할 수 있는 동아시아 최대 규모의 장난감 박물관. 중국, 독일, 영국, 미국, 일본, 불가리아 등 40여개 국가에서 수집한 5만여 점의 장난감을 전시한다. 5층부터 내려오면서 우주, 캐릭터, 추억의 장난감, 수집품을 테마로 한 장난감들을 감상할 수 있다. 19세기부터 20세기에 만들어진 고풍스러운 장난감들이 남녀노소 모두를 추억에 빠지게 한다. 장난감이나 앤티크 소품을 좋아하는 사람들에게는 '완소' 뮤지엄이지만 그렇지 않은 사람에게는 삼청동이나 헤이리의 장난감 박물관과 비슷한 느낌이어서 입장료가 다소 비싸게 여겨질 수도 있겠다. 사랑스러운 아이템이 가득한 1층의 기념품숍은 빼놓지 말자.

동심을 자극하는 장난감 쇼핑

Map 대형❶-D2 MRT NS25/EW13 시티홀(City Hall) 역 A출구로 나가서 맞은편의 래플스 시티(Raffles City)를 끼고 사거리에서 우회전하여 도보 7분, 래플스 호텔 쇼핑 아케이드 옆의 시아 스트리트(Seah St.)에 위치 09:30~18:30 SGD15, 어린이(12세 이하) SGD7.5 +65 6339 0660 26 Seah St. www.emint.com

어린이들이 신나게 관람할 수 있어요

만화로 꾸민 지하 1층 레스토랑

TIP 박물관 투어 야무지고 똑똑하게 즐기기

1. 박물관 패스 3일권
SGD20으로 싱가포르의 6개 박물관을 3일간 자유롭게 둘러볼 수 있는 패스. 국립박물관, 페라나칸 박물관, 싱가포르 아트 뮤지엄, 싱가포르 우표박물관, 아시아 문명박물관, 부킷 찬두 기념관 등 6개의 박물관에서 구매 가능. www.nhb.gov.sg

2. 박물관 투어 추천 코스
MRT CC2 브라스 바사(Bras Basah) 역 ···› 싱가포르 아트 뮤지엄 ···› (도보 5분) ···› 국립박물관 ···› (도보 5분) ···› 페라나칸 박물관 ···› (도보 3분) ···› 싱가포르 우표박물관

래플스 시티 쇼핑센터에서 쇼핑 삼매경

올드 시티를 대표하는 쇼핑몰인 래플스 시티 쇼핑센터(Raffles City Shopping Centre)는 명품 매장부터 로컬 디자이너숍까지 다채로운 매장이 입점해 있는 전천후 쇼핑센터다. 접근성 또한 완벽한 래플스 시티 쇼핑센터에서 쇼핑 삼매경에 빠져보자.

Map 대형①-C2 MRT NS25/EW13 시티홀(City Hall) 역 A출구에서 바로 연결 10:00~22:00 +65 6318 0238 252 North Bridge Rd. www.rafflescity.com.sg

놀라울 정도로 디테일한 미니어처

싱가포르에서 만나는
크리스마스 마켓

에르츠게비르제 하우스 Das Erzgebirse-Haus

에르츠는 독일과 체코의 접경에 위치한 광산 지역이다. 에르츠게비르제 하우스는 지역 사람들이 만들기 시작한 천사와 광부 모양의 나무 장난감, 촛대, 호두까기 인형 등을 판매하는 상점으로 유럽 크리스마스 마켓에서 볼 수 있는 귀여운 아이템이 가득하다. 아기자기하고 디테일한 수제 미니어처는 구경하는 것만으로도 행복해진다.

#03-27 www.erzgebirgehaus.com

소인국의 방을 구경하는 듯하다

구경하는 재미가 쏠쏠

런던의 감성을 입자!

톱숍 TOPSHOP

전 세계 3,000여개의 매장을 보유한 영국의 대표적인 SPA 브랜드. 영국의 왕세손비 케이트 미들턴이 즐겨 입는 브랜드. 남녀의류, 잡화, 액세서리 등 패션을 구성하는 모든 카테고리 상품을 판매하며 캐주얼하고 트렌디한 아이템이 많다. 톱숍은 싱가포르 주요 쇼핑몰 곳곳에서 만날 수 있는데, 우리나라에는 아직 들어오지 않은 브랜드라서 더욱 들러 볼 가치가 있다.

#02-39 www.topshop.com

최신 유행을 선보이는 중저가 브랜드

중국 스타일의 럭셔리 패션

상하이 탕 Shanghai TANG

중국 고유 문화를 세련되게 재해석한 홍콩의 럭셔리 패션브랜드. 싱가포르와 중국 상류층 여성들, 홍콩 연예인들이 즐겨찾는다고 알려져 홍콩, 중국 등 중화권 쇼핑 여행의 필수 코스로 여겨지는 브랜드로 뉴욕과 런던에도 진출했다. 중국적인 색채에 퓨전을 가미한 맵시 있는 디자인이 특징이다. 여성과 남성, 어린이의류뿐 아니라 가방, 클러치 등의 액세서리도 판매한다.

#01-28/29 www.shanghaitang.com

편지지와 포장지로 쓰면 좋은 종이가 잔뜩!

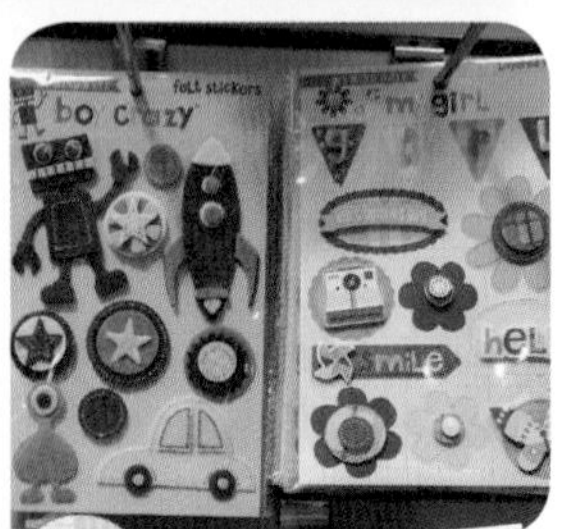

싱가포르 키트 SGD69

선물할까, 내가 가질까?
페이퍼마켓 PaperMarket

스크랩북, 스티커, 편지지, 포스트잇, 노트 종이와 미술용품 등 다양한 종이 공예 관련 상품과 디자인, 아트, 패턴이 예쁜 문구 류를 판매하는 곳. 그 중에서도 페이퍼마켓에서 자체 제작한 '싱가포르 키트(Singapore Kit)'는 기념품이나 아이들 선물용으로 추천하는 상품! 꽃무늬, 도트, 스트라이프 등 다양한 무늬의 종이는 물론 멀라이언, 싱가포르 플라이어 등 싱가포르의 아이콘을 캐릭터화하여 만든 스티커, 귀여운 배지 등이 담겨 있어 소유욕을 자극한다. 페이퍼마켓은 오차드 로드의 프라자 싱가푸라(Plaza Singapura)와 비보시티(Vivo City)에서도 만날 수 있다.

#B1-27 +65 6333 9007 www.papermarket.com.sg

쇼핑몰에서 만나는 예술!
오데 투 아트 ODE to ART

회화, 사진, 조각, 설치미술 등 다양한 장르의 현대 예술 작품을 선보이는 갤러리. '붉은 추억(Red Memory)' 시리즈로 잘 알려진 중국 조각가 첸 웬링(Chen Wenling), 수많은 도시에서 만날 수 있는 조각 작품 '러브(LOVE)'로 유명한 미국의 팝 아티스트 로버트 인디애나(Robert Indiana) 등 국제적인 예술가들의 비주얼 아트를 감상할 수 있다. 붓을 극사실적으로 그리는 한국작가 이정웅의 작품도 전시한다.

#01-36E/36F 월~토요일 10:30~21:30, 일요일 10:30~20:00 www.odetoart.com

건강한 베트남 식탁

남남 누들 바 NamNam Noodle Bar

래플스 시티 쇼핑센터 지하의 푸드코트 마켓 플레이스에 위치한 베트남 음식점. MSG를 첨가하지 않은 웰빙 맛집으로 식사시간이 한참 지난 후에도 빈 자리 없이 빼곡하다. 새우, 달걀, 신선한 허브를 곁들인 스프링롤, 치킨 또는 소고기 쌀국수, 전통 아이스 커피 또는 아이스 티로 구성된 런치 세트를 추천. 쌀국수는 우리나라처럼 맑지 않고 국물을 진하게 우려낸다. 국물이 다소 짠 편이지만 아낌없이 넣은 소고기와 쫄깃한 면발이 맛있다. 베트남식 바게트 샌드위치 반미(Banh Mi)와 베트남식 디저트 및 커피도 판다. 오차드의 휠록 플레이스(Wheelock Place) 지하 2층에도 매장이 있다.

진하고 달달한 베트남식 커피 SGD2.5

알찬 구성의 런치 세트 SGD9.9 (10:00~15:00 주문 가능)

#B1-46/47 08:00~21:30 반미 류 SGD5.9, 디저트 류 SGD3.9부터 +65 6336 0500 namnamnoodlebar.com.sg

거의 요리 수준의 수제버거!

핸드버거 The Handburger

100% 핸드메이드 버거를 선보이는 버거 전문점. 부드러운 빵에 뉴질랜드산 프라임 소고기로 만든 두툼한 패티와 달달한 양파 잼, 체다 치즈, 핸드메이드 바비큐 소스, 토마토 등이 들어 있는 오리지널(The Original)을 기본으로, 일반 수제버거 2배 높이로 토핑을 쌓아 올린 어마어마한 크기의 웍스 버거(The Works), 인도식 치킨을 접목한 마살라 치킨 버거(Masala Chicken Burger), 오리고기로 만든 덕 콩피(Duck Confit) 등 다양한 종류가 있다. 런치 타임(11:30~17:30)에는 오리지널을 포함한 4종류의 버거 중 하나를 선택해 사이드 메뉴(감자 튀김 또는 시저 샐러드), 음료(아이스 레몬 티 또는 녹차)와 함께 즐길 수 있는 세트 메뉴가 SGD10.8에 제공된다. 메뉴판에 사진이 있어 고르기 쉽다.

런치 세트 SGD10.8

#B1-61 일~목요일 10:30~22:00, 금·토요일 10:30~22:30 웍스 버거 SGD17.8, 밀크쉐이크 SGD3.9부터, 콜라 SGD2.8 www.thehandburger.com

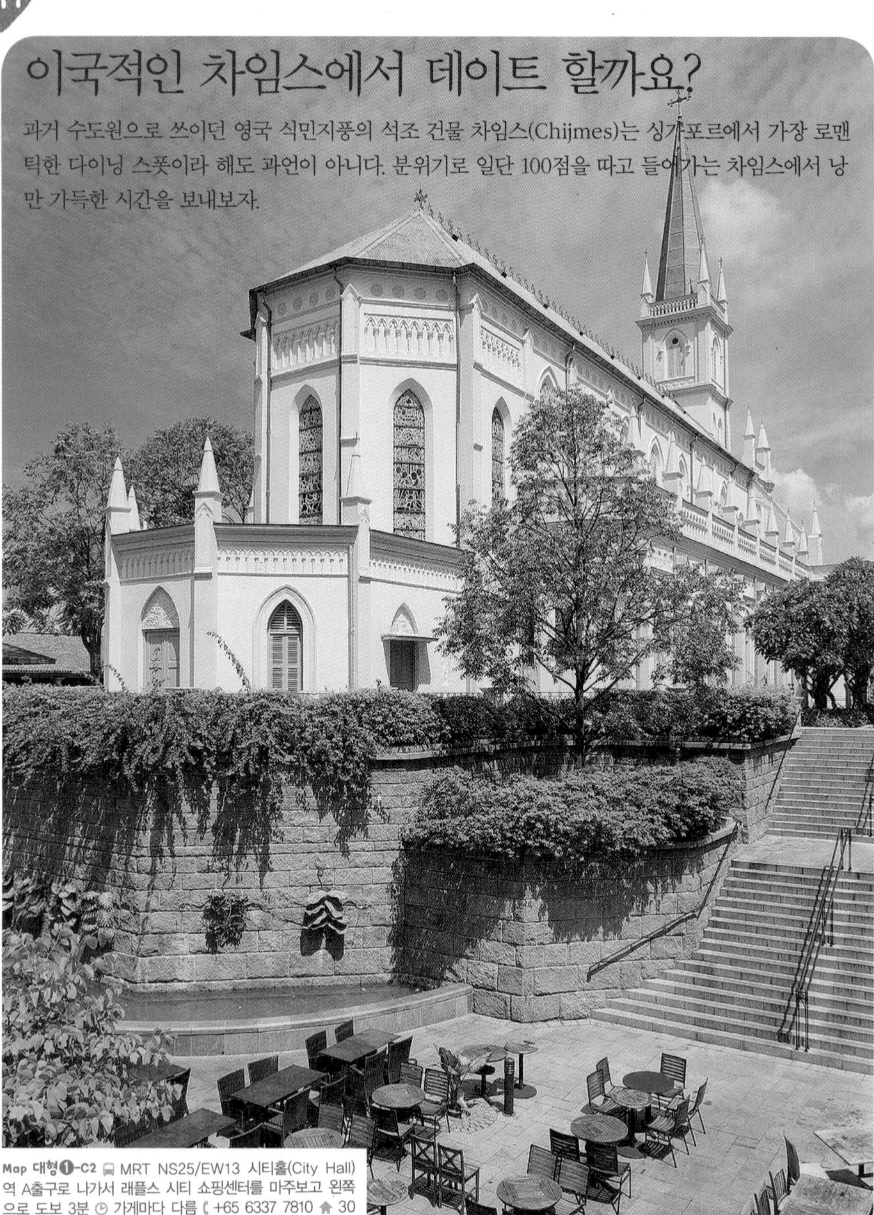

이국적인 차임스에서 데이트 할까요?

과거 수도원으로 쓰이던 영국 식민지풍의 석조 건물 차임스(Chijmes)는 싱가포르에서 가장 로맨틱한 다이닝 스폿이라 해도 과언이 아니다. 분위기로 일단 100점을 따고 들어가는 차임스에서 낭만 가득한 시간을 보내보자.

Map 대형①-C2 MRT NS25/EW13 시티홀(City Hall)역 A출구로 나가서 래플스 시티 쇼핑센터를 마주보고 왼쪽으로 도보 3분 가게마다 다름 +65 6337 7810 30 Victoria St. www.chijmes.com.sg

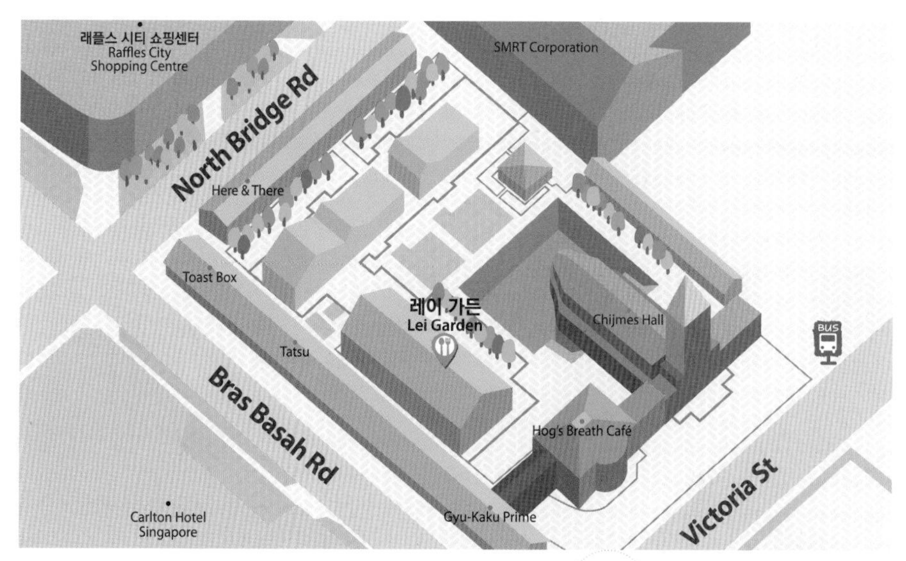

세계가 인정한 리얼 광둥 요리

레이 가든 Lei Garden

인구의 약 75%가 중국계인 싱가포르에는 엄지손가락을 치켜 들게 하는 중국 음식점이 여럿있다. 그 중에서도 레이 가든은 홍콩, 타이완, 중국에도 분점이 있는 30여 년 전통의 글로벌 광둥 요리 전문점. 싱가포르에는 차임스와 오차드 로드에 지점이 있다. 2층으로 된 레이 가든은 매혹적인 인테리어와 고급스럽고 깔끔한 세팅부터 기대치를 한층 높인다. 싱가포르 최고 수준으로 꼽히는 정통 딤섬, 가장 인기 있는 메뉴인 북경 오리(Peking Roasted Duck), 매장 내 수족관에서 바로 잡아 조리하는 신선한 해산물 요리, 삶은 전복(Braised 3 Head Abalone)이 유명하다. 세계 3대 진미인 거위 간(Goose Liver)도 제공한다. 레이 가든의 품격 있는 식사를 가볍게 경험하고 싶다면 매일 11:30~15:30에만 제공하는 딤섬을 즐겨보자.

#01-24 11:30~15:00, 18:00~23:00 삶은 전복 SGD58++, 거위 간 SGD26++ +65 6339 3822 www.leigarden.hk

착한 가격에 더 착한 맛!

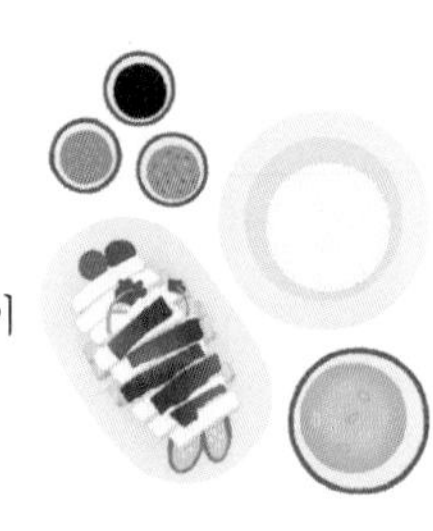

전통과 현대가 조화된 올드 시티는 싱가포르의 중심지인 만큼 수많은 회사들이 밀집해 있는 지역이다. 이곳에서 일하는 직장인들은 어디에서 점심을 먹을까? 착한 가격과 맛을 뽐내는 직장인들의 맛집으로 들어가보자.

저렴하고 배부른 한 끼

젱스위키 Zheng Swee Kee

싱가포르 사람들이 좋아하는 점심 메뉴 중 하나인 치킨라이스를 단돈 5달러로 배불리 먹을 수 있는 식당. 퍽퍽하지 않게 잘 구워진 치킨과 고슬고슬한 밥이 별도로 차려져 나오고 닭고기국물을 함께 제공해 입맛을 돋워 준다. 치킨라이스에는 기호에 따라 생강소스 또는 칠리소스를 곁들여 먹으면 더욱 맛난다. 하이난식 치킨라이스 외에도 방목된 닭으로 만들어 더 담백한 캄퐁 치킨라이스(Kampong Chicken Rice), 구운 치킨라이스(Roasted Chicken Rice) 등 다양한 치킨라이스를 판매한다. 캄퐁 반 구운 치킨라이스 반 섞어 나오는 메뉴도 있다. 메뉴판에 사진이 있어 편리하다.

Map 대형❶-D2 MRT NS25/EW13 시티홀(City Hall) 역 A출구로 나가서 래플스 시티(Raffles City)를 끼고 사거리에서 우회전하여 도보 7분, 래플스 호텔 쇼핑 아케이드 옆의 시아 스트리트(Seah St.)에 위치. 민트 토이 뮤지엄 바로 왼쪽 11:00~22:00 캄퐁 치킨라이스 SGD5 +65 6336 1042 #01-01, 25 Seah St.

구운 치킨라이스로 소문난

신스위키

Sin Swee Kee

싱가포르의 대표 로컬 푸드인 치킨라이스에는 가장 일반적인 하이난식 치킨라이스(Hainanese Chicken Rice), 구운 닭고기를 얹어주는 치킨라이스(Roasted Chicken Rice)가 있고 그 밖에 뜨거운 용기에 담겨 나오는 구운 치킨라이스 등 다양한 조리법의 메뉴가 있다. 12년 전통의 신스위키 치킨라이스에는 싱가포르에서도 손꼽히는 구운 치킨라이스(Roasted Chicke Rice)가 있다. 겉은 바삭하고 속은 부드럽게 구워진 담백한 닭고기와 삼삼하게 볶아진 밥 그리고 달걀국이 함께 제공된다. 사진을 참고해 메뉴 선택이 가능하다.

구운 치킨 라이스 SGD4.2

Map 대형❶-D2 시아 스트리트(Seah St.) 중간쯤에 위치. 민트 토이 뮤지엄을 마주보고 오른쪽으로 100m 정도 떨어져 있다 11:00~21:00 하이난식 치킨라이스 SGD4.2, 볶음밥류 SGD4, 누들 류 SGD4 +65 6337 7180 35 Seah St.

주머니 가벼운 학생들을 위한 식당

픽 & 바이트 Pick & Bite

싱가포르 경영 대학교(SMU, Singapore Management University)에 위치한 저렴한 식당. SMU 학생들과 인근 직장인들이 점심시간과 저녁시간에 즐겨 찾는 곳이다. 카야 토스트와 커피, 각종 음료를 판매하는 커피숍과 치킨라이스 등을 제공하는 식당이 함께 입점해 있다. 뜨거운 용기에 담겨 나오는 구운 치킨라이스(Baked Chicken Rice)는 후추와 소금으로 간을 한 부드러우면서도 살짝 기름진 닭이 밥 위에 얹어져 나오는데, 양배추가 함께 나와 느끼함을 잡아준다. 약간 동남아 음식 특유의 향이 나므로 현지 음식에 거부감이 없을 때 선택할 것. 혹은 무난하게 토스트 2조각, 반숙 달걀 2개, 핫 커피 또는 티로 구성된 카야 토스트 세트도 좋다. 싱가포르 아트 뮤지엄, 국립박물관 인근을 둘러볼 계획이라면 가보자.

구운 치킨라이스 SGD3

Map 대형❶-C2 MRT CC2 브라스 바사(Bras Basah) 역 E출구로 나와 뒤돌아서 브라스 바사 로드(Bras Basah Rd.)를 건너면 왼쪽 대각선 방향에 위치. 도보 약 3분 월~금요일 07:00~20:00, 토요일 07:00~17:00, 일요일·공휴일 휴무 카야 토스트 세트 SGD3.5 +65 6506 0161 70 Stamford Rd.

팟타이(S) SGD5

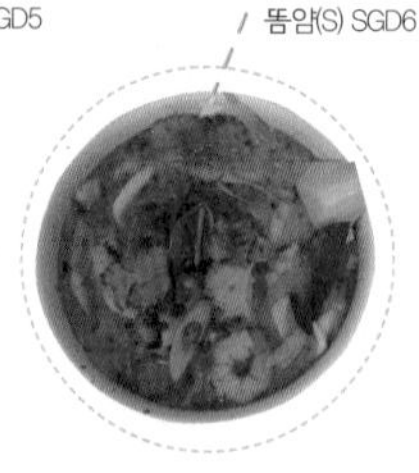

똠얌(S) SGD6

완소 태국 요리가 여기 있네!

자이 타이 Jai Thai

래플스 호텔 인근, 국립도서관 빌딩 맞은편의 퍼비스 스트리트(Purvis St.)는 작은 로컬 식당과 고급 레스토랑이 두루 들어서고 있는 골목이다. 자이 타이는 방콕에서 식당을 운영하던 아버지의 레시피를 물려받은 주인장이 1999년 오픈한 태국 요리 전문점. 합리적인 가격으로 정통 태국 요리를 선보여 싱가포르 내 4개 지점을 운영하고 있다. 베스트셀러는 똠얌(Tom Yum), 팟타이(Phad Thai), 그린 커리(Green Curry). 합리적인 식객에게는 메인 메뉴로 똠얌, 팟타이, 그린 커리, 소고기 국수(Beef Noodle) 중 하나를 고르고, 음료 5종(라임 주스, 레몬 아이스 티, 커피, 티, 중국 차) 중 한 가지와 오늘의 디저트를 함께 제공하는 개별 세트 메뉴(Individual Set Menu)를 추천한다. 매콤하면서 동시에 새콤달콤한 국물이 일품인 똠얌은 라이스 또는 누들을 곁들여 먹을 수 있다. 모든 메뉴는 스몰, 미디움, 라지로 주문 가능.

Map 대형❶-D2 MRT NS25/EW13 시티홀(City Hall) 역 A출구로 나가서 맞은편의 래플스 시티(Raffles City)를 끼고 사거리에서 우회전, 직진하면 퍼비스 스트리트(Purvis St.)가 나온다. 여기서 우회전하여 150m쯤 내려가면 오른쪽에 위치 ⏲ 11:00~15:00, 18:00~22:00 $ 그린 커리 치킨(S) SGD6, 망고 샐러드(S) SGD6, 팟타이 세트(팟타이+음료+디저트) SGD6.8 ☎ +65 6339 3123 ⌂ 23 Purvis St. ✉ www.jai-thai.com

---

고품격 태국 레스토랑

잉타이 팰리스 Yhingthai Palace

서양인들과 여행자들이 즐겨찾는 고급 태국 음식점. 태국 전통 문양과 장식품으로 꾸며진 근사한 공간에서 수준급의 요리를 경험할 수 있다. 태국 음식 초보자라면 팟타이나 고소하고 짭쪼롬한 태국식 볶음밥에 마른 새우, 양파, 오이 등이 곁들여 나오는 올리브 라이스(Olive Rice)를, 향신료에 거부감이 없다면 오징어와 새우가 들어있는 시큼한 샐러드 얌운센(Yam Woon Sen) 또는 새콤하고 칼칼한 국물의 똠얌에 새우가 들어간 똠얌꿍(Tom Yam Kung)을 추천한다. 대부분의 요리 가격은 스몰 사이즈 기준 SGD10~18 수준이다.

올리브 라이스 SGD20++

맛은 물론 분위기도 좋아 잉타이 팰리스를 즐겨 찾아요

Map 대형❶-D2 MRT 시티홀(City Hall) 역 A출구로 나가서 맞은편의 래플스 시티(Raffles City)를 끼고 사거리에서 우회전, 래플스 호텔 쇼핑 아케이드를 지나 직진하면 퍼비스 스트리트(Purvis St.)가 나온다. 여기서 우회전하여 오른쪽 두 번째 건물 ⏲ 11:30~14:00, 18:00~22:00 $ 똠얌꿍 SGD7++ ☎ +65 6337 1161 ⌂ #01-04, 36 Purvis St.

Special Page

싱가포르 인디밴드의 고향, 팀버

나이트라이프의 강국답게 싱가포르에는 라이브 음악을 즐길 수 있는 클럽이 곳곳에 포진해 있는데 팀버(Timbre)는 그 중에서도 독보적인 입지를 자랑한다. 신나는 음악에 몸을 맡기고 싶은 밤, 싱가포르 인디 밴드들의 고향이라 불리는 팀버로 떠나 황홀한 시간 속으로 들어가보자.

공연은 매일 다른 시각에 시작하고, 2~3시간 동안 펼쳐진다

생맥주 SGD8부터

싱그러운 나무 아래서 즐기는 라이브 음악

팀버@서브스테이션 Timbre@The Substation

팀버는 싱가포르를 대표하는 라이브 뮤직 클럽으로 싱가포르에만 3개의 지점을 갖고 있다. 팀버의 특징은 싱가포르 최초의 독립 컨템포러리 아트 뮤지엄인 서브스테이션(The Substation)에 둥지를 튼 본점 '팀버@서브스테이션', 다양한 예술 전시와 콘서트가 열리는 아츠 하우스(The Arts House)에 위치한 '팀버@아츠 하우스(Timbre@Arts House)', 새롭게 조성된 현대 미술 단지 길먼 배럭스(Gillman Barracks)에 자리한 '팀버@길먼(Timbre@Gillman)' 등 예술과 문화가 있는 곳에만 지점을 낸다는 점이다. 팀버 전 지점에서는 매일 각기 다른 싱가포르의 유명 밴드들이 출연해 흥겨운 라이브 무대를 선보이며 다양한 식사와 주류를 제공한다. 도심 속의 오아시스 포트 캐닝 파크(39p) 바로 아래에 자리한 팀버@서브스테이션에서는 열대우림이 드리운 널찍한 야외 테라스에서 생생한 라이브 음악과 함께 근사한 밤을 보낼 수 있다. 이곳의 출연진 중 가장 인기 있는 밴드는 금요일에 출연하는 '53A'. 53A는 귀여운 외모의 실력파 여성 보컬 덕에 싱가포르에서 주목받는 혼성 4인조 밴드로 팝은 물론 한국 노래도 커버해 더욱 흥겹다. 익숙한 팝 음악이 흘러나오는 커다란 야외 클럽에서 시원한 맥주와 맛있는 음식을 맛보고 있노라면, 천국이 따로 없다.

Map 대형❶-C2 MRT CC2 브라스 바사(Bras Basah) 역 B출구로 나와 스탬포드 로드(Stamford Rd.)를 따라 직진, 아르메니안 스트리트(Armenian St.) 중간에 위치한 페라나칸 박물관 뒤편에 위치. 도보 약 10분 월~목·일요일 18:00~01:00, 금·토요일 18:00~02:30(해피 아워 18:00~21:00), 화요일 21:15, 수요일 21:00, 월·목·금요일 22:15, 토요일 22:30, 일요일 21:45부터 공연 시작 병맥주 SGD10부터, 파스타 & 피자 SGD16부터, 타파스 SGD13부터/입장료 없음 +65 6338 8277 45 Armenian St. www.timbregroup.asia/timbresg

AREA 2

마리나 & 리버사이드 Marina & Riverside

마리나 베이와 싱가포르 강 일대의 리버사이드는 멀라이언 공원, 마리나 베이 샌즈, 에스플러네이드 등 싱가포르의 랜드마크가 모여 있는 지역이다. 또한 마천루가 즐비한 싱가포르 경제의 중심지로 이 지역의 야경은 매일 밤 감상해도 질리지 않을 만큼 근사하다. 자, 싱가포르 여행의 심장부로 다가서보자.

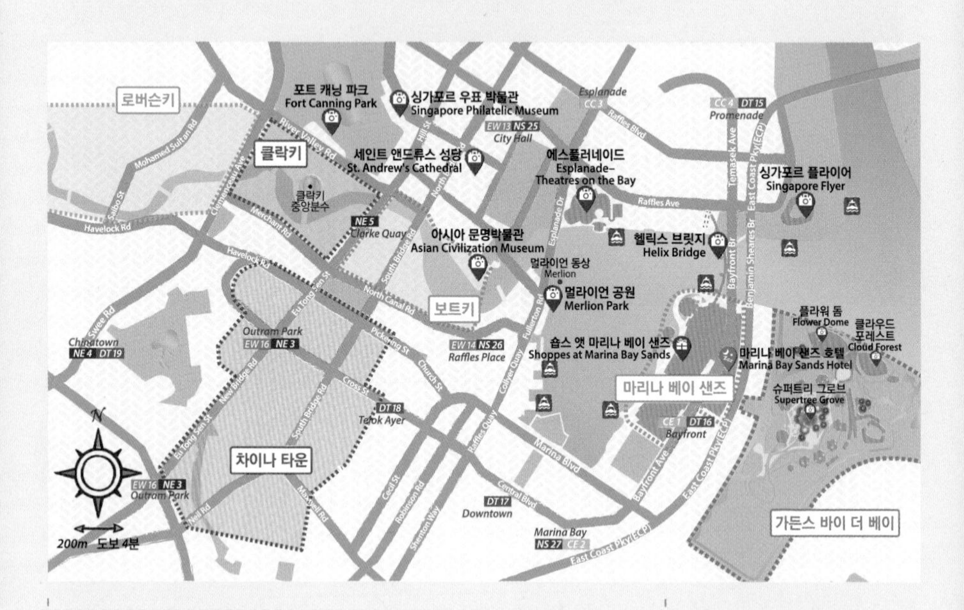

TIP 야경 사진 촬영의 명소

수려한 야경을 자랑하는 싱가포르는 출사 여행지로도 훌륭한 곳이다. 아무렇게나 찍어도 작품 사진이 나올 만한 풍경들이지만 제대로 된 야경 사진을 찍을 수 있는 명당은 따로 있다는 사실!

- 멀라이언 공원에서 마리나 베이 샌즈 전경 촬영
- 풀러톤 베이 호텔의 루프톱 바 랜턴(128p)에서 마리나 베이와 마리나 베이 샌즈 전경 촬영
- 헬릭스 브릿지에서 유전자 모양의 독특한 다리와 마리나 베이 샌즈를 함께 촬영
- 풀러톤 호텔 건너편에 위치한 아시아 문명박물관 앞에서 풀러톤 호텔 야경 촬영
- 에스플러네이드 3층 루프톱 테라스에서 에스플러네이드, 마리나 베이 샌즈, 풀러톤 베이 호텔, 센트럴 지역의 스카이라인을 파노라마로 촬영

추천 여행 방법

늦은 오후 클락키나 보트키에서 강변의 낭만을 즐긴 뒤 해질 녘에 리버 크루즈에 탑승해서 멀라이언 공원에 내린다. 편안하게 쉬면서 마리나 베이 샌즈의 원더풀 쇼를 감상한다. 혹은 MRT 래플스 플레이스 역에서 출발해 멀라이언 공원, 에스플러네이드를 거쳐 마리나 베이 샌즈까지 도보여행을 즐기는 것도 강변의 명소들을 감상하는 좋은 방법이다. 도보여행 시 무더운 한낮은 피하도록 하자.

교통 정보

MRT

★MRT NE5 클락키(Clarke Quay) 역

E출구: 클락키, 로버슨키, 콜맨 브릿지

F출구: 센트럴

G출구: 센트럴 쇼핑몰을 통과해 클락키 접근

★MRT NS26/EW14 래플스 플레이스(Raffles Place) 역

B출구: 풀러톤 베이 호텔, 원 래플스 플레이스

G출구: 보트키

H출구: 멀라이언 공원, 원 풀러톤, 풀러톤 호텔, 아시아 문명 박물관

I출구: 라우파삿 페스티벌 마켓

★MRT NS25/EW13 시티홀(City Hall) 역

C출구: 마리나 스퀘어, 에스플러네이드–시어터 온 더 베이, 싱가포르 플라이어, 선텍시티, 만다린 오리엔탈 싱가포르, 팬 퍼시픽 싱가포르, 리츠 칼튼 밀레니아 싱가포르

버스

★To 선텍시티: 36, 70, 70A, 97, 97A, 106, 111, 133, 133A, 162, 502, 518, 518A, 700, 857번 승차

★To 에스플러네이드와 마리나 스퀘어 사이의 래플스 애비뉴: 36, 56, 77, 97, 106, 111, 133, 162M, 171, 195, 502번 승차

추천 일정

10:00
보트키 산책

도보 약 10분

11:30
멀라이언 공원에서 기념사진 107p

추천! 팜 비치 139p

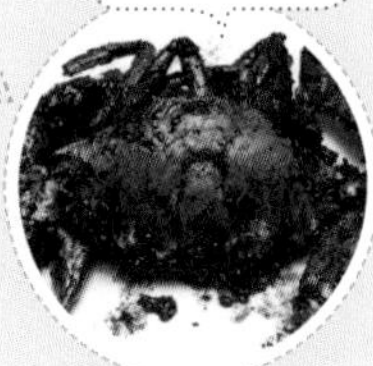

12:00
점심으로 칠리크랩 138p

14:00
숍스 앳 마리나 베이 샌즈 114p

도보 15분

17:00
가든스 바이 더 베이 산책 118p

19:45
가든스 바이 더 베이의 빛과 소리의 쇼 감상 119p

도보 7분

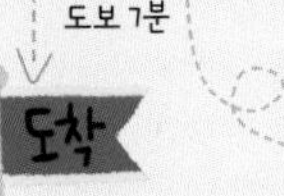

21:30
마리나 베이 샌즈에서 원더풀 쇼 감상 113p

즐거운 마리나 베이 산책

2시간이면 마리나 베이의 해안 산책로를 타박타박 거닐며 싱가포르의 진짜 매력과 반갑게 인사할 수 있다. 단 푹푹 찌는 한낮에 걷는 것은 무리이므로 산책 시간과 스스로의 컨디션을 조절하는 것이 중요하다.

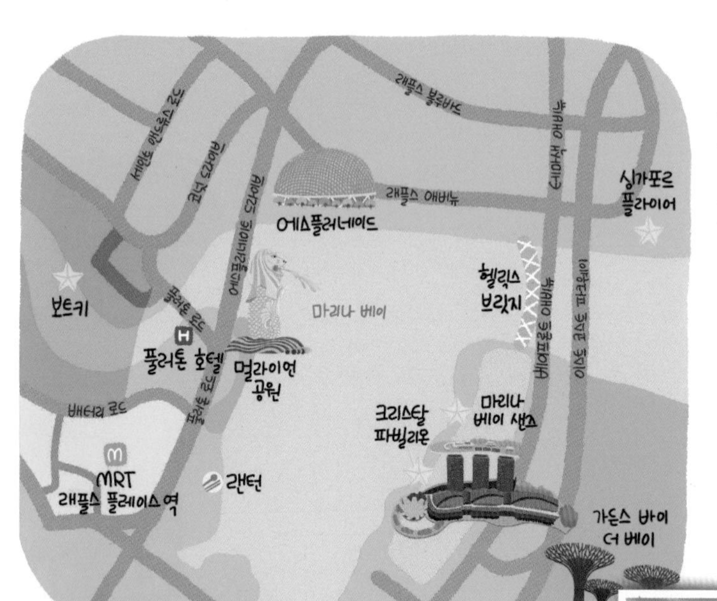

추천 루트
MRT NS26/EW14 래플스 플레이스 역 ··· 풀러톤 호텔 ··· 멀라이언 공원 ··· 에스플러네이드 ··· 헬릭스 브릿지 ··· 마리나 베이 샌즈

빌딩 숲이 있는 금융 거리

래플스 플레이스 역

싱가포르의 경제 중심지 금융 거리에 있는 역으로 멀라이언 공원 및 풀러톤 호텔과 가장 가깝다. MRT 래플스 플레이스(Raffles Place) 역 H출구로 나와 오른쪽으로 뒤돌아서 건물을 통과하면 싱가포르 강이 나온다. 왼쪽으로 가면 강변을 따라 노천 레스토랑과 바가 밀집해 있는 보트키(Boat Quay), 오른쪽으로 가면 풀러톤 호텔이 나온다.

에스플러네이드 122p

열대과일 두리안을 닮은 모양으로 유명한 싱가포르의 예술의 전당 겸 복합 문화 예술공간. 에스플러네이드 몰 3층에 위치한 테라스에서는 마리나 베이 일대의 전망을 무료로 볼 수 있다.

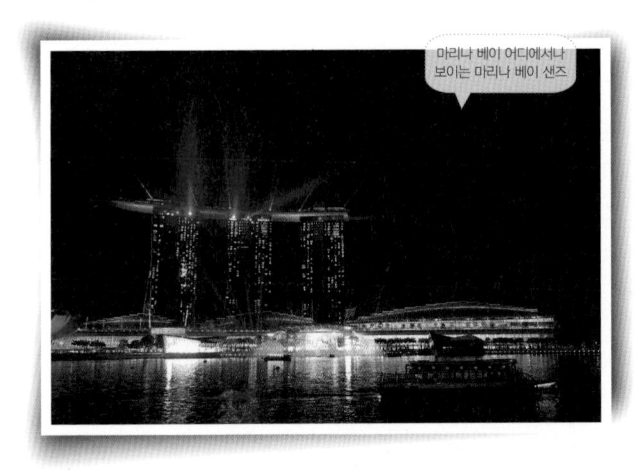

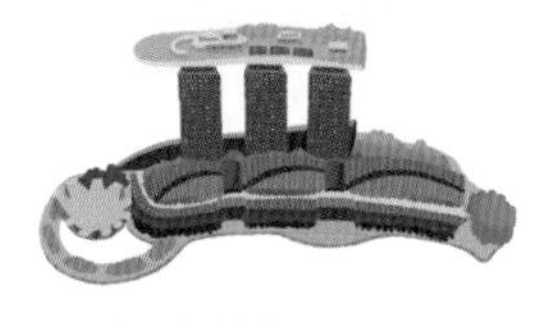

마리나 베이 샌즈 108p

명실공히 싱가포르 최고의 명물. 옥상 인피니티 풀로 유명한 5성급 호텔, 쇼핑몰, 카지노, 공연장, 컨벤션 센터 등으로 구성된 복합단지다. 마리나 베이 샌즈 한가운데의 이벤트 프라자에서는 매일 밤 8시와 9시 30분(금·토요일엔 밤 11시 추가)에 화려한 빛과 조명을 이용한 원더풀 쇼(113p)가 펼쳐진다.

풀러톤 호텔 236p

마리나 베이의 풍경을 고혹적으로 만들어주는 일등 공신. 영국의 건축가가 그리스 신전을 모티브로 디자인해 지은 팔라디오 양식(Palladianism)의 석조 건물로 1928년 완공됐다. 우체국으로 사용되던 건물을 1997년 홍콩의 시노랜드(Sino Land)가 인수해 초특급 호텔로 개조했다. 싱가포르 강과 마리나 베이에 인접해 있어 더욱 매력적인 풍광을 뽐낸다. 낮이나 밤이나 한결같이 아름다운 마리나 베이의 랜드마크다.

헬릭스 브릿지

싱가포르 플라이어가 있는 마리나 센터와 마리나 베이 샌즈가 있는 마리나 사우스를 연결하는 다리로 2010년 4월 개통됐다. DNA 구조에서 영감을 받아 디자인한 이중 나선 형태의 다리로 밤에 조명이 켜지면 더욱 특별한 모습을 연출한다.

멀라이언 공원

싱가포르를 대표하는 이미지를 단 한 장만 선택해야 한다면 아마도 멀라이언 공원에서 바라본 마리나 베이 샌즈가 뽑힐 것이다. 멀라이언 공원은 싱가포르 강과 마리나 베이가 합쳐지는 지점에 위치한 공원으로 싱가포르의 마스코트인 멀라이언 동상이 시원하게 물을 뿜어내고 있다. 마리나 베이 샌즈가 가장 잘 보이는 곳이니 다양한 각도로 연출한 기념사진은 필수. 강변의 고급 다이닝 스폿 원 풀러톤(One Fullerton)과 바로 이어져 있다.

마리나 베이 샌즈 大해부

여행을 떠날 때는 대개 여행지 먼저 정하고 호텔을 선택하지만 싱가포르에서라면 얘기가 다르다. 아찔하도록 환상적인 인피니티 풀과 쇼핑몰까지 있는 마리나 베이 샌즈(Marina Bay Sands)를 먼저 선택하고 싱가포르 여행을 결정하는 여행자들이 상당수. 오직 마리나 베이 샌즈에서만 가능한 경험들을 살펴보자.

Map 대형①-D3 MRT CE1 베이프론트(Bayfront) 역에서 하차한 후 표지판을 따라 이동(B, C, D, E 출구) +65 6688 8868 10 Bayfront Ave. ko.marinabaysands.com

호텔 Hotel

디럭스 룸

3개 동에 스위트룸을 포함해 2,560개의 객실을 운영하는 마리나 베이 샌즈 호텔은 비수기가 따로 없을 만큼 언제나 투숙객으로 붐빈다. 다른 호텔에 비해 요금은 비싸지만 꼭 한 번 묵어볼 만한 가치가 있다. 5성급 호텔인 만큼 모던한 인테리어와 편리한 객실 설비를 완비했고 객실 모두 시티 뷰와 베이 뷰 전망이 훌륭하다. 마리나 베이 샌즈의 이니셜을 따 MBS라 부르기도 한다.

인피니티 풀
Infinity Pool

까마득한 아래로 뚝 떨어질 것만 같은 150m 길이의 야외 수영장. 57층의 샌즈 스카이파크를 찍은 한 장의 사진만으로도 왜 이 호텔을 선택해야 하는지를 단박에 알 수 있다. 샌즈 스카이파크 인피니티 풀은 홍콩의 W호텔, 바르셀로나의 만다린 오리엔탈 등과 더불어 미국의 인터넷신문 〈허핑턴 포스트〉가 뽑은 세계 10대 호텔 옥상 수영장 중 하나. 200m 아래로 내려다보이는 싱가포르의 도심 전망이 압권이다. 호텔 투숙객만 이용 가능하며, 입장할 때 채워주는 팔찌의 색깔이 매일 바뀐다.

L57 06:00~23:00

전망대
Observation Deck

건물 3개 동 위, 57층 높이에 지어진 길이 343m, 폭 38m 크기의 옥상공원인 샌즈 스카이파크는 유료 전망대, 인피니티 수영장과 정원, 산책로, 레스토랑, 스파 시설 등으로 구성된다. 전망대는 마리나 베이 너머로 펼쳐진 싱가포르의 도심을 360도 파노라마 뷰로 내려다볼 수 있는 환상의 스폿. 낮에 가도 좋지만 해질녘에 올라 석양을 바라본 후 별을 흩뿌린 듯 반짝반짝 빛나는 야경을 감상해 보시길.

L57 월~목요일 09:30~22:00, 금~일요일 09:30~23:00 SGD20, 어린이(2~12세) SGD14, 65세 이상 SGD17
ko.marinabaysands.com/Sands-SkyPark

TIP 샌즈 스카이파크를 '구경'하는 방법

57층 치즈 앤 초콜릿 바

마리나 베이 샌즈 57층에 있는 클럽(The Club) 레스토랑에서는 저녁에만 치즈 앤 초콜릿 바(The Cheese and Chocolate Bar)를 운영한다. 수영장 구역 쪽에 자리하고 있기 때문에 초콜릿 뷔페를 이용할 때 인피니티 풀을 구경할 수 있다. 단, 수영복 복장은 출입이 불가능. 전화 또는 인터넷으로 예약 필수.

20:00~24:00 치즈 앤 초콜릿 뷔페 1인 SGD48++, 어린이 SGD24++ +65 6688 8858

반얀 트리 스파 Banyan Tree Spa

세계적인 명성의 반얀 트리 스파가 마리나 베이 샌즈 55층에 둥지를 틀고 있다. 반얀 트리 아카데미를 수료한 전문 스파 테라피스트가 선사하는 아시안 복합스타일, 발리, 스웨덴, 스포츠 마사지를 즐긴다.

L55 ⓒ 10:00~23:00 Ⓢ 전신 마사지 SGD200++부터, 발 마사지 SGD120++부터
☎ +65 6688 8825 ✉ banyantreespa.com

시어터 Theatre

브로드웨이 뮤지컬 〈위키드(Wicked)〉, 〈라이언 킹(Lion King)〉 등 수준급의 공연과 다양한 콘서트가 펼쳐지는 극장. 4,000명 이상 수용 가능한 2개의 최신식 극장이 마리나 베이 샌즈에 둥지를 틀고 싱가포르 문화의 품격을 한 단계 업그레이드하고 있다.

아트사이언스 뮤지엄 ArtScience Museum

"예술과 과학이 공존할 수 있을까?"라는 질문으로 탄생한 박물관. 하얀 연꽃처럼 보이기도 하고 손가락 10개를 펼친 것 같은 모양으로도 보이는 건물이다. 손가락 모양의 내부 전시공간에서는 수준 높은 전시가 열린다. 상설 전시하는 예술 과학 전시장에서는 건축 탄생 과정 스케치, 첨단 멀티미디어 장치를 이용한 인터랙티브 전시를 감상할 수 있다. 특별전시는 4~5개월마다 바뀐다.

재미있는 체험형 박물관

ⓒ 10:00~22:00(마지막 입장 21:00) Ⓢ 전시 별 SGD15, 어린이(2~12세) SGD9, 65세 이상 SGD4(상설 전시 포함/당일 재입장 가능) ☎ +65 6318 0238

아트 패스 Art Path

거대한 호텔과 예술이 만났다. 마리나 베이 샌즈는 국제적으로 명성 높은 5명의 예술가가 제작한 11개의 대형 설치 미술품으로 호텔 디자인을 완성했다.

타워1의 1층 리셉션에서 천장을 올려다보면 5층과 12층 사이에 뻗어 있는 거대한 구름 모양의 철제 예술 작품 '드리프트(Drift)'가 보인다. 그 앞에는 '모션(Motion)'이라는 이름의 석조 벤치가 강물의 움직임과 두 개의 섬을 표현하고 있다. 1층 로비를 따라 죽 늘어선 '라이징 포레스트(Rising Forest)'는 83개의 커다란 나무들이 도자기 화분에 심어져 있는 형태. 중국 황룡산에서 채취한 점토를 이용해 중국 전통 방식대로 구운 3미터 높이의 거대한 예술작품이다. 숍스 앳 마리나 베이 샌즈에는 90톤의 강철 구조물로 만든 직경 22m의 아크릴볼 조형물 '레인 아큘러스(Rain Oculus)'가 있다. 볼 한가운데의 구멍을 통해 1분에 22,000ℓ의 물이 2층 아래의 수로로 떨어지는 독특한 분수다.

⌚ 월~금요일 10:00~18:00

카지노 Casino

리조트 월드 센토사의 카지노와 더불어 싱가포르에 단 2곳뿐인 카지노 중 하나. 어마어마하게 큰 규모의 게임장에 각종 게임머신이 즐비하다. 큰 돈을 따겠다는 마음보다 한 번쯤 경험해 본다고 생각하고 재미로 소액을 베팅해 보는 것도 흥미로울 듯. 카지노 내에서 물과 커피, 쿠키 등의 간식을 무료로 제공하며 흡연도 가능하다.

⌚ 24시간

TIP 숫자로 보는 마리나 베이 샌즈

2
카지노 2곳 중 1곳

싱가포르에 있는 2곳의 카지노 중 하나가 MBS에 있다. 정부는 경제와 관광산업을 부흥하기 위해 카지노 복합리조트를 계획했고 라스베이거스 샌즈(Las Vegas Sands)와 겐팅 인터내셔널 & 스타크루즈(Genting International and Star Cruises)를 통합 리조트개발업체로 선정했다. 싱가포르에는 MBS와 리조트 월드 센토사(Resorts World Sentosa) 단 2곳에만 카지노가 있다.

343
샌즈 스카이파크의 길이

건물 꼭대기 층인 샌즈 스카이파크의 길이는 343m에 폭 38m에 달하는 크기다. 축구장 약 2배 크기(1만2000㎡)에 해당하는 면적이다.

52
건물의 기울기

두 장의 카드가 서로 포개어져 있는 입(入)자형의 건축물은 세계적인 건축가 모세 샤프디(Moshe Safdie)가 디자인한 것으로, 측면에서 보면 MBS의 동측 건물은 최고 52도 기울어져 있다. 이는 5.5도 기울어진 피사의 사탑의 10배 가까이 되는 기울기. MBS가 건축의 기적이라 불리는 이유다. 기울어진 동측 건물은 지상 70m 높이의 23층에서 서측 건물과 연결된 후 55층까지 입(入)자형으로 올라간다.

2560
총 객실 수

MBS는 3개 동에 총 2,560개의 룸을 보유했다. 다른 호텔에 비해 비싸지만 꼭 한 번은 묵어볼 가치가 있다. 단, 투숙객이 많은 만큼 사람이 항상 많고 체크인 체크아웃 시에 오래 기다릴 수 있다는 점은 참고.

27
시공 기간

MBS는 55층짜리 타워 3개로 구성돼 있으며, 3개의 타워는 1헥타르 규모의 옥상 테라스 샌즈 스카이파크로 연결되는 혁신적인 디자인. 샌즈 그룹이 이 디자인을 내놓았을 때만 해도 '과연 시공할 수 있겠느냐'며 의문을 갖는 사람들이 많았으나, 우리나라의 쌍용건설이 적정 공사기간 48개월이던 고난도 공사를 불과 27개월 만에 완공해 세계적으로 주목을 받았다. 타워의 1층을 짓는 데 불과 3~4일이 걸린 셈.

Special Page

마리나 베이 샌즈 알차게 즐기기!

쇼핑은 물론 스타 셰프들의 레스토랑까지 즐길거리, 볼거리, 먹거리를 고루 갖춘 마리나 베이 샌즈! 마리나 마리나 베이 샌즈는 샅샅이 둘러볼 수록 매력적이다. 그 중에서도 놓치면 아쉬운 마리나 베이 샌즈의 즐길거리를 공개한다.

MRT CE1 베이프론트(Bayfront) 역 C출구로 나가 '마리나 베이 샌즈 숍스(Marina Bay Sands Shoppes)' 표지판을 따라 이동 일~목요일 20:00 · 21:30, 금 · 토요일 20:00 · 21:30 · 23:00

매일 밤 펼쳐지는 빛의 향연

숍스 앳 마리나 베이 샌즈 앞 이벤트 프라자에서는 매일 밤 원더풀 쇼(Wonder Full Show)가 펼쳐진다. 동남아에서 가장 큰 빛과 물의 쇼인 원더풀 쇼는 레이저, 비디오 프로젝터, 대형 워터스크린이 환상적으로 어우러지는 멀티미디어 공연. 약 15분간 싱가포르의 스카이라인을 배경으로 무려 3년간 100여 명의 건축, 설계, 창작, 음악, 공학, 기술 및 IT 전문가가 참여하여개발한 아름다운 시각효과의 향연을 감상할 수 있다. 오케스트라 음악과 조명 워터 쇼가 어우러진 밤은 한 편의 드라마 같은 감동을 준다.

마리나 베이 샌즈의 건너편에서 보는 원더풀 쇼는 또 다른 매력이 있다. 마리나 베이 샌즈의 화려한 야경과 색색의 레이저가 까만 밤을 장식하는 장면을 촬영하려면 멀라이언 공원 쪽에서 원더풀 쇼를 봐야 한다. 그러므로 한 번은 이벤트 프라자에서, 또 한번은 멀라이언 공원에서 감상하기를 추천.

곤돌라 타고 즐기는 마리나 베이 샌즈

이탈리아 베네치아를 연상시키는 푸른 운하가 화려한 쇼핑몰 한가운데를 관통한다. 어디서 많이 본 듯한 장면? 자매 회사인 라스베이거스와 마카오의 베네시안 리조트와 같은 구조다. 운하에서는 세모난 전통 모자를 쓴 뱃사공이 노를 젓는 중국식 나무 배를 타고 쇼핑몰을 유람하는 삼판 라이드(Sampan Ride)를 즐길 수 있다. 싱가포르에서 촬영된 KBS 드라마 〈스파이 명월〉에서 배우 한예슬이 삼판 라이드를 타고 우아하게 뱃놀이하는 장면이 방송되기도 했다. 티켓은 지하 2층 안내소(Retail Concierge)에서 구입.

숍스 앳 마리나 베이 샌즈 지하 2층 11:30~20:30 1인 SGD10 +65 6688 8868

Special Page

쇼핑부터 다이닝까지 원스톱으로 끝낸다!

마리나 베이 샌즈를 구석구석 즐기려면 24시간이 모자라다. 명품 브랜드와 로컬 브랜드를 아우르는 300개 이상의 매장과 스타 셰프들의 레스토랑, 24시간 여는 푸드코트까지 숍스 앳 마리나 베이 샌즈(The Shoppes at Marina Bay Sands)에 들어서 있으니 더욱 더.

기 사부아 Guy Savoy

프랑스 최고의 요리사이자 기사(Knight) 작위까지 받은 미슐랭 3스타 셰프 기 사부아가 운영하는 프렌치 레스토랑. "요리는 예술이고 이는 재료를 이해하고 재료들의 조화를 알아야 가능한 예술이다."라는 기 사부아의 신념에 따라 식재료를 까다롭게 엄선해 조리한다. 섬세한 향신료를 첨가한 바삭한 농어, 검은 송로버섯 수프, 검은 송로버섯 버터로 만든 브리오슈 등을 추천한다. 예약 필수.

L2-01, Atrium 2 런치 금·토요일 12:00~14:00, 디너·바화~토요일 18:00~22:30(일·월요일 휴무) 전채 메뉴 SGD30++부터, 생선 요리 SGD45++부터, 60분간 맛보는 코스 요리 'TGV' 2코스 1인 SGD55++/ 3코스 1인 SGD80++ +65 6688 8513 www.guysavoy.com

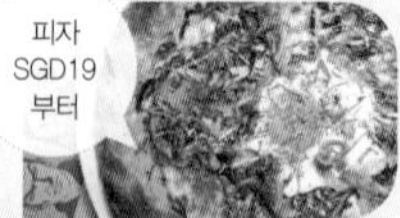

피자 SGD19 부터

피쩨리아 모짜 Pizzeria Mozza

미국의 인기 셰프 마리오 바탈리(Mario Batali)와 낸시 실버튼(Nancy Silverton), 조셉 배스티아니치(Joseph Bastianich)가 힘을 합쳐 탄생시킨 피쩨리아. 로스앤젤레스에 이어 마리나 베이 샌즈에도 상륙했다. 시끌벅적하고 경쾌한 분위기에서 바삭한 도우에 신선한 재료가 얹어진 화덕 피자를 맛볼 수 있다. 오픈키친이기 때문에 요리하는 장면을 구경하는 재미도 쏠쏠하다. 피자 외에도 카프레제, 치킨윙, 살사소스를 곁들인 새우 요리 등 다양한 메뉴가 있다. 예약 추천.

B1-42~46, Galleria Level 12:00~23:00 전채 SGD15부터, 메인 SGD25부터, 파니니 SGD18부터, 디저트 SGD15부터 +65 6688 8522 www.pizzeriamozza.com

와쿠긴 Waku Ghin

세계적으로 유명한 시드니 맛집 테츠야(Tetsuya's)의 오너 셰프인 와쿠다 테츠야(Wakuda Tetsuya)의 레스토랑. 메뉴는 10코스 맛보기 요리 하나뿐인데, 성게와 캐비어를 곁들인 양념새우, 와사비와 레몬즙 초간장을 곁들인 와규(Wagyu) 등 신선한 제철 재료로 만든 요리로 다채롭게 구성한다. 와쿠긴은 저녁에만 2타임으로 나눠 손님을 받으며, 1타임당 정원은 25명이다. 런치는 6코스로 구성되며 금요일만 특별히 운영한다. 예약 필수.

L2-02, Atrium 2 18:00~20:00/20:30~22:30 (금요일에는 12:00~14:00도 운영) 디너 10코스 맛보기 메뉴 1인 SGD400++, 런치 6코스 맛보기 메뉴 1인 SGD250++ +65 6688 8507 www.marinabaysands.com

오 쇼콜라 Au Chocolat

프랑스 비스트로 겸 과자점. 비스트로에서는 초코 퍼지, 모카치노 등 초콜릿 드링크와 초콜릿으로 만든 디저트는 물론 팬케이크, 프렌치 토스트, 에그 베네딕트 등 올 데이 브렉퍼스트(All Day Breakfast)를 제공한다. 특히 6층으로 이뤄진 타워케이크(SGD18), 달달한 마카롱으로 만든 마카롱 버거(SGD18) 등 다른 곳엔 없는 독특한 디저트 메뉴들이 눈길을 끈다. 초콜릿 & 시푸드 하이 티도 훌륭한 선택. 홈메이드 초콜릿 5종, 직접 구운 스콘과 케이크 등 스낵 4종, 해산물 핑거 푸드 4종으로 구성되며 14:30~17:30에 이용 가능하다. 초콜릿 아틀리에가 있는 과자점에서는 초콜릿, 마카롱, 케이크, 쿠키, 사탕, 아기자기한 컵 등을 판매한다.

L1-03, Bay Level 비스트로 월~일요일 10:00~23:00, 금·토요일 10:00~24:00/과자점 일~목요일 10:00~23:00, 금·토요일 10:00~24:00 초콜릿 & 시푸드 하이 티 1인 SGD32++, 초콜릿 드링크류 SGD10++부터 +65 6688 7227 www.auchocolat.com

라사푸라 마스터 Rasapura Masters

싱가포르, 말레이시아, 필리핀, 태국, 일본, 베트남, 중국 등 아시아의 풍미로 가득한 맛의 시장이다. 1995년 1호점을 연 이래 싱가포르인들에게 사랑받고 있는 쫄깃한 국수 요리 전문점 지아 싱 미(Jia Xiang Mee), 깊은 맛의 바쿠테가 있는 응아시오 바쿠테(Ng Ah Sio Bak Kut Teh), 필리핀에서 시작한 그릴 음식 전문점 제리스 그릴(Gerry's Grill) 등을 추천한다. 전세계 700개 지점을 보유한 라멘집 아지센 라멘(Ajisen Ramen), 저렴한 일본식 스테이크 전문점 페퍼런치(Pepper Lunch) 등 익숙한 음식점도 있다.

B2-50, Canal Level(스케이트장 옆) 매장마다 다름(일부 식당 24시간 영업)

MBS에 모인 6인의 스타 셰프

세계적인 스타 요리사들이 싱가포르로 속속 모여들고 있다. 싱가포르는 세계 미식가 축제(World Gourmet Summit)를 매년 개최할 만큼 수준 높은 식도락 문화를 자랑하니 우연한 일도 아니다. 미식가들이 열광하는 스타 셰프 6인이 마리나 베이 샌즈에 모였다.

울프강 퍽 Wolfgang Puck

미슐랭 2스타를 받은 라스베이거스 스파고(Spago)의 셰프. 미국에 20여 곳의 레스토랑을 운영 중이다. 울프강 퍽은 그의 스테이크 레스토랑 컷(CUT)의 첫 번째 해외 진출지로 마리나 베이 샌즈를 선택했다.

기 사부아 Guy Savoy

미슐랭 3스타를 획득한 요리사. 프랑스 최고의 명예 훈장인 레지옹 도뇌르(Legion d'honnur)를 받기도 한 프랑스 요리의 대명사다. 그의 이름을 딴 기 사부아는 정통 프렌치 레스토랑이다.

와쿠다 테츠야 Wakuda Tetsuya

세계적으로 이름난 호주 최고의 레스토랑 테츠야(Tetsuya's)의 주인인 일본인 셰프. 최상의 식재료를 이용해 일본의 요리 철학과 프랑스 조리법을 접목시킨 퓨전 요리로 명성이 높다.

마리오 바탈리 Mario Batali

미국의 인기 요리프로그램 〈아이언 셰프(Iron Chef America)〉에서 인정받은 스타 셰프. 오스테리아 모짜(Osteria Mozza)와 피쩨리아 모짜(Pizzeria Mozza) 두 개의 레스토랑에서 맛있는 이탈리아 음식을 선보인다.

대니얼 볼루드 Daniel Boulud

미슐랭 3스타를 획득한 레스토랑 대니얼(Daniel)로 유명한 프랑스 출신 요리사. 미국 스타일을 조화시킨 그의 전통 프렌치 레스토랑 디비 비스트로 모던(db Bistro Moderne)을 마리나 베이 샌즈에서 만날 수 있다.

저스틴 켁 Justin Quek

싱가포르 최고의 셰프. 마리나 베이 샌즈 꼭대기 층에 위치한 스카이 온 57(Sky on 57)에서 아시아 퓨전 요리의 대부라 불리는 그의 솜씨를 확인할 수 있다.

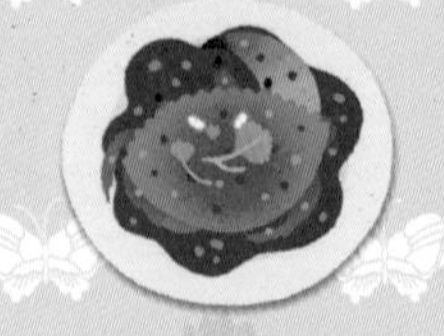

TIP 미슐랭 스타란?

프랑스의 타이어 브랜드 미쉐린(Michelin)에서 발간하는 여행 레스토랑 안내서인 〈미슐랭 가이드〉가 세계 각지의 레스토랑을 평가해 등급에 따라 매기는 별. 별점은 1개부터 3개까지 있으며 최고점인 별 3개는 '그 음식점을 목적으로 여행을 해도 될만큼의 가치가 있는 곳'을 의미한다.

안 가면 후회할 상점들

쟁쟁한 럭셔리 브랜드의 플래그십 스토어와 유명 브랜드로 화려하게 구성된 원스톱 쇼핑몰 숍스 앳 마리나 베이 샌즈. 센스 있는 쇼퍼홀릭이라면 놓치지 말아야 할 상점들을 소개한다.

다양한 제품이 있어 사랑받는 샤넬 매장

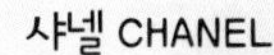

샤넬 CHANEL

설명이 필요 없는 세계적인 명성의 럭셔리 브랜드 샤넬. 숍스 앳 마리나 베이 샌즈의 샤넬이 더 특별한 이유는 싱가포르 최초의 복층 매장이기 때문이다. 의류, 가죽 제품, 코스메틱 등 샤넬의 모든 아이템을 만날 수 있으며 매년 6회 콜렉션을 업데이트해 신제품을 만나는 재미도 놓칠 수 없다. 한편 랄프로렌, 카르티에, 프라다도 숍스 앳 마리나 베이 샌즈에서 복층 구조의 매장을 운영한다.

L1-59, B1-135 일~목요일 10:00~23:00, 금·토요일 10:00~24:00 +65 6634 7350 www.chanel.com

루이비통 아일랜드 메종 Louis Vuitton Island Masion

마리나 베이에 섬처럼 떠 있는 크리스탈 파빌리온에 들어선 이색 루이비통 매장. 전세계 럭셔리 브랜드 매장 인테리어를 담당했고 화려한 수상 경력을 자랑하는 뉴욕 출신의 건축가 피터 마리노(Peter Marino)가 '여행자'와 '항해'에서 영감을 얻어 설계했다. 루이비통의 스타일과 우아한 브랜드 이미지를 부각시키면서 루이비통의 모든 제품을 선보이는 매장으로 아트 갤러리, 서점도 있는 문화 예술공간이기도 하다.

B1-38, B2-36 Crystal Pavilion North 일~목요일 10:00~23:00, 금·토요일 10:00~24:00 +65 6788 3888 www.louisvuitton.com

클러치 SGD129

베이직하면서도 맵시 있는 패션 아이템이 주를 이룬다

소사이어티 오브 블랙 쉽 The Society of Black Sheep

'의상은 편하면서도 스타일리시해야 한다'는 신념을 가진 매장책임자가 물건을 직접 공수해 오는 편집매장. 감각적인 패턴의 원피스와 맵시있는 셔츠가 주 품목이다. 과감한 프린트가 돋보이는 영국의 안토니 & 앨리슨(Antoni & Alison), 파티룩에 어울리는 블레스드 아 더 믹(Blessed Are The Meek) 등 착용감이 편하고 멋진 브랜드를 만날 수 있다. 상큼한 컬러의 레더 클러치백, 스타일을 살려주는 모자, 디테일이 돋보이는 주얼리와 코사지 등 각종 패션 액세서리들도 감각적이다.

B1-64 일~목요일 10:00~23:00, 금·토요일 10:00~24:00 +65 6688 7223 www.societyofblacksheep.com

초현실적인 정원을 거닐다

그린 시티(Green City)를 향한 싱가포르의 열정이 또 하나의 걸작을 탄생시켰다. 싱가포르 남부 마리나 베이 간척지 위에 세계 최대 규모의 공원 겸 식물원 가든스 바이 더 베이(Gardens by the Bay)가 문을 연 것. 싱가포르의 새로운 랜드마크로 떠오른 가든스 바이 더 베이, 핵심만 쏙쏙 파헤쳐보자.

TIP 가든스 바이 더 베이 현명하게 관람하기

- 외국인은 클라우드 포레스트와 플라워 돔의 통합 입장권만 구매 가능하다.
- 관람시간은 최소 3시간 정도로 넉넉하게 잡는 것이 좋다.
- 가든스 바이 더 베이는 상당히 넓은데 대부분 그늘이 없다. 체력 소모가 상당하므로 햇볕이 쨍쨍한 시간은 피해서 가는 것이 좋다.
- 마리나 베이 샌즈 호텔 및 쇼핑몰과 함께 여행 일정을 짜보자. 오후 4~5시경에 가든스 바이 더 베이에 도착해 둘러본 후 슈퍼트리의 야경과 쇼를 감상하는 코스를 추천한다.
- 더운 날씨에 정원 전체를 걸어서 돌아보는 것은 무리다. 가든스 바이 더 베이의 곳곳을 감상하고 싶다면 가든 크루저(Garden Cruiser)를 이용하자. 가든 크루저는 10인승 미니 트램으로 약 25분간 가든스 바이 더 베이 사우스 가든을 돌아본다. 2회 티켓 가격은 SGD2이다.

Map 대형❶-D3·D4·E3·E4 MRT CE1 베이프론트(Bayfront) 역 B출구 방향 지하연결통로를 따라간다. 밖으로 나와서 드래곤플라이 브릿지(Dragonfly Bridge) 또는 메도우 브릿지(Meadow Bridge)를 건너면 된다 18 Marina Gardens Drive www.gardensbythebay.com.sg

가든스 바이 더 베이 핵심 명소 Best3!

슈퍼트리 그로브 Supertree Grove

높이 20~25m, 가장 큰 나무가 건물 16층 규모에 달하는 거대한 규모와 독특한 디자인을 자랑하는 슈퍼트리는 가든스 바이 더 베이 어디서든 볼 수 있는 핵심 어트랙션. 11개의 슈퍼트리는 200종 이상, 16만 2,900개 이상의 식물로 콘크리트를 감싸 만든 야외전망대다. 슈퍼트리는 외관만 매혹적인 게 아니다. 나무를 통해 공원의 온실에 필요한 빗물을 모으고, 태양 에너지를 생성하며, 환기하는 역할도 하는 첨단 기능을 뽐낸다. 25m 높이의 슈퍼트리 위에는 OCBC 스카이웨이(OCBC Skyway)가 있다. 두 개의 슈퍼트리를 연결한 128m 길이의 공중 산책로에서는 가든스 바이 더 베이, 마리나 베이 지역이 파노라마로 보인다. 밤이 되면 슈퍼트리에 조명이 켜져 더욱 환상적인 경관이 연출되며 매일 밤 빛과 소리를 이용한 쇼가 19:45·20:45 매일 2회 무료로 진행된다.

슈퍼트리 그로브 ⓒ 05:00~02:00, Ⓢ 무료
OCBC 스카이웨이 ⓒ 09:00~21:00(월~금요일은 20:00까지, 토·일요일·공휴일은 19:00까지 티켓 판매) Ⓢ SGD5, 어린이(3~12세) SGD3

클라우드 포레스트 Cloud Forest

클라우드 포레스트는 높이 58m에 달하는 커다란 돔 안에 35m 높이의 열대동산을 인공적으로 조성한 실내식물원이다. 클라우드 포레스트에 들어서면 상쾌한 공기가 온몸을 감싼다. 세계에서 가장 높은 실내 폭포가 세차게 떨어지면서 그야말로 '쿨'하게 환영인사를 해주기 때문이다. 클라우드 포레스트는 매혹적인 난초, 눈부시게 어여쁜 베고니아, 우아한 양치식물 같은 꽃과 풀로 꾸며져 있는 거대한 인공 산 형태로 조성되었다. '잃어버린 세계'를 테마로 신비롭게 꾸며진 7층 꼭대기의 로스트 월드(Lost World)부터 산등성이를 따라 내려오면서, 해발 1,000m부터 3,500m까지 열대고원에서 서식하는 식물들과 빠른 속도로 사라지고 있는 희귀 식물들을 만나는 재미도 쏠쏠하다. 온도 상승으로 파괴되는 지구의 모습을 담은 멀티미디어 영상물도 기후 변화의 무서움을 새삼 일깨운다.

ⓒ 09:00~21:00(20:00까지 티켓 판매) Ⓢ 클라우드 포레스트+플라워 돔 SGD28, 어린이(3~12세) SGD15

플라워 돔 Flower Dome

높이 38m에 달하는 온실 돔으로 격자무늬 강철에 3,332개의 유리 패널을 달걀 껍질처럼 얹어 만든 독특한 형상이다. 세계 최대의 기둥 없는 온실인 플라워 돔의 실내 온도는 23~25℃를 넘지 않아 꽃과 나무가 만개한 식물원을 시원하게 산책할 수 있다. 아프리카의 바오밥 나무와 올리브 숲을 비롯해 호주, 남아프리카 공화국, 남미, 캘리포니아, 지중해 정원을 조성해 다채로운 환경의 식물을 선보인다.

ⓒ 09:00~21:00(20:00까지 티켓 판매, 야외 정원은 02:00까지 오픈) Ⓢ 클라우드 포레스트+플라워 돔 SGD28, 어린이(3~12세) SGD15

짜릿한 감동이 시작된다!

영국에 런던아이가 있다면 싱가포르에는 싱가포르 플라이어(Singapore Flyer)가 있다. 워터프론트 일대의 풍경을 매혹적으로 완성하는 싱가포르의 명물, '세계 최대 규모의 대관람차'로 명성이 높은 스릴 백점, 감동 만점의 싱가포르 플라이어를 구석구석 살펴보자.

Map 대형①-D2 MRT CC4 프로메나드(Promenade) 역 A출구로 나와 싱가포르 플라이어 표지판을 따라 도보 5분 08:30~22:30(마지막 운행 22:15) 어른 SGD33, 어린이(3~12세) SGD21, 60세 이상 SGD24 30 Raffles Ave. www.singaporeflyer.com

황홀한 전망을 품다

싱가포르 플라이어는 기존 '세계 최대 대관람차'였던 런던아이보다 30m 더 높은 165m까지 올라간다. 정상에서는 워터프론트와 마리나 베이 지역, 싱가포르 강, 래플스 플레이스, 멀라이언 공원은 물론 저 멀리 말레이시아와 인도네시아까지 조망할 수 있다.

싱가포르 플라이어의 캡슐에는 20명 정도가 탑승해 30여 분 동안 경이로운 비행을 즐기게 된다. 삼면이 통유리인데다가 바닥의 일부 역시 유리로 되어 있어 스릴 만점이다. 캡슐 내부에 의자와 에어컨도 설치돼 있어 탑승객들은 하늘 위로 천천히 솟아오르는 기분을 만끽하며 기막힌 전망을 누릴 수 있다. 밤에는 한층 더 로맨틱해진다. 발 아래로 펼쳐지는 황홀한 야경을 감상하노라면 싱가포르에 매료될 수밖에 없을 것이다.

하늘 위에서 싱가포르 슬링의 유혹에 빠져보세요!

인기 음식점이 한데 모인 싱가포르 푸드 트레일

사테소스를 얹은 쌀국수, 사테 비훈

채소와 과일을 버무린 샐러드, 로작

푸드코트 내 골동품 상점

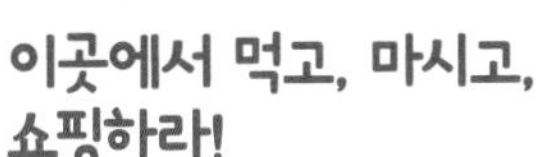

이곳에서 먹고, 마시고, 쇼핑하라!

1960년대 테마 음식 거리에서 로컬 푸드를 맛보고 기념품숍에서 핸드백, 시계 등을 살 수 있으며, 싱가포르의 유명 스파체인점 겐코 리플렉솔로지 & 피시 스파(Kenko Reflexology & Fish Spa), F1트랙을 달려보는 얼티밋 드라이브(Ultimate Drive), 모션 시어터에서 6D 라이딩을 즐길 수 있는 XD 시어터(XD Theater) 등 즐길거리도 가득하다. 아트리움에는 울창한 열대 우림이 조성돼 있어 도심 속 작은 자연에서 힐링할 수 있다.

얼티밋 드라이브

TIP 싱가포르 플라이어에서 코스 요리를?

보다 특별한 비행을 꿈꾼다면 다양한 테마 캡슐을 선택해보자. 360도 회전하는 캡슐에서 버틀러가 4코스 요리를 서빙해주는 세계 최초의 풀 버틀러 스카이 다이닝(World's First Full Butler Sky Dining), 명품 샴페인 모엣 샹동(Moët & Chandon)을 맛보는 모엣 & 샹동 샴페인 플라이트(Moët &Chandon Champagne Flight)는 낭만에 품격까지 더한 테마 캡슐. 하이티, 싱가포르 슬링, 칵테일을 주제로 하는 캡슐도 잊지 못할 추억을 선사한다.

해변의 문화 예술 아지트

싱가포르의 예술의 전당이자 오페라 하우스인 에스플러네이드(Esplanade)는 열대과일 두리안(Durian)을 닮은 독특한 외관으로 유명한 종합예술단지다. 마리나 베이 풍경을 더욱 매혹적으로 만드는 에스플러네이드로 문화의 향기 가득한 투어를 떠나보자.

Map 대형①-D2 MRT CC3 에스플러네이드(Esplanade) D출구에서 도보 약 5분 +65 6828 8377 1 Esplanade Drive www.esplanade.com
에스플러네이드 가이드 투어 화~금요일 09:00·12:30·14:00, 토·일요일 09:00(약 45분간 진행) SGD10, 어린이(7~12세) SGD8

루프 테라스에서 내려다 본 야외 극장

야외 극장 Outdoor Theatre

한류 콘서트가 열려 싱가포르의 수많은 한류 팬을 불러 모았던 야외 공연장. 마리나 베이에 떠 있는 300m 길이의 야외 극장으로, 450개의 좌석을 보유했다. 강변의 무대를 무상으로 이용할 수 있어 젊은 예술가들의 음악과 춤, 연극 등 공연이 수시로 펼쳐진다.

에스플러네이드 야외

라이브러리 Library

2002년 문을 연 싱가포르의 첫 번째 공연 예술 도서관. 공연 예술뿐 아니라 음악, 춤, 연극, 영화 등과 관련된 다양한 자료들을 찾아볼 수 있는 곳이다. 각종 서적, 잡지, CD, DVD는 물론 피아노 연습실까지 무료로 이용 가능해 음악 애호가를 설레게 한다. 작은 카페도 있어 도서관 특유의 문화적인 분위기 속에서 쉬었다 가기에도 좋다.

에스플러네이드 3층 11:00~21:00

루프 테라스 Roof Terrace

싱가포르의 환상적인 야경을 공짜로 즐길 수 있는 포인트. 에스플러네이드의 루프 테라스에서는 싱가포르의 마천루와 마리나 베이의 전망이 한눈에 담긴다. 화려한 야경을 감상하며 휴식을 취할 수 있어 연인들의 데이트 코스로도 인기 만점이다.

🏠 에스플러네이드 3층

오르고 Orgo

루프 테라스에 위치한 레스토랑 겸 루프톱 바. 마리나 베이의 아름다운 야경을 감상하며 칵테일을 즐길 수 있는 명소다. 프랑스 요리사이자 20여년 경력의 칵테일 전문가 토모유키 키타조에(Tomoyuki Kitazoe)의 지휘 하에 선보이는 다양한 칵테일을 맛볼 수 있다.

🏠 에스플러네이드 3층 루프 테라스 내 ⏱ 18:00~02:00(식사 01:00, 음료 01:30까지 주문 가능) $ 모히토 SGD18++, 샴페인 글라스 SGD30++, 병맥주 SGD13++부터

쿠키 뮤지엄 Cookie Museum

쿠키 전문매장 겸 카페. 영국 왕실 풍으로 화려하게 꾸며진 공간에서 홈메이드 수제 쿠키와 음료를 제공한다. 오키드(Orchid), 나시 르막(Nasi Lemak), 락사(Laksa) 등 '싱가포르의 맛'이 담긴 독특한 쿠키가 눈길을 끈다. 쿠키는 시식 후 구매할 수 있으며, 기품 있게 디자인된 케이스에 담겨져 선물용으로도 적당하다. 쿠키와 잘 어울리는 향긋한 차를 골라 티 타임을 즐길 수도 있다. 가격대는 비싼 편.

🏠 에스플러네이드 1층 2·4호 ⏱ 일~목요일 12:30~22:00, 금·토요일 12:30~23:00 $ 쿠키 1박스(약 250g) SGD45, 음료 SGD8부터 ☎ +65 6333 1965 ✉ www.thecookiemuseum.com

에스플러네이드 몰 Esplanade Mall

문화 예술 공간에도 쇼핑과 다이닝이 빠질 수 없다. 영화와 관련된 다양한 아이템을 판매하는 팝콘(PopCorn), 악기와 음악을 테마로 한 각종 기념품을 구매할 수 있는 그래머시 뮤직(Gramercy Music) 등 음악과 예술관련 숍이 눈에 띈다. 칠리크랩으로 유명한 노 사인보드 시푸드(139p), 태국요리 체인점 타이익스프레스(ThaiExpress), 쿠키 뮤지엄, 맥스 브레너 초콜릿 바(Max Brenner Chocolate Bar) 등 식당도 여럿 있다.

🏠 에스플러네이드 1~3층

마리나 지역의 쇼핑을 책임진다

만다린 오리엔탈 싱가포르, 콘래드, 팬 퍼시픽 싱가포르, 선텍시티 등 대형 호텔과 컨벤션 센터가 모여 있는 마리나 지역에는 여섯 개의 쇼핑몰이 밀집해 있다. 모두 지하보도를 통해 연결돼 있어 더욱 편리하다.

① 마리나 스퀘어 Marina Square

마리나 스퀘어는 300여개가 넘는 패션 액세서리 숍이 자리한 쇼핑몰로 만다린 오리엔탈 싱가포르, 팬 퍼시픽 싱가포르 등 마리나 베이의 주요 호텔들과 인접해 있어 더욱 매력적이다.

Map 대형①-D2 MRT NS25/EW13 시티 홀(City Hall) 역에서 지하의 시티 링크 몰(CityLink Mall)을 통과해 마리나 스퀘어(Marina Square) 표지판을 따라 도보 약 10분/MRT CC3 에스플러네이드(Esplanade) 역 바로 옆에 위치한 마리나 링크(Marina Link)의 지하보도를 따라 접근 가능. 도보 약 5분 ⏱ 10:00~22:00 ☎ +65 6335 2627 🏠 6 Raffles Boulevard ✉ www.marinasquare.com.sg

막스 & 스펜서 Marks & Spencer

영국 최대 소매유통기업, 막스 앤 스펜서. 마리나 스퀘어 지점에서는 영국 특유의 심플한 의류와 개성 있는 액세서리, 속옷, 풋웨어, 고급 와인, 미용 제품 등을 판매한다. 특히 각종 차와 쿠키, 초콜릿, 향신료, 파스타 등을 구비한 식료품 섹션은 여성들이 그냥 지나치지 못한다.

🏠 #02-109/111~117, #03-100~107 ⏱ 10:00~22:00 ☎ +65 6837 0962 ✉ www.marksandspencer.com.sg

마시모 두띠 Massimo Dutti

멋을 아는 30대를 위한 클래식한 브랜드. 스페인의 대표 SPA 브랜드 자라(ZARA)의 자매 브랜드다. 트렌디하고 다양한 스타일을 선보이는 자라와 달리 클래식하고 포멀한 디자인이 특징. 스페인과 이탈리아 등 남유럽 지역의 패셔니스타를 연상시키는 깔끔하면서도 센스있는 아이템들을 전개한다. 남녀의류는 물론 기품 있는 액세서리도 판매하여 선물 아이템을 찾기에도 무난하다.

🏠 #02-129~131 ⏱ 10:00~22:00 ☎ +65 6337 6088 ✉ www.massimodutti.com

월렛 숍 Wallet Shop

개성 넘치는 지갑, 파우치, 가방을 판매하는 콘셉트 스토어. 마리나 스퀘어와 부기스 정션을 포함해 싱가포르에서 10개의 매장을 운영한다. 독특한 블렌딩과 퀄리티 있는 제품으로 싱가포르 내에서 잘 알려진 곳으로 레노마, 피에르 가르뎅 등 중저가 브랜드의 제품도 취급하지만 톡톡 튀는 아이디어가 돋보이는 로컬 브랜드 제품이 더 눈에 띈다.

🏠 #03-126 ⏱ 11:00~21:00 ☎ +65 6339 0935 ✉ www.thewalletshop.com

② 밀레니아 워크 Millenia Walk

로컬 디자이너의 숍과 대규모 라이프스타일 매장이 돋보이는 고급 쇼핑몰. 야외에는 280m에 달하는 푸드 스트리트가 이어져 다양한 식사까지 즐길 수 있다.

Map 대형❶-D2 MRT CC4 프로메나드(Promenade) 역 A출구와 연결 ⏲ 10:00~22:00 ☎ +65 6883 1122 ⌂ 9 Raffles Boulevard ✉ www.milleniawalk.com

하비 노먼 Harvey Norman

하비 노먼은 전자제품, 가구, 침구 류 등을 취급하는 호주 프랜차이즈로 호주, 뉴질랜드, 아일랜드, 말레이시아 등에 지점을 보유하고 있다. 밀레니아 워크 지점은 이탈리아, 미국, 호주에서 공수한 고품격 가구, 사랑스러운 문양의 침구 류, 최신 IT 제품, 가전제품 등 편리하고 편안한 주거환경을 위한 모든 제품을 선보인다. 저렴한 브랜드보다 고급 브랜드가 많은 편. 커피 기기와 주방용품을 판매하는 커피 & 쿠킹 콘셉트 스토어는 신혼부부나 커피 애호가에게 추천할 만하다.

⌂ #02-57~62 ⏲ 10:30~21:30 ☎ +65 6311 9988 ✉ www.harveynorman.com.sg

기념품으로도 좋은 싱가포르 일러스트 책자

우즈 인 더 북스 Woods in the Books

밀레니아 워크 2층에 자리한 예술 책방. 아티스트 마이크 푸(Mike Foo)와 그의 파트너 셰넌 옹(Shannon Ong)이 만든 '책의 숲'으로 사진, 드로잉, 페인팅, 디자인, 일러스트 등 예술관련 서적을 다룬다. 예쁜 드로잉북과 사랑스러운 팝업북 등 소장하고 싶은 책들이 가득. 액자, 미니어처, 에코백 등 아기자기한 소품과 동화책, 장난감 등 아이들을 유혹하는 제품들이 한쪽 벽면을 가득 채우고 있다. 우즈 인 더 북스는 요즘 새롭게 뜨고 있는 티옹 바루에서도 만날 수 있다.

⌂ #02-32 ⏲ 11:00~20:00 ☎ +65 6337 3385 ✉ www.woodsinthebooks.sg

코티나 워치 Cortina Watch

1972년 문을 열어 현재 마리나 베이 샌즈, 아이온 오차드, 파라곤, 위스마 아트리아 등 싱가포르 내 11개 지점에서 만날 수 있는 고급 시계 부티크. 발망, 불가리, 구찌, 몽블랑, 피아제, 롤렉스, 태그호이어 등 50여개의 브랜드를 선보여 원스톱 시계 쇼핑이 가능하다. 싱가포르, 홍콩, 말레이시아, 태국, 인도네시아, 타이완에서 약 24개의 지점이 운영된다.

⌂ #01-62 ⏲ 11:00~20:00 ☎ +65 6339 1728 ✉ www.cortinawatch.com

고급 시계 브랜드가 한곳에!

매일매일 펼쳐지는 맛의 축제!

마리나 베이를 마주하고 선선한 밤 바람을 맞으며 검증된 맛의 향연을 만끽하고 싶다면, 캄캄한 밤 노릇하게 구워진 사테와 함께 시원한 맥주 파티를 벌이고 싶다면 매력적인 호커센터로 떠나보자.

수프 마스터 차이나타운의 은행 돼지곱창 고추수프 SGD5

라우파삿 페스티벌 마켓 Lau Pa Sat Festival Market

'라우파삿'이란 중국어로 '오래된 시장'을 뜻한다. 라우파삿 페스티벌 마켓은 약 150년 전 수산시장을 목적으로 지어진 빅토리아 양식의 건물에 터를 잡고 있다. 앤티크한 표지판이 옛날 오래된 시장의 느낌을 살리면서도 에어컨이 설치되어 현대적이고 깔끔한 호커센터로, 24시간 운영해 더욱 매력적이다. 그 중 스트리트2의 16번 매장인 수프 마스터 차이나타운(Soup Master Chinatown)은 입맛 까다로운 싱가포르 친구가 추천한 곳. 차이나타운에 본점이 있는 프랜차이즈로 돼지곱창을 우려낸 담백하면서도 칼칼한 국물로 유명하다. 추천 메뉴는 은행을 첨가한 기력 보충용 영양식 은행 돼지곱창 고추수프(Ginko Pork Tripe Pepper Soup), 전복과 버섯 등 영양 만점 재료가 들어가고 닭고기와 돼지고기 국물을 두 번 우려낸 진한 국물이 일품인 붓다 점프 오버 더 월(Buddha Jumps Over the Wall).

Map 대형❶-C3 MRT NS26/EW14 래플스 플레이스(Raffles Place) 역 I 출구에서 우회전하여 이정표 따라 직진, 도보 8~10분 24시간(가게마다 다름) +65 6220 2138 18 Raffles Quay www.laupasat.biz

TIP 마칸수트라 맛집, 궁금해요?

싱가포르 로컬 푸드의 바이블이라 불리는 〈마칸수트라(Makansutra)〉는 메인 메뉴부터 디저트까지, 싱가포르 최고의 로컬 푸드를 선정해 매년 출간하는 책으로 현지인의 전폭적인 신뢰를 얻고 있다. 국수그릇 모양의 심볼로 점수를 매기는데 그릇 3개짜리 맛집은 '죽어도 꼭 먹어야 하는 음식(Die Die Must Try)'을 의미한다. 책은 영어로 되어 있으며 서점에서 구매 가능하다. www.makansutra.com

사테 클럽 Satay Club

라우파삿에서는 매일 밤 흥겨운 사테 파티가 벌어진다. 사테 클럽은 15개의 사테 가게가 모여 있는 야외 호커센터로 숯불로 굽는 사테 냄새가 너무도 유혹적인 곳이다. 사테는 꼬치에 닭고기, 돼지고기, 소고기 등을 끼워 석쇠에 굽는 꼬치구이. 노릇노릇 즉석에서 구운 사테를 새콤달콤한 땅콩 소스에 찍어 먹고 오이와 양파를 곁들이면 맛이 그만이다. 여기에 시원한 타이거 맥주까지 곁들이면 100% 행복한 밤이 완성된다. 15개 매장 모두 비슷한 맛과 가격이지만 7, 8번 가게가 가장 유명하다.

Map 대형❶-C3 라우파삿 페스티벌 마켓 내 위치 18:00~01:00(가게마다 다름) 최소 10개부터 주문 가능, 여러 종류 섞어서 주문 가능, 새우구이 1개 SGD2 #9, Lau Pa Sat Festival Market, 18 Raffles Quay

마칸수트라 글루턴스 베이 Makansutra Glutons Bay

〈마칸수트라〉가 인정한 맛집 중에서도 단 10곳만 엄선해 모아 놓은 작은 규모의 야외 호커센터로, 에스플러네이드 옆에 있다. 마칸수트라가 퀄리티를 관리하는 만큼 다른 호커센터보다 고급스럽고 깨끗한 분위기다. 내로라하는 10개의 매장 중에서도 놓치지 말아야할 곳은 레드힐 롱 구앙 비비큐 시푸드(Redhill Rong Guang B.B.Q Seafood). 쉽게 접하기 힘든 삼발 가오리찜(Sambal Stingray)과 칠리크랩이 이 집의 대표 메뉴다. 매운 칠리소스 삼발(Sambal)로 조리한 가오리찜은 부드럽고 담백하여 절로 맥주를 부르는 맛. 하이난식 치킨라이스 계의 레전드로 불리는 위남키 치킨라이스(Wee Nam Kee Chicken Rice), 싱가포르 스타일의 볶음 국수 요리 프론 미(Prawn Mee)를 제공하는 순리 프라이드 호키엔 프론 미(Soon Lee Fried Hokkien Prawn Mee)도 추천한다. 저녁에 문을 열며, 에어컨은 없지만 선풍기가 설치되어 있다.

Map 대형❶-D2 에스플러네이드 바로 옆 월~목요일 17:00~02:00, 금·토요일 17:00~03:00, 일요일 16:00~01:00 +65 6336 7025 #01-15, 8 Raffles Ave. www.makansutra.com

로맨틱하거나, 이국적이거나!

낭만적인 야경을 자랑하는 마리나 베이 일대는 밤이 더욱 아름다운 지역. 어여쁜 야경과 함께 로맨틱한 밤을 즐기거나 이국적인 바에서 근사한 밤 분위기를 만끽해보자.

싱가포르 No.1 야경 촬영 명소
라이트하우스 Lighthouse

이름 그대로 '등대' 였던 공간이 레스토랑으로 변신했다. 풀러톤 호텔 옥상에 위치한 이곳은 과거 마리나 베이에 무역선이 드나들던 시절, 등대 역할을 했던 공간을 개조해 만든 이탈리안 레스토랑이다. 창문 너머로 마리나 베이 뷰를 감상할 수 있는 모던한 실내 레스토랑 공간과 탁 트인 옥상의 야외 공간으로 구성돼 있다. 라이트 하우스의 루프톱 바에서는 에스플러네이드부터 싱가포르 플라이어, 마리나 베이 샌즈까지 한눈에 들어와 '싱가포르에서 야경 촬영하기에 가장 좋은 장소'로 꼽히기도 한다.

Map 대형❶-C3 MRT NS26/EW14 래플스 플레이스(Raffles Place) 역 H출구로 나와 오른쪽으로 뒤돌아서 건물을 통과해 우회전하면 풀러톤 호텔(The Fullerton Hotel)이 나온다. 풀러톤 호텔 8층에서 전용 엘리베이터로 환승 월~금요일 12:00~14:30/18:30~22:30 (식사 SGD24부터, 주류 SGD20부터) +65 6877 8933 1 Fullerton Square

붉은 빛이 녹아든 루프톱 바
랜턴 Lantern

탁 트인 마리나 베이와 풍경을 제대로 감상할 수 있는 도심 속 오아시스. 풀러톤 베이 호텔(The Fullerton Bay Hotel) 옥상에 위치한 루프톱 바 랜턴은 청량한 느낌을 더해주는 호텔 수영장과 함께 디자인된 지중해 스타일의 야외 루프톱 바다. 5m 길이의 롱 바와 빨간 등(Lantern)을 이용해 섹시한 감각을 더했고 마리나 베이 샌즈 호텔 전망이 두 눈 가득 담긴다. 연인, 친구, 가족과 함께 오붓하게 낭만을 즐기고자 한다면 2~3인용 데이베드 좌석을 미리 예약할 것. 레드 랜턴(Red Lantern), 에어 메일(Air Mail), 임페리얼 베리 모히토(Imperial Berry Mojito) 등의 시그니처 칵테일을 추천. 매일 밤 펼쳐지는 마리나 베이 샌즈 원더풀 쇼의 감상 포인트로도 강추.

Map 대형❶-D3 MRT NS26/EW14 래플스 플레이스(Raffles Place) 역 B출구로 나와 오른쪽에 있는 체인지 앨리(Change Alley) 빌딩을 통과한다. 건물 2층으로 올라가면 풀러톤 베이 호텔(The Fullerton Bay Hotel)까지의 연결 통로가 나온다. 일~목요일 08:00~01:00, 금·토요일·공휴일 전날 08:00~02:00 레드 랜턴 SGD24++, 에어 메일 SGD22++, 임페리얼 베리 모히토 SGD22++ +65 6597 5299 80 Collyer Quay www.fullertonbayhotel.com

물 위에 떠 있는 듯한 라운지
아트리움 Atrium

대대적인 리노베이션을 통해 2012년 8월 새롭게 탄생한 5성급 호텔 팬 퍼시픽 싱가포르(Pan Pacific Singapore)의 라운지. 거울연못(Reflection Pool) 위에 섬처럼 떠 있는 프라이빗한 테이블이 인상적인 곳이다. 아트리움은 호주의 인테리어 디자이너가 인도네시아의 낚시 바구니와 타이완의 랜턴 축제에서 영감을 받아 디자인한 곳으로, 현대적이면서도 아시아 특유의 정취가 물씬 풍긴다. 22m 길이의 롱 바 역시 드라마틱한 포인트. 간단한 타파스 메뉴와 다양한 주류와 음료를 간편하게 들기 좋다. 라운지의 분위기에 맞춰 칵테일 전문가가 만든 퍼시픽 칵테일(Pacific Cocktail)도 이곳의 추천 메뉴. 밤에는 DJ가 선사하는 신나는 음악이 흥을 돋운다.

Map 대형❶-D2 MRT CC4 프로메나드(Promenade) 역 A출구에서 도보 3분 08:00~02:00 퍼시픽 칵테일 SGD18++ +65 6826 8240 Pan Pacific Singapore Hotel, 7 Raffles Boulevard www.panpacific.com

할리우드 스타들도 반한 라운지
판게아 Pangaea

뉴욕, 런던, 마이애미에도 있는 세계적인 클럽 체인. 판게아는 마돈나, 케이트 모스 등 세계적인 스타들의 아지트로 잘 알려진 라운지로, 크리스탈 파빌리온 지하에 아시아 최초로 상륙했다. 초현실적인 느낌의 입구를 지나면 벨벳과 레오파드로 장식된 럭셔리한 공간이 등장한다. DJ의 감각적인 음악이 있는 라운지에서 화려하고 뜨거운 밤을 보낼 수 있다.

Map 대형❶-D3 마리나 베이 샌즈 남쪽 크리스탈 파빌리온 지하 2층 5호 수~토요일 22:00~새벽까지 수·목요일 SGD30, 금·토요일 SGD40 +65 8611 7013 www.pangaea.sg

아발론 Avalon

마리나 베이 샌즈 쇼핑몰 앞 바다에는 두 개의 화려한 섬이 있다. 루이비통 플래그십 스토어가 있는 '명품 섬'과 세계적인 클럽 체인 아발론(Avalon)과 판게아(Pangaea)가 들어서 있는 '클럽 섬'이다. VIP 타깃인 판게아보다는 아발론의 인기가 일반적으로 더 높은 편. 거대한 실내공간은 세계적인 DJ가 선사하는 일렉트로닉 뮤직, 컬러풀한 레이저, 심장을 흔드는 사운드로 꽉 차올라 클러버들을 후끈 달아오르게 한다. 아발론에서 핫한 밤을 즐기려면 반드시 드레스코드를 준수할 것. 여성이라면 레이디스 나이트가 있는 수요일에 무료로 입장해보자.

Map 대형❶-D3 마리나 베이 샌즈 남쪽 크리스탈 파빌리온 2층, 3층 수·금~일요일 22:00~06:00, 월·화·목요일 휴무 수요일 여성 무료(드링크 3잔 포함), 남성 SGD20(드링크 1잔 포함)/금·토요일 23:30 전에는 SGD25(드링크 1잔 포함), 23:30 이후에는 SGD30(드링크 1잔 포함)/일요일 SGD30(드링크 1잔 포함) +65 6688 7448 www.avalon.sg

오늘 밤, 물 위에
떠 있는 클럽에서 놀자!

3색 매력 리버사이드

센트럴 지역을 관통하는 싱가포르 강은 싱가포르의 로맨틱 지수를 높여주는 핵심 요소. 각기 다른 매력을 뽐내는 리버사이드의 명소들인 클락키, 보트키, 로버슨키의 3색 매력을 찾아보자.

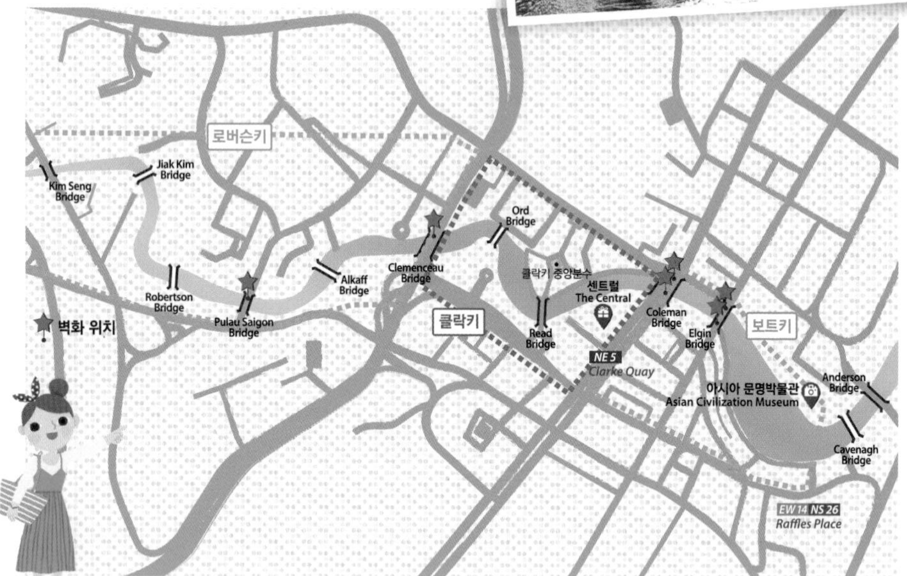

보트키 Boat Quay

잔잔하게 흐르는 싱가포르 강변에 소규모의 노천 카페와 레스토랑들이 밀집해 있다. 보트키는 클락키에 비해 규모가 작고 조용해 정감 있는 분위기다. 래플스 플레이스 지역의 직장인들이 퇴근 후에 즐겨 찾는다.

Map 대형❶-C2 · C3 MRT NS26/EW14 래플스 플레이스(Raffles Place) 역 G출구, UOB 프라자 빌딩을 우회전하여 통과한 후 싱가포르 강을 바라보고 왼쪽. 도보 약 3분

클락키 Clarke Quay

19세기까지 부두였던 이곳은 오늘날 강변 레스토랑이 즐비하고 거대한 지붕 아래 바와 클럽이 모여 있는 특별한 장소로 변모했다. 클락키 특유의 자유로운 분위기가 여행자들의 몸과 마음을 들뜨게 한다.

Map 대형❶-B2 · C2 · C3 MRT NE5 클락키(Clarke Quay) 역 E출구에서 도보 약 3분
www.clarkequay.com.sg

로버슨키 Robertson Quay

세 곳의 키 중 가장 안쪽에 위치한 곳. 세련된 인테리어의 식당이 오밀조밀 모여 있다. 대중교통을 이용할 때 다소 접근성이 떨어지지만 강변을 조용하게 즐기고 싶을 때 추천. 강변을 따라 산책하는 재미도 있다.

Map 대형❶-A2 · B2 MRT NE5 클락키(Clarke Quay) 역 E출구에서 도보 약 20분/택시로 약 10분

① 평화롭고 낭만적인, 보트키

달라스 Dallas

훌륭한 강변 전망과 수준급의 음식을 비교적 합리적인 가격으로 즐길 수 있는 레스토랑 겸 바. 모던하게 꾸며진 3층 구조의 실내 공간과 야외 테라스 좌석으로 이뤄져 있다. 양파, 고추, 닭고기 또는 쇠고기를 조리해 또띠아에 싸먹는 멕시코 요리인 화이타(Fajita), 육즙이 풍부하고 향이 좋은 생선 바라문디(Barramundi)로 만든 본디 버거(Bondi Burger), BBQ 바라문디 등을 추천. 해가 지면 퇴근 후 목을 축이려는 직장인들 속에서 와인, 칵테일, 위스키 등을 즐길 수 있다.

Map 대형❶-C3 MRT NS26/EW14 래플스 플레이스(Raffles Place) 역 G출구에서 도보 약 3분 월~토요일 11:30~14:30/18:00~22:30 본디 버거 SGD22++, BBQ 바라문디 SGD24++, 스테이크 SGD32++, 글래스 와인 SGD11++부터 +65 6532 2131 31 Boat Quay www.dallas.sg

저녁이 되면 더욱 분주해지는 강변의 노천 식당

화이타 SGD24++ 부터

퍼보 SGD14++, 바삭한 스프링롤 짜조(Cha Gio) SGD16++

시엠립 II Siem Reap II

인도친(IndoChine) 그룹에서 운영하는 레스토랑으로 캄보디아, 베트남, 라오스 요리부터 웨스턴 요리까지 다양한 메뉴를 제공한다. 시엠립 II의 가장 큰 매력은 탁월한 입지. 풀러톤 호텔의 맞은편, 보트키의 중심가에 자리잡고 있다. 야외 테라스에 앉아 강변 레스토랑의 낭만을 제대로 느껴봐도 좋고, 캄보디아 왕실에서 영감을 받은 듯 럭셔리하게 꾸며진 실내에서 쉬는 것도 훌륭한 선택이다. 시그니처 메뉴인 깊은 국물 맛의 소고기 쌀국수 퍼보(Pho Bo)와 라오스 스타일의 락사(Khao Poon Nam Pa), 신선한 패티로 만든 소고기 버거(Beef Burger) 등이 인기.

Map 대형❶-C3 MRT NS26/EW14 래플스 플레이스(Raffles Place) 역 G출구 이용. 아시아 문명박물관 바로 왼쪽에 위치 11:00~23:00 라오스 스타일의 락사 SGD16++, 소고기 버거 SGD16++ +65 6338 7596 Asian Civilisations Museum, 1 Empress Place www.indochine.com.sg

2 나이트라이프의 신세계, 클락키

Read Bridge
MRT 클락키 역
싱가포르 강
Block A
아티카 & 아티카 투
포비든 시티
슈라조
Block D
마라케쉬
후터스
윙스 바
클락 스트리트
중앙 분수 광장
리버 크루즈 선착장
르 느와르
TCC
리틀 사이공
Block E
Block C
펌프 룸
하이랜더
쿠바 리브레
Block B
매드 포 갈릭
G-MAX 리버스 번지

펌프 룸 Pump Room

오늘 밤, 신선한 맥주를 마시며 신나게 흔들고 싶다면 클락키에 위치한 펌프 룸으로 가자. 펌프 룸은 일반 맥주뿐 아니라 직접 만든 맥주도 판매하는 마이크로 브루어리(Micro Brewery)이자 호주에서 영감을 받은 음식을 판매하는 호주식 비스트로 겸 클럽이다. 펌프 룸을 강력 추천하는 이유는 매일 밤 10시 45분 경부터 실력파 7인조 혼성밴드 옥시전(Oxygen)의 공연이 펼쳐지기 때문! 주류 가격이 비싼 편이지만 절로 춤을 부르는 수준급의 밴드 공연이 그 값어치를 톡톡히 해낸다. 많은 여행자들이 모여드는 곳인 만큼 댄스 삼매경에 빠진 사람들을 구경하는 재미도 직접 춤추는 것만큼 흥미롭다. 널찍한 실내 공간과 야외 테이블이 있다.

Map 대형❶-C2 클락키 중앙 분수 옆, B블럭 9·10번 일요일 15:00~03:00, 월요일 17:00~23:00, 화·목요일 17:00~03:00, 수·금·토요일·공휴일 전날 17:00~05:00 금·토요일은 입장료 남성 SGD25, 여성 SGD20(드링크 1잔 포함) +65 6334 2628 #01-09/10, The Foundry, 3B River Valley Rd. www.pumproomasia.com

하이랜더 Highlander

스카치 위스키의 종주국인 스코틀랜드를 싱가포르 한가운데에 옮겨놓은 듯하다. 한쪽 벽면을 차지한 수백 종의 위스키가 퀄리티를 기대하게 만든다. 중세 시대의 중후한 매력을 반영한 매혹적인 공간에서 다양한 위스키를 비롯해 칵테일, 맥주, 와인 등 새로운 주류를 제공한다. 실내에서는 라이브 밴드의 신나는 공연을, 야외 테이블에서는 클락키의 랜드마크인 중앙 분수의 낭만을 즐기며 스코틀랜드 스타일의 나이트라이프에 빠져보자. 하이랜더 게임 파이(Highlander Game Pie), 스카치 에그(Scotch Eggs), 위스키 프론(Whisky Prawns) 등 쉽게 접하기 어려운 스코틀랜드식 메뉴도 시도해 볼 것!

Map 대형❶-C2 🚌 클락키 중앙 분수 옆, B블럭 11번 ⏲ 일~목요일 17:00~02:00, 금·토요일·공휴일 17:00~03:00 Ⓢ 하이랜더 게임 파이 SGD29++, 스카치 에그 SGD12++, 위스키 프론 SGD18++, 하이랜더 라거 생맥주 SGD16.5++, 스카치 위스키 1잔 SGD15.29++부터, 칵테일 류 19.54++부터 ☎ +65 6235 9528 🏠 #01-11, The Foundry, 3B River Valley Rd. ✉ www.highlanderasia.com

쿠바 리브레 Cuba Libre

클락키 한복판에 있는 쿠바. 1900년 쿠바 하바나에서 탄생한 전설의 칵테일 '쿠바 리브레'에서 이름을 따와 전형적인 하바나의 바를 연상케 한다. 쿠바 음악과 살사를 중심으로 하는 라이브 공연이 매일 저녁 펼쳐져 남미의 음악과 정열을 사랑하는 사람들의 발길이 잦다. 다채로운 주류와 쿠바 음식을 맛볼 수 있는데 쿠바 리브레, 클래식 모히토 등 쿠바의 칵테일로 이곳의 맛과 멋에 취하기에 좋다. 쿠바의 전설적인 혁명가 체 게바라의 사진과 혁명군 복장을 입은 직원들이 한층 분위기를 돋운다. 공연은 화~목요일과 일요일엔 밤 9시30분, 금·토요일엔 밤 10시에 시작.

Map 대형❶-C2 🚌 B블럭 13번 ⏲ 일~목요일 18:00~02:00, 금·토요일·공휴일 전날 18:00~03:00 Ⓢ 쿠바 리브레 SGD17, 클래식 모히토 SGD24, 쿠반 드림 마티니 SGD18, 나초 SGD12 ☎ +65 6338 8982 🏠 #01-13, 3B River Valley Rd. ✉ cubalibre.com.sg

TIP 지갑이 얇은 여행자를 위해!

싱가포르는 술값이 비싸다. 편의점 맥주조차 5,000원을 호가하고 분위기 좋은 바에 앉아 마시는 맥주 한 잔은 1만5,000원을 훌쩍 넘는다. 이럴 땐 해가 진 후 편의점에서 맥주를 사서 클락키 앞 리드 브릿지(Read Bridge)로 가자. 다리 위에서 클락키의 환상적인 야경을 감상하며 즐기는 맥주 맛이 기가 막히다.

3 분위기 만점 다이닝, 로버슨키

와인 커넥션 Wine Connection Tapas Bar & Bistro

싱가포르에서 가장 저렴하게 와인을 즐길 수 있는 프렌치 레스토랑 중 하나. 작은 펍이 밀집해 있는 로버슨 워크(Robertson Walk)에 위치하고 있다. 와인을 즐기는 싱가포르의 젊은이들과 외국인들을 겨냥한 곳으로 2~3만다. 맥주의 경우에도 SGD10 정도로 클락키에 비해 저렴한 편이다. 함께 운영하는 와인 상점에서는 1~2만원대의 특가 와인도 판매한다.

Map 대형❶-B2 클락키에서 MRT 클락키(Clarke Quay) 역 반대 방향(노보텔 방향)으로 강변 따라 도보 약 10분, 로버슨 워크의 강변 쪽이 아니라 모하메드 술탄 로드(Mohamed Sultan Rd.) 쪽에 위치 월~목요일 11:30~02:00, 금·토요일 11:30~03:00, 일요일 11:30~12:00 글래스 와인 SGD6.5+부터, 와인 1병 SGD30+부터, 커피 류 SGD4+부터, 치즈 플래터 SGD19+부터 +65 6235 5466 #01-19/20, Robertson Walk, 11 Unity St. www.wineconnection.com.sg

이엠 바이 더 리버 eM by the River

로버슨키에는 예쁜 노천 카페와 레스토랑이 많아 선택 장애를 일으키게 한다. 갤러리 호텔(Gallery Hotel) 1층에 위치한 이엠 바이 더 리버는 예쁜 카페이자 바로 울창한 나무 아래 널찍하게 마련된 노천 테라스와 정원을 보유했다. 싱가포르 강에서 불과 몇 발자국밖에 떨어져 있지 않아 더욱 낭만적. 천장이 높은 실내 공간은 새하얀 벽돌로 만든 벽과 커다란 예술 작품으로 장식된 모던한 분위기다. 햇살 좋은 날 느즈막히 브런치를 즐기거나, 늦은 밤 DJ가 엄선한 음악과 함께 감각적인 나이트라이프를 경험해보자.

Map 대형❶-B2 클락키에서 MRT 클락키(Clarke Quay) 역 반대 방향(노보텔 호텔 방향)으로 도보 약 15분 월~목요일 09:00~02:00, 금요일 09:00~03:00, 토요일 08:00~03:00, 일요일 08:00~02:00 글래스 와인 SGD13부터, 병맥주 SGD12부터 +65 6849 8686 #01-05, Gallery Hotel, 1 Nanson Rd. www.em-n-em.com

TIP 다리 밑 예술 세상, 언더패스 아트

싱가포르 강을 따라 보트키, 클락키, 로버슨키를 산책한다면, 강 위가 아니라 다리 아래의 보도를 이용해 걸어가보자. 6개의 다리 밑 공간이 젊은 아티스트 6인의 캔버스로 둔갑해 예술 공간이 되었다. 싱가포르의 풍부한 역사와 문화, 강물 등을 테마로 한 개성 넘치는 작품들이 예술을 아는 보행자와 여행자를 기다린다. 컬러풀한 언더패스 벽화들은 사진발이 아주 잘 받아 마치 잡지 화보를 촬영하는 주인공처럼 기념사진을 찍을 수 있다.

www.singapore-river.com

Special Page

클락키에서 실속 쇼핑을 부탁해

MRT 클락키 역과 바로 연결된 센트럴(The Central)은 개성 있는 독립 패션 부티크 매장과 25개의 식음료 매장 등 150개의 상점이 들어서 있는 쇼핑몰. 강변에 위치한 도시적인 쇼핑몰에서 쉽고 감각적인 쇼핑을 즐겨보자.

Map 대형①-C2 MRT NE5 클락키(Clarke Quay) 역과 연결 11:00~22:00/식당 11:00~23:00 +65 6532 9922 #01, Atrium, 6 Eu Tong Sen St. www.thecentral.com.sg

스카이룸 SKYroom

파격적인 티셔츠부터 깔끔한 여성 정장까지, 빈티지 상품부터 디자인 아이템까지 다양한 상품을 판매한다. 의류는 캐주얼이 주를 이루며, 주인장이 엄선한 싱가포르 로컬 디자이너들의 제품도 만날 수 있다. 하지 레인에 분점이 있다.

#01-49 +65 6227 3977

북마트 BookMart

서점과 카페를 겸하고 있는 책방. 북마트라고 이름붙일 만큼 방대한 책을 보유한 것은 아니지만 쇼핑 중 들러 여행, 디자인, 예술 책 등을 살펴보며 잠시 쉬어가기에 적당하다. 일본 만화책들이 다수 구비돼 있다.

#02-32 +65 6227 3977

가구부터 디자인 용품까지 구경하는 재미가 쏠쏠~

지오디 G.O.D

홍콩에서 이케아보다 더 사랑받는 라이프스타일 상점 G.O.D(Goods of Desire)의 싱가포르 지점. 소파, 러그, 쿠션, 책장 등 인테리어 용품뿐 아니라 의류, 잡화, 팬더 인형, 향초, 홍콩의 문화가 반영된 각종 디자인 소품 등을 폭넓게 다룬다.

#02-08 www.god.com.hk

Special Page

현지인이 사랑하는 맛집

현지인보다 여행자들이 더 많은 식당이 아닌 진짜 맛집은 어디일까? 싱가포르 구석구석에 숨어 있는 로컬 맛집을 찾아봤다. "교통이 조금 불편해도 맛있는 것을 먹고야 말겠다!"는 의지가 있다면, 함께 가보자.

깊은 국물 맛에 반하고 말걸?
송파 바쿠테
Song Fa Bak Kut Teh

1969년부터 운영되고 있는 클락키의 바쿠테 전문점. 송파 바쿠테는 예스러운 장식물로 꾸며진 편안하고 서민적인 공간에서 바쿠테를 맛볼 수 있는 곳. 싱가포르와 말레이시아에서 즐겨 먹는 돼지갈비탕 바쿠테는 중국식 약재가 가득 들어간 국물에 돼지갈비를 넣고 끓여 쇠한 기운을 충전해주는 보양식으로 밥 또는 튀긴 빵과 곁들여 먹는다. 한국인 입맛에 잘 맞는 깊은 맛의 시원한 국물은 리필도 해주니 마음껏 먹어도 된다. 단 향이 약간 있어서 향신료에 약하다면 입에 안 맞을 수도. 뉴 브릿지 로드에는 2개의 송파 바쿠테 점포가 인접해 있다. 물(SGD0.3)과 물티슈(SGD0.2)는 유료.

Map 대형❶-C2 MRT NE5 클락키(Clarke Quay) 역 E출구로 나와 육교를 건너 왼쪽 계단으로 내려가서 100m. 모퉁이에 있는 매장이 본점 ⏲ 07:00~22:00, 월요일 휴무 Ⓢ 밥 SGD0.6, 발리(Barley) SGD1.5 ☎ +65 6533 6128 ⌂ #01-01, 11 New Bridge Rd. ✉ www.songfa.com.sg

왕 새우와 돼지고기의 환상적인 만남!
빅 프론 누들 Big Prawn Noodle Dry/Soup

주인이 매일 수산시장에서 공수해 오는 신선한 왕 새우와 돼지고기 갈비뼈로 우려낸 육수가 이 집의 매력포인트다. 쫄깃한 면발도 면발이지만 바다맛이 그대로 살아있는 듯 시원하고 칼칼하면서도 달작지근한 국물이 끝내준다. SGD5짜리 국수에는 돼지고기가 없으며, SGD6짜리에는 커다란 왕 새우 2마리와 부들부들한 돼지고기 2개가 턱하니 올라 있고 고춧가루가 솔솔 뿌려져 나온다. 매운 고추 칠리 파디를 곁들여 먹으면 더 맛있다.

Map 대형❶-A2 MRT 티옹 바루(Tiong Bahru) 역 B출구로 나와 도보 15분/오차드 로드 럭키프라자 앞 버스정류장에서 그레이트 월드 시티(Great World City)의 셔틀버스 이용(11:00~20:00, 30분 간격으로 운행). 버스하차장 건너편 지온 리버사이드 푸드센터에 위치 ⏲ 12:00~15:00, 18:30~23:00, 수요일 휴무 ⌂ #4, Zion Riverside Food Centre, 70 Zion Rd.

줄 서서 먹는 볶음 국수
No.18 지온 로드 프라이드 퀘이 티아우
No.18 Zion Road Fried Kway Teow

"차 퀘이 티아우를 먹고 싶어. 어디가 좋아?"라는 질문에 입맛 까다로운 싱가포리언이 단박에 추천해준 맛집. 각종 매체와 미식 가이드북에서 인정 받은 레스토랑이다. 시내에서 조금 떨어져 있지만 늦은 밤에도 길게 선 줄이 이 집의 맛을 증명한다. 차 퀘이 티아우는 조개, 새우, 숙주와 콩나물, 달걀, 고기 등을 버무린 양념 볶음 국수인데 이 곳의 차 퀘이 티아우는 쌀국수와 달큰한 양념이 어우러져 입안에 착 달라붙는 느낌! 다소 느끼할 수 있으므로 아이스 레몬 티나 사탕수수 주스 등을 시켜 함께 먹자.

Map 대형①-A2 빅 프론 누들과 같은 푸드센터에 위치 ⏲ 12:00~14:30, 18:30~22:00, 격주 월요일 휴무 ⌂ #18, Zion Riverside Food Centre, 70 Zion Rd.

튀김의 신세계!
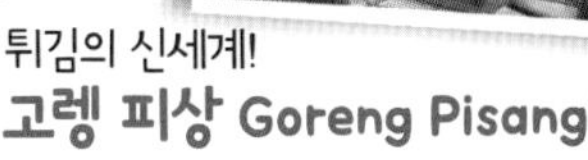
고렝 피상 Goreng Pisang

주치앗 로드 주변은 말레이시아의 문화가 짙게 남아 있는 곳. 주치앗 로드의 미스터 테 타릭 무슬림 이팅 하우스(Mr. Teh Tarik Muslim Eating House)는 말레이시아의 다양한 음식을 만날 수 있는 호커센터다. 이곳에는 독특한 튀김 가게가 있다. 말레이어로 고렝 피상은 바나나 튀김을 뜻한다. 바나나 튀김은 말레이시아의 유명한 간식으로 부드러운 바나나와 바삭한 튀김 옷이 절묘한 조화를 이룬다. 대표 메뉴인 바나나 튀김이 일찌감치 매진되었다면 첨퍼닥 튀김(Cempedak Goreng)을 먹자. 첨퍼닥은 잭 프룻처럼 커다란 과일 안에 달콤한 살을 감싸고 있는 여러 개의 커다란 씨가 들어있는 과일이다. 바삭한 튀김 옷과 달콤한 첨퍼닥이 잘 어울린다.

Map 대형⑦ MRT EW8/CC9 파야 레바(Paya Lebar) 역 A출구로 나와 탄종 카통 콤플렉스(Tanjong Katong Complex)를 끼고 좌회전해 도보 5분. 겔랑 세라이 말레이 빌리지(Geylang Serai Malay Village) 맞은편 ⏲ 24시간 $ 바나나 튀김 SGD2(4개) ⌂ #01-02, Mr. Teh Tarik Muslim Eating House, Tristar Complex, 970 Geylang Rd.

아이 ♥ 칠리크랩

싱가포르 음식계의 간판스타 칠리크랩(Chilli Crab)! 혹자에게는 '싱가포르=칠리크랩'으로 통할 만큼 여행자들의 사랑을 듬뿍 받는 마성의 요리다. 칠리크랩, 페퍼크랩 등 다양한 게 요리와 해산물로 만족스러운 한 끼를 즐겨보자.

양념에 밥을 비비거나 번을 찍어먹어야 제맛

싱가포르 칠리크랩의 대명사
점보 시푸드 Jumbo Seafood

칠리크랩을 한 번도 맛본 적이 없는 여행자에게는 무난한 맛의 점보 시푸드 레스토랑을 추천한다. 점보 시푸드 레스토랑은 클락키, 뎀시힐, 이스트 코스트 시푸드 센터 등에 6개의 지점을 보유한 칠리크랩 전문 레스토랑. 클락키에 위치한 두 개의 지점이 접근성이 좋고 분위기도 근사해서 연일 만석을 이룬다. 노천 테이블을 이용하고 싶거나 줄 서서 하염없이 기다리기 싫다면 인터넷으로 미리 예약하길. 붐비는 시간에는 1시간 내에 음식을 다 먹고 자리를 비워줘야 하는 시간 제한이 있다는 점도 염두에 두자. 싱가포르항공 이용 시 보딩 패스를 제시하면 10% 할인 혜택을 받을 수 있다.

리버워크(The Riverwalk) 지점 Map 대형①-C2 MRT NE5 클락키(Clarke Quay) 역 E출구에서 센트럴(The Central)을 등지고 직진하다 사거리에서 우회전, 도보 약 5분 12:00~15:00(라스트 오더 14:15), 18:00~24:00(라스트 오더 23:15) 칠리크랩 시가(1kg에 SGD55~70 정도) +65 6534 3435 #B1-48, 20 Upper Circular Rd. www.jumboseafood.com.sg

TIP 칠리크랩 주문하기

- 2명이라면 800g~1kg 정도 또는 스몰 사이즈의 게 한 마리와 볶음밥 또는 번, 3~4명이라면 2kg 정도의 게 한 마리와 볶음밥 또는 번 그리고 다른 종류의 해산물 한 접시를 추가 주문하면 배불리 먹을 수 있다.
- 칠리크랩은 대부분 시가로 판매되며 100g당 SGD5~8 정도다.
- 테이블에 기본으로 놓여있는 물티슈, 땅콩, 피클은 유료. 사용하지 않거나 먹지 않을 거라면 미리 말하자.

블랙 페퍼크랩 시가(1.8kg대에 SGD110++ 정도)

맛있는 크랩에 훌륭한 전망까지

팜 비치 Palm Beach

원 풀러톤(One Fullerton)에 위치해 마리나 베이 전망을 감상하며 크랩을 맛볼 수 있는 곳. 칠리크랩과 블랙 페퍼크랩, 크리미크랩(Creamy Crab) 등이 인기 메뉴다. 현지인들은 이 집의 화이트 페퍼크랩을 추천한다. 화이트 페퍼크랩은 후추와 마늘이 많이 들어가 간이 좀 센 편인데 다른 크랩 요리와 차별화되는 강렬한 맛을 보여준다. 테라스 좌석에 앉고 싶다면 예약 필수.

Map 대형❶-D3 MRT NS26/EW14 래플스 플레이스(Raffles Place) 역 H출구로 나와 뱅크 오브 차이나(Bank Of China) 방향으로 도보 5분, 원 풀러톤 중간쯤 위치 ⌚ 12:00~14:30, 17:30~22:45 Ⓢ 화이트 페퍼 크랩 시가(2kg대 SGD112++ 정도) ☎ +65 6336 8118 ⌂ #01-09, One Fullerton, 1 Fullerton Rd. ✉ www.palmbeachseafood.com

크랩 요리의 또 다른 간판 스타

노 사인보드 시푸드 No Signboard Seafood

1970년대 한 호커센터의 간판 없는 작은 가게에서 시작되어 '노 사인보드'라는 이름이 붙은 해산물 레스토랑 체인점. 모던하고 깔끔한 분위기에서 칠리크랩, 페퍼크랩, 랍스터 등의 해산물을 맛볼 수 있다. 노 사인보드의 장점 중 하나는 여행자들이 즐겨찾는 에스플러네이드, 멀라이언 공원, 비보시티, 로버슨키 등에 지점이 있어 접근성이 좋다는 것. 색다른 맛을 원한다면 이 집의 시그니처 메뉴인 전통 화이트 페퍼크랩(Traditional White Pepper Crab)을 선택해도 좋다. 화이트 페퍼크랩은 후추와 마늘이 듬뿍 들어가 매콤 짭쪼름하다.

스리랑카산 크랩을 주문하면 OK!

에스플러네이드(Esplanade) 지점 Map 대형❶-D2 MRT NS25/EW13 시티홀(City Hall) 역에서 지하상가를 이용하여 'Esplanade-Theatres on the Bay' 표지판을 따라 도보 약 10분. 에스플러네이드 1층에 위치 ⌚ 11:00~23:00 Ⓢ 스리랑카산 칠리크랩 시가(1kg에 SGD55~70 정도), 2인 세트(샐러드 랍스터+생선 요리+화이트 페퍼크랩+볶은 야채+디저트) SGD159 ☎ +65 6336 9959 ⌂ #01-14~16, 8 Raffles Ave. ✉ www.nosignboardseafood.com

AREA 3

오차드 로드 Orchard Road

상상 그 이상의 규모를 뽐내는 쇼핑 천국. 명품 플래그십 스토어부터 개성 있는 로컬 디자이너 숍까지 다채롭게 무장한 쇼핑몰들이 2.2km의 대로를 빼곡히 채우고 있다. 레스토랑, 카페, 바, 호텔도 밀집해 있어 싱가포르를 여행하는 동안 적어도 한 번은 들르게 되는 곳. 오차드 로드에서 세련된 도시여행의 진수를 맛보자.

추천 여행 방법

쇼핑을 좋아하는 사람이라면 하루를 꼬박 투자해도 시간이 부족할 규모. 때문에 선택과 집중이 중요하다. 취향에 맞지 않는 쇼핑몰은 과감히 버리고 원하는 아이템을 찾아 동선을 구성하는 것이 현명하다. 오차드 로드에서 쇼핑을 즐기고 인근의 보타닉 가든과 뎀시힐에서 여유로운 휴식을 만끽해보자.

교통 정보

MRT

★MRT NS22 오차드(Orchard) 역

A출구: 탕스, 파라곤, 그랜드 하얏트 싱가포르

B출구: 포시즌스 호텔, 보타닉 가든·홀랜드 빌리지·뎀시힐행 버스정류장이 있는 오차드 블루바드

D출구: 니안시티, 아이온 오차드, 위스마 아트리아

E출구: 휠록 플레이스, 힐튼 싱가포르

★MRT NS23 서머셋(Somerset) 역

B출구: 313@서머셋, 오차드 센트럴, 에머랄드힐

★MRT NS24/NE6/CC1 도비갓(Dhoby Ghaut) 역

A출구: 오차드 로드(동쪽), 포트 캐닝 파크

B출구: 오차드 로드(서쪽)

D·E·F출구: 프라자 싱가푸라

버스

★To 보타닉 가든 & 뎀시힐: 오차드 역 B출구 큰 길 건너편에서 7, 77, 105, 106, 123, 174번 승차

★To 홀랜드 빌리지: 오차드 역 B출구 큰 길 건너편에서 7, 106번 승차

★To 선텍시티 및 에스플러네이드: 럭키 프라자 앞에서 111번 승차 또는 도비갓 역 E출구에서 승차

추천 일정

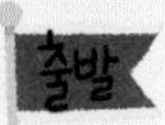

10:00
로맨틱한 보타닉 가든 산책 39p

택시 약 5분

추천! 화이트 래빗 161p
새미스 커리 162p

12:00
낭만적인 뎀시힐에서
여유롭게 점심식사 160p

택시 약 5~10분

14:00
쇼핑 천국 오차드 로드에서
쇼핑 즐기기 142p

도보 15분

16:00
예쁜 카페에서 커피 타임

추천! 아티스티크 153p
딘 & 델루카 153p

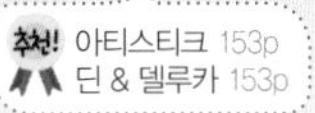

도보 15분

18:00
오차드 로드 맛집에서
저녁식사
154p

추천! 스트레이츠 키친 154p
채터박스 154p

도보 15분

20:00
흥겨운 나이트라이프 즐기기
158p

추천! 아이스 콜드 비어 158p
머디 머피스 아이리시 펍
158p

콕 찝어 여기! 주요 쇼핑몰 브리핑

일직선으로 쭉 뻗은 대로에 22개의 쇼핑몰과 6개의 백화점이 줄지어 있는 동남아시아 최대 규모의 쇼핑 거리, 오차드 로드 쇼핑을 더욱 효율적으로 하기 위해서는 선택과 집중이 중요하다.

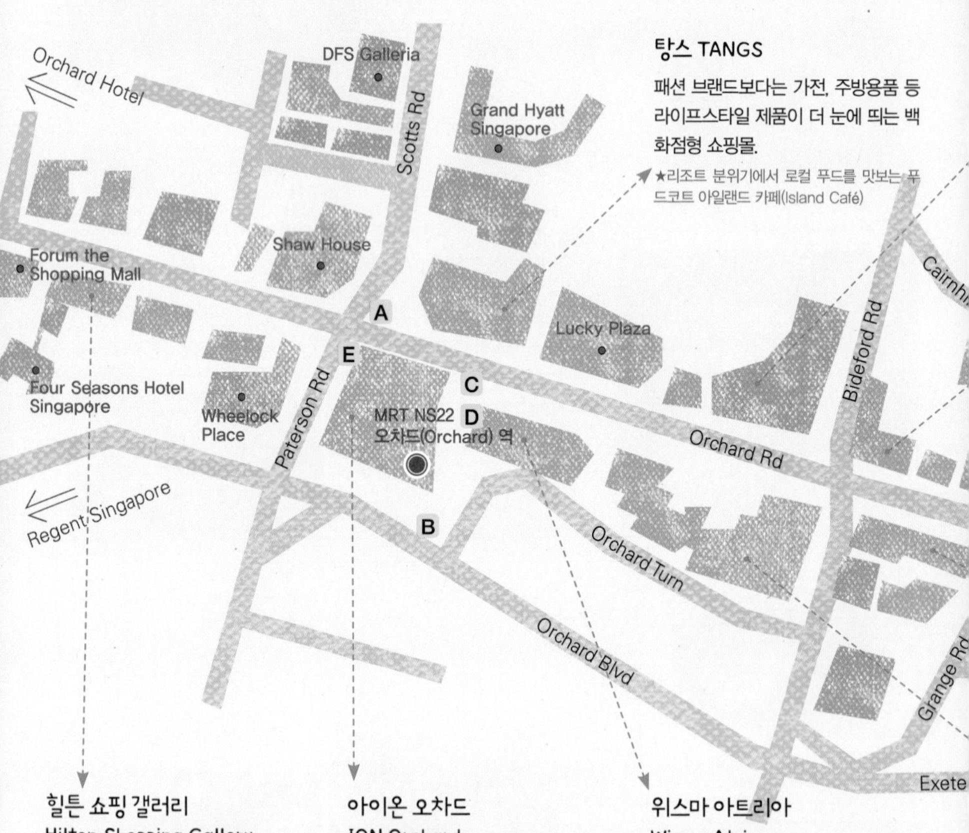

탕스 TANGS

패션 브랜드보다는 가전, 주방용품 등 라이프스타일 제품이 더 눈에 띄는 백화점형 쇼핑몰.

★리조트 분위기에서 로컬 푸드를 맛보는 푸드코트 아일랜드 카페(Island Café)

힐튼 쇼핑 갤러리 Hilton Shopping Gallery

힐튼 호텔 내에 있는 고급 쇼핑몰. 인기 브랜드가 총집결한 편집숍. 클럽 21 및 폴 스미스, 질 샌더 등의 브랜드를 만날 수 있다.

★ 힐튼과 연결된 포시즌스 호텔 싱가포르에 자리한 편집숍, 클럽 21(CLUB 21)

아이온 오차드 ION Orchard

화려한 건축 디자인부터 눈에 띈다. 8층 규모의 공간에 명품 브랜드부터 로컬 디자이너까지 330여개의 숍과 레스토랑이 있다.

★ 218m 높이에서 360도 파노라마 전망이 가능한 아이온 스카이(ION SKY) 전망대

위스마 아트리아 Wisma Atria

20~30대 여성들이 좋아하는 브랜드가 들어선 감각적인 쇼핑몰. 젊은 로컬 디자이너의 부티크와 유럽 브랜드들이 많다.

★ 유명 맛집만 쏙쏙 골라 놓은 푸드코트 푸드 리퍼블릭(Food Republic)

파라곤 Paragon

BCBG, 지방시, 지미 추, 미우미우 등의 브랜드가 밀집해 있는 곳. 토이저러스 등 장난감 섹션과 어린이 패션도 눈여겨보자.

★ 브런치로 유명한 PS.카페(PS.Cafe)

나이츠브릿지 Knightsbridge

런던에서 가장 세련된 패션 거리 나이츠브릿지(Knightsbridge)에서 이름을 따 온 럭셔리 쇼핑몰. 토미 힐피거, 탑샵, 아베크롬비 & 피치 등 다양한 브랜드가 입점해 있다.

★ 아베크롬비 & 피치(Abercrombie & Fitch)와 톱숍(TOPSHOP)

313@서머셋 313@Someret

젊은이들이 가장 좋아하는 쇼핑몰. 자라, 유니클로, 포에버 21 등 영 캐주얼 브랜드가 주를 이룬다.

★ 영국의 대형음반매장 HMV

오차드 센트럴 Orchard Central

규모가 크진 않지만 알찬 쇼핑몰. 유리를 테마로 설계한 독특한 건축물 안에 창의적인 라인업을 자랑하는 디자이너 부티크들이 다수 입점해 있다.

★ 브런치로 유명한 딘 & 델루카(Dean & DeLuca)

Hangout Hotel
Cavenagh Rd
싱가포르 대통령 관저(Istana)
Edinburgh Rd
Orchard Gateway
Orchard Rd
MRT NS24/NE6/CC1
도비갓(Dhoby Ghaut) 역
B C D
Somerset Rd
Penang Rd
Clemenceau Ave
MRT NS23
서머셋(Somerset) 역
A
Exeter Rd

만다린 갤러리 Mandarin Gallery

세계적으로 유명한 부티크숍이 주를 이룬다. 갤러리와 카페 등 특색 있는 숍들이 많아서 둘러보는 재미가 쏠쏠하다.

★ 현대 미술 작품과 디자인 소품들이 있는 아트 & 디자인 뮤지엄(MAD, Museum of Arts & Design)

니안시티 Ngee Ann City

타카시마야 백화점과 샤넬, 크리스찬 디올, 루이비통, 펜디 등 명품 브랜드의 플래그십 스토어가 들어서 있는 인기 쇼핑센터.

★ 동남아 최대 규모의 서점 키노쿠니야(Kinokuniya)

'지름신 강림' 주의, 아이온 오차드

지하 4층, 지상 4층 규모에 330개 이상의 매장을 보유한 거대 쇼핑몰. MRT 역과 바로 연결돼 환상적인 입지도 갖췄다. 시간관계상 오차드 로드에서 단 한 곳의 쇼핑센터만 가야 한다면 그 선택은 단연, 아이온 오차드(ION Orchard)다.

Map 대형❶-A1/대형❷-A1 MRT NS22 오차드(Orchard) 역 D출구와 바로 연결 ⏲ 10:00~22:00(상점마다 다름) ☎ +65 6238 8228 ⌂ 2 Orchard Turn ✉ www.ionorchard.com

디스퀘어드2 DSquared2

돌체 앤 가바나, 디올 옴므와 함께 3대 프리미엄 진으로 꼽히는 명품 캐주얼 브랜드. 마돈나, 저스틴 팀버레이크 등 스타들과의 협업으로 유명세를 탔다. 모든 제품을 이탈리아 현지에서 생산해, 캐나다 출신 쌍둥이 디자이너의 감각적인 디자인과 퀄리티를 유지한다. 스타일이 뛰어나면서도 입기 편한 남녀의류, 참신한 디자인의 신발이 눈길을 끈다.

⌂ #01-24 ⏲ 10:00~21:00 ☎ +65 6238 9329 ✉ www.dsquared2.com

버시카 Bershka

스페인의 글로벌 SPA 브랜드. 10~20대를 타깃으로 자라보다 젊고 캐주얼한 패션 및 잡화를 선보인다. 영 캐주얼, 클래식 캐주얼, 시크, 에스닉 등 다채로운 콜렉션을 갖추었으며 디테일이 돋보이는 실용적인 디자인이 대부분이다. 싱가포르에는 아이온 오차드, 부기스, 마리나 스퀘어 3곳에 들어와 있다.

⌂ #B2-09/10/11 ⏲ 10:00~22:00 ☎ +65 6509 8708 ✉ www.bershka.com

키끼. 케이 kikki. K

문구 류 마니아들의 마음을 두근거리게 만드는 스웨덴 디자인 문구 전문점 키끼. 케이의 아시아 첫 번째 매장. 라플란드(Lapland), 스톡홀름 등 콜렉션 이름에서도 스칸디나비아 스타일을 느낄 수 있다. 컬러감이 돋보이는 노트 류, 앙증맞은 패턴이 새겨진 문구 류, 아기자기한 오피스용품 등 세련된 디자인의 제품을 다채롭게 보유했다. 특히 여행용품이 아주 예쁘다.

#B2-44 10:00~22:00 +65 6509 3107 www.kikki-k.com

크레이트 & 배럴 Crate & Barrel

실내 인테리어와 주방용품에 관심있는 쇼퍼들의 필수 방문 매장. 미국을 대표하는 가구와 주방용품 전문 브랜드로 아이온 오차드 3층과 4층에 입점해 신혼부부와 여성에게 사랑받고 있다. 최신 유행을 반영한 디자인 아이템과 화려한 색감의 소품들이 많아 구경하는 재미가 남다른 곳이다.

#03-25, #04-21/22 10:00~22:00 +65 6634 4222 www.crateandbarrel.com

아이온 스카이 ION SKY

아이온 오차드가 입점한 건물의 56층에 위치한 아이온 스카이는 218m 높이에서 오차드 로드 일대의 시티 뷰를 감상할 수 있는 전망대. 4층 매표소에서 입장권을 구입해 올라가면 360도 파노라마로 펼쳐지는 도심 전망을 즐길 수 있다. 전망대는 하루 4차례 입장 가능한데 오후 6시 마지막 입장을 이용하면 도심 속 일몰을 감상할 수 있어 이색적이다.

#56, #04(컨시어지 카운터)에서 티켓 구매 10:00~20:00/전망대 입장 10:00~12:00·14:00~16:00·16:00~18:00·18:00~20:00 SGD16, 어린이(4~12세) SGD8 +65 6835 8750 ionsky.com.sg

루비 슈즈 Rubi Shoes

트렌디한 디자인의 신발을 아주 저렴한 가격에 구매할 수 있다. 싱가포르 여행에서 시원하고 편하게 신을 슬리퍼나 샌들을 구매하기에도 좋다. 가격이 싼 만큼 퀄리티가 뛰어나진 않지만 최신 유행의 디자인 상품이 많아 한 계절 예쁘게 신기엔 나쁘지 않다.

#B2-53 10:00~22:00 +65 6509 8174 www.cottonon.com.au/rubi-shoes

명품 쇼핑의 메카, 파라곤

파라곤(Paragon)은 구찌, 프라다, 살바토레 페레가모, 토즈, 미우미우 등 명품 브랜드의 복층 매장이 있는 럭셔리 쇼핑의 중심가. 캘빈 클라인, 디젤 등 캐주얼 라인과 지하 1층의 다채로운 레스토랑 및 3층의 PS.카페에 이르는 다이닝도 막강하다.

Map 대형①-B1/대형②-A1 MRT NS22 오차드(Orchard) 역 A출구로 나가 직진, 도보 약 10분 10:00~21:00(상점마다 다름) +65 6738 5535 290 Orchard Rd. paragon.sg

토즈 TOD'S

상표 부착 방식 없이 오로지 'Made in Italy'를 고수하는 이탈리아의 명품 브랜드 토즈의 콘셉트 부티크. 젊고 트렌디하면서도 미니멀하게 꾸며진 공간에서 우아함과 절제미가 돋보이는 토즈의 제품을 만날 수 있다.

#01-48 10:00~21:00 +65 6738 3323

보콘셉트 BoConcept

덴마크의 가구 브랜드. 보콘셉트는 덴마크어로 'Living'이라는 뜻의 'Bo'에 'Concept'를 결합하여 만든 가구&인테리어숍으로 미국, 유럽 등 전세계에 매장을 보유하고 있다. 커다란 매장 안에 가구와 소품을 테마별로 적절하게 배치해 놓아 아이쇼핑만 해도 즐겁다.

#04-01/02/03 10:30~20:30 +65 6736 0777 www.boconcept.sg

피플 오브 아시아 컴퍼니 PEOPLE OF ASIA COMPANY

여성의류 및 액세서리를 판매하는 부티크. 에스닉 패턴의 원피스와 헐렁하고 편안한 블라우스 류 등 여성스러운 느낌을 부각시켜 주는 보헤미안풍의 의상이 주를 이룬다. 트렌디한 디자인의 고급스러운 백도 여럿 갖추었다.

#03-45 10:00~21:00 +65 6834 1703

파라곤 주니어 Paragon Junior

아이와 함께 여행한다면 5층의 파라곤 주니어 섹션을 지나치지 말자. 아르마니 주니어(Armani Junior, #05-12/13), 게스 키즈(GUESS Kids, #05-36), 임부복 및 유아복 브랜드 진저스냅스(Gingersnaps, #05-39) 등 다양한 브랜드가 한군데 모여 있을 뿐 아니라 실내 놀이터도 마련돼 있어 아이와 함께 쇼핑하기 좋다.

특유의 깔끔한 제품이 많은 무지

무지 MUJI

일본의 생활잡화 브랜드 무지는 미니멀리즘을 표방한 고품질 제품을 합리적인 가격으로 선보인다. 남녀의류부터 주방용품, 문구 류에 이르기까지 일상 생활을 모던하고 고급스럽게 가꿔줄 아이템들을 만날 수 있다. 싱가포르의 무지 매장은 파라곤과 부기스 정션, 아이온 오차드, 마리나 스퀘어, 탐핀 센트럴(Tampines Central)에도 있다.

#04-36/38 10:00~21:30 +65 6735 0123 www.muji.com.sg

대부분의 제품은 SGD170~250 정도

프로젝트숍 Projectshop

3층에 위치한 트렌디한 가방 전문 매장. 대부분의 가방들이 방수가 되는 캔버스 소재로 제작되어 실용적이고 튼튼하다. 단색의 베이직한 디자인이 주를 이뤄 데일리 백으로도 적당하다. PS.카페와 매장을 함께 사용한다.

#03-41/42 10:00~21:00 +65 6735 0071

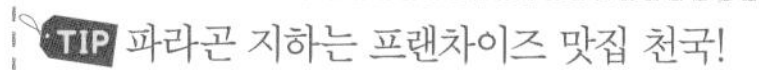

TIP 파라곤 지하는 프랜차이즈 맛집 천국!

싱가포르의 주요 식음료 체인 브랜드를 한번에 정복하고 싶다면, 파라곤 지하 1층으로 가보자. 싱가포르의 베이커리 브랜드 브래드톡(BreadTalk, #B1-11/12), 타이완에서 온 딤섬 레스토랑 딘타이펑(Din Tai Fung, #B1-03/06), 싱가포르 전통 육포 전문점 비첸향(Bee Cheng Hiang, #B1-10A), 싱가포르의 튀김 전문점 올드 창 키(Old Chang Kee, #B1-10), 야쿤 카야 토스트(Ya Kun Kaya Toast, #B1-38/K11)를 한번에 만날 수 있다.

편집매장에서 나만의 스타일 찾기!

오차드 로드에는 수많은 편집숍이 짱짱하게 박혀 있다. 주인장의 빛나는 안목으로 탐낼 만한 아이템들만 쏙쏙 골라 모은 편집매장은 어디?

천으로 만든 가방 SGD79

단골 삼고 싶은 편집매장
에디터스 마켓 The Editor's Market

개성 있는 패션을 완성시켜주는 편집매장. 화려하고 컬러풀한 스타킹, 다양한 디자인의 가방, 독창적인 신발 등 디자이너의 센스가 돋보이는 제품들을 합리적인 가격으로 살 수 있어 가까이 있다면 단골로 삼고 싶은 곳. 빈티지부터 오피스룩까지 모두 커버하는 다채로운 의류 콜렉션과 핸드메이드 액세서리 등이 욕심난다. 에디터스 마켓은 오차드 센트럴 4층에 위치한 콘셉트숍 외에 인근에 있는 쇼핑몰 캐세이 씨네레저 오차드(Cathay Cineleisure Orchard)에도 매장을 운영하는데, 두 매장은 전혀 다른 종류의 상품을 선보여 비교해보는 재미도 있다.

Map 대형❶-B1/대형❷-B1 MRT NS23 서머셋(Somerset) 역 B출구와 연결된 313@서머셋(313@Somerset)을 빠져나와 오른쪽으로 약 50m(오차드 센트럴에 위치) 11:00~22:00 +65 6884 6648 #04-08/09, Orchard Central, 181 Orchard Rd. www.theeditorsmarket.com

패셔니스타들의 즐겨 찾기
클럽 21 CLUB 21

엄선된 명품을 한자리에서!

오차드 로드 중심가에서 살짝 벗어난 곳에 위치한 포시즌스 호텔 싱가포르(240p)의 아케이드는 의외의 쇼핑 명소. 무엇보다도 싱가포르의 유서 깊은 럭셔리 편집숍 클럽 21의 플래그십 스토어가 자리하고 있기 때문이다. 클럽 21은 꼼 데 가르송, 마크 제이콥스, 랑방 등 패셔니스타들이 좋아하는 아이템이 들어와 있는 편집매장으로, 조르지오 아르마니와 질 샌더를 동남아시아에 가장 먼저 선보인 곳이기도 하다. 독특한 디자인의 옷과 액세서리를 발견하는 즐거움이 있다. 포시즌스 호텔 싱가포르의 아케이드는 힐튼 호텔 갤러리와도 연결된다.

Map 대형❷-A1 MRT NS22 오차드(Orchard) 역 E출구, 휠록 플레이스를 등지고 좌회전하여 약 3분 걸어가다 좌측의 힐튼 호텔로 들어가 2층 통로로 연결 월~토요일 10:00~19:00/일요일·공휴일 11:00~18:00 +65 6304 1385 #01-01/02, Four Seasons Hotel, 190 Orchard Boulevard www.club21global.com/sg

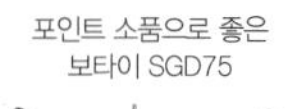

포인트 소품으로 좋은
보타이 SGD75

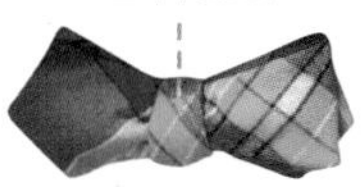

독특한 소재의
남성 신발 SGD112

남자친구 선물까지 살 수 있다!
블랙마켓 blackmarket

오차드 센트럴 2층에 위치한 편집숍. 상품은 싱가포르의 로컬 레이블들이 주류를 이루며 영국, 프랑스, 인도네시아 등 세계 각국에서 엄선한 아이템들을 만날 수 있다. 남녀의류와 액세서리를 모두 다루지만 남성의류와 잡화의 퀄리티가 특히 빼어나다. 빈티지한 프린팅의 티셔츠, 독특한 소재를 가미한 배색 슈즈, 알록달록한 보타이, 개성 있는 벨트, 품격 있는 백 등 남성들이 탐낼만한 예쁜 제품들이 즐비하다. 의류는 시크하고 심플한 디자인이 대부분이다.

Map 대형❶-B1/대형❷-B1 에디터스 마켓과 동일(오차드 센트럴 2층에 위치) 11:00~22:00
#02-10, Orchard Central, 181 Orchard Rd. www.theblackmarket.sg

재능 있는 디자이너의 부티크
사브리나고 SABRINAGOH

2010년 엘르 어워드에서 올해의 디자이너상을 수상한 사브리나 고(Sabrina Goh)가 론칭한 브랜드. 검정, 회색, 흰색, 푸른색을 주로 사용한 깔끔한 남녀의류가 중심이다. 과감한 실루엣의 드레스와 셔츠에서 디자이너의 재능을 엿볼 수 있다. 탕스(TANGS)에도 매장이 있다.

Map 대형❶-B1/대형❷-B1 에디터스 마켓과 동일(오차드 센트럴 2층에 위치) 11:00~22:00 +65 6634 2201
#02-11/12, Orchard Central, 181 Orchard Rd. www.sabrinagoh.com

맞춤 쇼핑을 위한 제안

모조리 돌아보려면 하루를 온전히 할애해도 모자란 오차드 로드. 무수한 쇼핑몰과 브랜드 사이에서 어디로 향해야 할지 고민인 당신을 위해 맞춤형 쇼핑을 제안한다. 사랑하는 연인, 아이, 남편, 아내, 가족을 위한 선물을 사기에도 좋다.

우리 아이를 위한 쇼핑

토이저러스 Toys 'R' Us

오차드 로드 끝에 자리한 포럼 더 쇼핑몰(Forum the Shopping Mall)은 엄마들이 즐겨찾는 쇼핑센터다. 돌체 앤 가바나, 아르마니 등 명품 브랜드의 키즈 매장을 비롯하여 다채로운 어린이용품 전문숍이 들어서 있기 때문. 특히 3층 전체를 차지하는 토이저러스는 장난감 쇼핑을 원하는 엄마들의 필수 코스로 여겨지는 곳. 아이언맨, 토이스토리, 트랜스포머 등 영화를 테마로 만든 장난감부터 레고, 리모콘 장난감 등 어른들도 사랑하는 제품까지 다양하게 판매한다.

Map 대형❷-A1 MRT NS22 오차드(Orchard) 역 E출구, 휠록 플레이스(Weelock Place)를 등지고 좌회전하여 도보 약 5분(포럼 더 쇼핑몰 3층) 10:00~22:00 +65 6235 4322 #03-03/25, Forum The Shopping Mall, 583 Orchard Rd. www.toysrus.com.sg

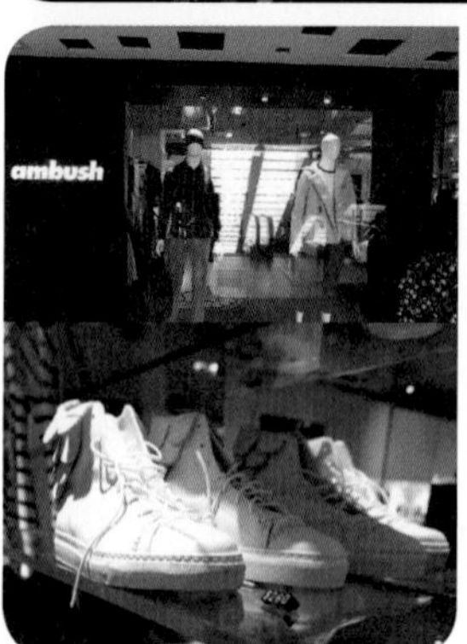

Map 대형❶-B1/대형❷-A1 MRT NS22 오차드(Orchard) 역 D출구에서 도보 약 10분(만다린 갤러리 3층) 월~토요일 11:00~21:00, 일요일·공휴일 12:00~20:00 +65 6836 7667 #03-14, Mandarin Gallery, 333A Orchard Rd. www.ambushstore.com

멋을 아는 남자의 스타일

앰부시 ambush

럭셔리 브랜드의 세컨드 브랜드들이 많이 입점해 있는 고급 쇼핑몰 만다린 갤러리. 만다린 갤러리 3층에 위치한 앰부시는 멋쟁이 남성들을 위한 남성패션 편집숍이다. 화려한 시계부터 유니크한 운동화, 톡톡하고 좋은 재질의 면바지, 감각적인 배색이 돋보이는 티셔츠까지 세미 정장과 고급 스트리트 패션을 두루 커버하는 버라이어티한 라인업을 갖췄다. 깔끔하고 댄디한 코디를 좋아하는 남성들에게 추천. 비슷한 느낌의 여성복을 찾는다면 2층 21호에 위치한 앰부시 투(ambush 02)로 향하면 된다.

아기자기한 커플 아이템
케이폭 툴스
kapok TOOLS

홍콩 완차이의 인기 라이프스타일 스토어 케이폭(kapok)이 싱가포르에 낸 멀티레이블 편집숍. 탕스(TANGS) 4층에 위치하고 있는 케이폭 툴스에서는 클래식하면서도 세련된 제품들을 '한정판'으로 만날 수 있어 더욱 매력적이다. 작은 공간에 클러치, 슈즈, 티셔츠, 의류, 가방, 노트북 파우치, 몰스킨 다이어리, 액세서리 류 등을 소량으로 알차게 들여놓았다. 꼼꼼하게 구석구석을 훑어보면 보물을 찾을 수 있다.

Map 대형❷-A1 MRT NS22 오차드(Orchard) 역 A출구(탕스 4층) 10:00~22:00 +65 6737 5500 #4, Tangs Orchard, 310 Orchard Rd. www.kapok.com

산뜻한 색상의 신발 SGD89

싱가포르 최대 규모의 서점

Map 대형❶-B1/대형❷-A1 MRT NS22 오차드(Orchard) 역 D출구에서 도보 약 3분(니안시티 내 타카시마야 백화점 3층, 루이비통 쪽 건물) 일~금요일 10:00~21:30, 토·일요일 10:00~22:00 +65 6737 5021 #03-09/10/15, Takashimaya Shopping Centre, Ngee Ann City, 391 Orchard Rd. www.kinokuniya.com.sg

책의 바다에 빠지다
키노쿠니야
Kinokuniya

낯선 여행지의 서점에 가보는 것은 다양한 문화를 쉽게 접할 수 있는 좋은 방법이다. 니안시티에 위치한 대형 서점 키노쿠니야는 무려 50만권에 달하는 책을 보유해 웬만한 도서관 뺨치는 수준이다. 싱가포르의 다인종 다문화를 증명하듯 영어는 물론 중국어, 일본어, 프랑스어, 독일어로 출판된 책들이 가득하다. 누구나 쉽게 볼 수 있는 사진집이나 잡지, 싱가포르 로컬 음식 레시피가 있는 요리책 코너에도 눈길이 간다. 각종 DVD와 엽서도 판매하며 문구점도 입점해 있다.

오차드 로드에선 쇼핑도 식후경!

맛있는 쇼핑의 기술 중 명심할 것 하나. 방대한 오차드 로드를 활보하며 쇼핑을 즐기려면 두둑한 밥심이 필요할지니, 오차드 로드 탐험을 더 즐겁게 만들어주는 맛있는 밥 먹기 기술을 소개한다.

1 고르는 즐거움이 있는 푸드코트

푸드코트에서는 기본 이상의 맛을 자랑하는 다채로운 메뉴를 합리적인 가격으로 즐길 수 있다 쇼핑의 기술 첫 번째, 푸드코트 활용하기.

Map 대형❷-A1 MRT NS22 오차드(Orchard) 역 A출구, 럭키 프라자의 맥도날드 안쪽 09:30~21:30 돌솥 치킨라이스 SGD5.9 #B1-38, Asian Food Mall, Lucky Plaza, 304 Orchard Rd.

클레이팟 라이스 · 수프 Claypot Rice · Soup

상당한 내공을 품고 있는 음식점. 돌솥 치킨라이스(Claypot Chicken Rice)가 인기 메뉴다. 밥 위에 치킨을 얹어 내오는 담백한 하이난식 치킨라이스와 달리 돌솥 치킨라이스는 양념된 밥과 치킨이 뜨거운 돌솥에 담겨 나온다. 짜지 않고 약간 달달한 양념과 돌솥밥 특유의 고소한 맛이 조화를 이루는데 바삭하게 눌러붙은 밥은 나눠먹기 아까울 정도로 맛있다. 일찍 가면 준비가 안 되어서 못 먹고 늦게 가면 다 팔려서 못 먹으니, 12시쯤에 맞춰 가는 것이 좋을 듯. 럭키 프라자의 푸드코트인 아시안 푸드몰(Asian Food Mall)에 있다.

푸드 리퍼블릭 Food Republic@Wisma Atria

싱가포르에는 수많은 푸드 리퍼블릭이 있지만 현지인들에게는 위스마 아트리아 지점이 가장 인기가 좋다. 그리고 주객이 전도된 것 같지만 푸드 리퍼블릭은 위스마 아트리아가 사랑받는 이유 중 하나다. 푸드 리퍼블릭은 1960년대에서 영감을 받은 고풍스러운 인테리어와 쾌적한 공간이 확보된 곳이라서 더욱 만족스럽다. 그 중에서도 후앗 후앗 비비큐 치킨 윙스(Huat Huat BBQ Chicken Wings)는 치킨 윙과 캐롯 케이크 전문점. 캐롯 케이크는 블랙과 화이트 두 종류인데 간장을 첨가한 블랙 캐롯 케이크는 단맛이 강하고 화이트는 짭쪼롬한 맛이 강하다. 불에 직접 구운 치킨 윙은 불맛이 살아있어 은근히 중독성이 있다. 바로 왼쪽에 있는 타이 홍 프라이드 호키엔 미(Thye Hong Fried Hokkien Mee)는 1970년 문을 연 유명 호키엔 미 전문점의 분점으로, 촉촉하고 부드러운 호키엔 미는 물론 신선한 굴을 계란과 함께 구워주는 오이스터 오믈렛도 별미다.

Map 대형❶-A1/대형❷-A1 MRT NS22 오차드(Orchard) 역 D출구, 위스마 아트리아 4층 월~목·일요일 10:00~22:00, 금·토요일·공휴일 전날 10:00~23:00 1인당 예산을 SGD6~7로 잡으면 충분하다 +65 6737 9881 #04, Wisma Atria, 435 Orchard Rd. foodrepublic.com.sg

② 카페에서 쇼핑 게이지 충전하기

전투적으로 쇼핑만 하다가는 금방 나가떨어지기 십상. 쇼핑을 제대로 즐기려면 중간 휴식을 게을리하지 말지어다.

생강 인삼 티(Ginger Ginseng Tea) SGD12

아티스티크 Arteastiq Boutique Tea House

'예쁜 카페'라는 수식어가 잘 어울리는 만다린 갤러리 4층의 티 라운지. 커다란 창문 너머로 오차드 로드의 싱그러운 가로수가 드리워져 있는 상쾌한 분위기에 페라나칸 스타일의 타일과 파스텔톤의 포근한 의자, 우아한 샹들리에 등이 감각적으로 어우러진 사랑스러운 공간이다. 추천 메뉴는 애프터눈 티와 8종의 과일 차, 5종의 꽃 차, 9종의 알코올 차 등 시그니처 티 메뉴. 예쁜 다기에 차려져 나와 더욱 기분이 좋다. 디저트는 물론 스테이크 등 식사도 가능하다.

Map 대형❶-B1/대형❷-A1 MRT NS22 오차드(Orchard) 역 D출구에서 도보 약 10분, 만다린 갤러리 4층 11:00~22:00 애프터눈 티 2인 SGD48++, 음료 SGD9++부터, 파니니 14.9++부터, 조식 15.8++부터 +65 6235 8370 #04-14/15, Mandarin Gallery, 333 Orchard Rd. www.arteastiq.com

아메리칸 컨트리 브렉퍼스트 SGD22

딘 & 델루카 Dean & Deluca

오차드 로드에서 뉴욕스타일 브런치를 즐겨보자. 딘 & 델루카는 1977년 뉴욕 소호에서 시작한 세계적인 식료품 매장 겸 카페로, 블랙 & 화이트로 시크하게 디자인된 매장에서 다양한 베이커리와 신선한 샌드위치, 샐러드, 커피, 주스 등을 즐길 수 있다. 딘 & 델루카는 올 데이 브렉퍼스트로도 유명하다. 메뉴 중에서 아메리칸 컨트리 브렉퍼스트(American Country Breakfast)는 구운 베이컨, 쫄깃하고 통통한 소시지, 곡물빵 등으로 푸짐하게 구성되며, 팬케이크 4개를 쌓아 올린 아름다운 비주얼의 베리 앤 플랩 잭스(Berries and Flap Jacks)도 인기 메뉴다. 카페 옆 식료품 매장은 딘 & 델루카 자체제작상품으로 빼곡해 통째로 사 오고 싶을 정도다.

Map 대형❶-B1/대형❷-B1 MRT NS23 서머셋(Somerset) 역 B출구에서 약 50m, 오차드 센트럴 4층 11:00~22:00 베리 앤 플랩 잭스 SGD18, 오늘의 파스타 SGD13.5, 샐러드 류 SGD18.5부터, 샌드위치 류 SGD18부터, 아이스 아메리카노(S) SGD5.5 +65 6509 7708 #04-23/24, Orchard Central, 181 Orchard Rd. www.deandeluca.com.sg

자체제작 식료품도 인기

소문난 그 곳을 탐하다

입소문이 난 곳에는 이유가 있다. 소문난 식당에서 전통과 명성 그대로의 맛을 느낄 때의 뿌듯함이란. 블로거들과 현지인 사이에 소문난 오차드의 인기 레스토랑을 소개한다.

다양한 인도 요리도 있다

고품격 로컬 음식이 유혹한다

식탐 여행가를 유혹하는 고품격 로컬 푸드 뷔페

스트레이츠 키친 Straits Kitchen

싱가포르의 수많은 호커푸드를 한자리에서 맛보고 싶다면, 오차드 로드 그랜드 하얏트 호텔 1층의 뷔페 레스토랑 스트레이트 키친을 선택하자. 우드톤으로 고급스럽게 꾸며진 공간에서는 락사, 사테, 로작, 나시 고렝, 하이난식 치킨라이스 등 싱가포르 로컬푸드와 말레이식, 중국식, 인도식 요리의 향연이 펼쳐진다. 우리의 팥빙수와 비슷한 싱가포르의 빙수 아이스 까창 등 디저트도 다양하다. 여행자는 물론이고 블로거들 사이에서도 입소문이 난 곳이니 퀄리티는 검증 완료! 모든 요리는 전문 셰프가 즉석에서 조리해 더욱 신선하고 맛있다. 디너에는 칠리크랩 등 런치에는 없는 특별 메뉴들도 추가로 선보인다.

Map 대형❷-A1 MRT NS22 오차드(Orchard) 역 A출구에서 약 100m 월~금요일 12:00~14:30, 토·일요일·공휴일 12:30~15:00)/18:00~22:30 런치 뷔페 SGD45++, 7~12세 SGD25++/디너 뷔페 SGD55++, 7~12세 SGD30++ +65 6738 1234 Lobby Level, Grand Hyatt Singapore, 10 Scotts Rd. www.singapore.grand.hyattrestaurants.com

치킨라이스 SGD27++

엄지손가락을 치켜들게 하는 랍스터 락사 SGD36

치킨라이스의 명가

채터박스 Chatterbox

1971년 오픈한 이래 40년이 넘는 전통을 자랑하는 메리터스 만다린 호텔의 올 데이 다이닝 레스토랑. 호텔 식당 최초로 로컬 푸드를 선보인만큼 로컬 푸드에 대한 노하우와 자부심이 대단한 곳이다. 만다린 치킨라이스는 하이난식 치킨라이스를 다른 식당과는 차별화된 조리법과 고급 식재료를 적용한 채터박스의 대표 메뉴. 고유의 향신료로 풍미를 더한 닭가슴살, 판단나무 잎과 닭육수로 지은 밥, 칠리, 생강, 간장 세가지 소스와 닭고기 수프가 함께 제공된다. 만다린 치킨라이스 외에도 호키엔 미, 나시 고렝, 바쿠테, 랍스터 락사 등 로컬 푸드를 고급스러운 분위기에서 맛볼 수 있다.

Map 대형❶-B1/대형❷-A1 MRT NS22 오차드(Orchard) 역 D출구에서 도보 약 5분(만다린 갤러리 옆) 일~목요일 11:00~01:00, 금·토요일·공휴일 전날 11:00~02:00 만다린 치킨 라이스 SGD27++ +65 6831 6288 Level 5, Mandarin Gallery, 333 Orchard Rd. www.chatterbox.com.sg

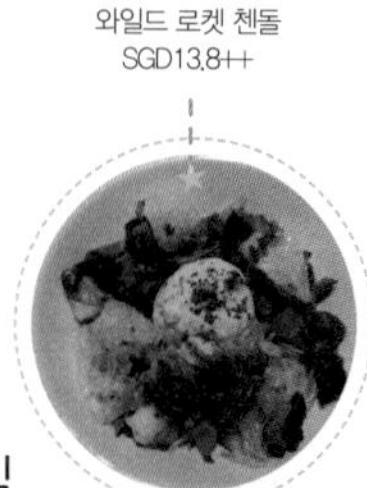

와일드 로켓 첸돌
SGD13.8++

김 가루를 곁들인
새우 파스타 SGD31++

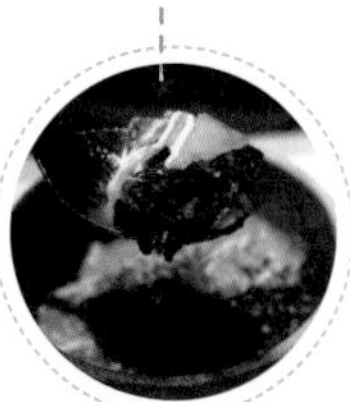

디너 코스에 포함되는
메추라기 고기를 얹은
블랙 라이스 SGD37++

현대적으로 재해석한 싱가포르 음식

와일드 로켓 Wild Rocket

변호사 출신의 오너 셰프 윌린 로우(Willin Low)가 '모드 신(Mod Sin)'이라 명명한 모던 싱가포르 퀴진을 선보이는 퓨전 레스토랑. 에밀리 산(Mount Emily) 인근의 작은 호텔에 둥지를 틀고 있지만 레스토랑의 퀄리티는 특급 호텔 수준이다. 싱가포르 로컬 푸드에서 영감을 받은 음식에 유럽 요리법을 더한 퓨전 요리를 제공해. 〈뉴욕 타임즈〉를 비롯한 다수의 매체에 소개됐다. 파스타로는 김 가루를 곁들인 새우 파스타(Nori tsukudani Spaghettini with Arabian White Prawn), 디저트로는 와일드 로켓 첸돌(Wild Rocket Chendol)이 유명하다.

Map 대형❶-C1/대형❷-B1 MRT NS24/NE6/CC1 도비갓(Dhoby Ghaut) 역 F출구에서 도보 약 20분 ⊙ 화~토요일 12:00~15:00, 18:30~23:00, 일요일 브런치 11:30~15:00, 18:30~22:30(월요일 휴무) Ⓢ 전채요리 SGD16.5부터, 파스타 SGD26부터, 메인 요리 SGD35부터, 2코스 런치 세트 SGD27++, 3코스 런치 세트 SGD32++, 4코스 디너 세트 SGD65.8++ ☎ +65 6339 9448 ⌂ Lobby Level, Hangout Hotel, 10A Upper Wilkie Rd. ✉ www.wildrocket.com.sg

3 리틀 피그와
송로버섯 감자 튀김
SGD26++

미슐랭 3스타 셰프의 버거집

& 메이드 & MADE

프랑스 출신이지만 도쿄에서 미슐랭 3스타를 획득한 셰프 브루노 머나드(Bruno Mernard)가 운영하는 레스토랑. 합리적인 가격으로 미슐랭 스타 셰프의 독창적인 메뉴를 경험할 수 있는 매력적인 곳이다. 블랙 & 화이트, 모자이크, 스트라이프를 콘셉트로 디자인한 감각적인 공간에서 다양한 메뉴를 선보인다. 그의 레시피는 일본 음식과 퓨전을 이루는데 패티는 물론 케첩과 버거의 빵까지도 직접 만들어 더욱 맛있다. 추천 메뉴는 돼지고기의 3가지 부위에 일본식 요리법 및 재료와 함께 마요네즈, 가지, 피클 등을 넣은 일본식 버거인 3 리틀 피그(3 Little Pigs), 푸아그라와 소고기가 어우러진 로시니(The Rossini) 그리고 초콜릿, 카라멜, 베리 등 토핑을 푸짐하게 얹어주는 아이스크림 선대(Sundae). 5종의 패티, 11종의 소스, 4종의 치즈, 10종의 토핑 중에서 선택해 만들어 먹는 크래프트 잇 유어셀프(Craft It Yourself) 버거도 독특하다.

초콜릿 셰이크
SGD9++

다크 초콜릿 선대
SGD12++

라씨, 라즈베리 &
장미 셰이크 SGD9++

Map 대형❷-A1 MRT NS22 오차드(Orchard) 역 A출구, 쇼 하우스(Shaw House)와 DFS 갤러리아 사이에 위치 ⊙ 08:00~22:00 Ⓢ 로시니 SGD28++, 아이스크림 선대 SGD12++ ☎ +65 6690 7566 ⌂ #01-04/05/06, Pacific Plaza, 9 Scotts Rd. ✉ and made.sg

오차드 로드에서 즐기는 세계의 맛

싱가포르는 다양한 요리의 향연이 펼쳐지는 미식의 도시. 쟁쟁한 맛집들이 구석구석에 들어선 오차드 로드에서는 전 세계 음식을 찾아 맛 기행을 떠나기 좋다.

타후 텔러
SGD9+

켈라파 이칸 이스티메와
SGD25+부터

인도네시아 가정식, 한국인 입맛에 딱

탐부아 마스 Tambuah Mas

파라곤 지하 1층에는 수많은 레스토랑이 있다. 조금 특별한 음식을 맛보고 싶거나 말레이시아와 인도네시아 음식에 흥미가 있다면 탐부아 마스를 선택해보자. 탐부아 마스는 1981년 문을 연 인도네시아 가정식 레스토랑으로, 음식의 분류 자체는 우리에게 생소하지만 맛은 그다지 낯설지 않다. 수마트라, 자바 등 매운 요리를 즐기는 지역의 요리가 주를 이뤄 한국인의 입맛에도 잘 맞기 때문. 두부와 달걀 등을 튀겨 새콤달콤한 소스를 곁들여 먹는 타후 텔러(Tahu Telor), 매콤새콤한 생선 머리 요리 켈라파 이칸 이스티메와(Kelapa Ikan Istimewa)가 가장 유명한 음식이다.

Map 대형②-A1 MRT NS22 오차드(Orchard) 역 A출구로 나가 직진 도보 약 10분. 파라곤 지하 1층 ⏲ 11:00~22:00 ☎ +65 6733 2220 ⌂ #B1-44, Paragon, 290 Orchard Rd. ✉ tambuahmas.com.sg

---

크로크 마담
SGD18.9

파리지앵처럼 즐기는 아침

폴 PAUL

120여 년 전통을 자랑하는 프랑스의 베이커리 체인점 폴이 운영하는 프렌치 베이커리 레스토랑. 겉은 바삭하고 속은 부드러운 식빵에 햄과 치즈를 넣은 크로크 무슈(Croque Monsieur), 위에 달걀 프라이를 얹은 크로크 마담(Croque Madame)은 한 끼 식사로도 든든하다. 크로와상, 초콜릿빵, 브리오슈, 막대빵 1/3과 잼, 버터를 제공하는 파티셰의 바스켓(Patissier's Basket)를 선택하면 대표적인 빵을 한번에 모두 맛볼 수 있다. 갓 구운 빵, 일반 마카롱 2~3배 크기의 커다란 마카롱 등이 가득해 '빵순이'들을 설레게 한다. 늦은 오후에도 만석이기 일쑤인 데다가 테이블 간격이 비좁아 다소 정신이 없는 환경이라는 것은 단점.

Map 대형①-B1/대형②-A1 MRT NS22 오차드(Orchard) 역 D출구로 나와 도보 약 3분(니안시티 내 타카시마야 백화점 3층. 루이비통 쪽 건물로 올라가면 된다) ⏲ 일~목요일 08:30~22:00, 금·토요일 08:30~23:00/아침식사는 월~금요일 10:00~11:30, 토·일요일·공휴일 09:00~11:30 $ 크로크 무슈 SGD17.9, 파티셰의 바스켓 SGD9.9, 크로와상 SGD2.4 ☎ +65 6836 5932 ⌂ #03-16/17, Ngee Ann City, 391 Orchard Rd.

색감도 아름다운 타르트
SGD6부터

이탈리아가 여기에!

돌체토 바이 바실리코 Dolcetto by Basilico

리젠트 싱가포르(241p) 1층에 위치한 이탈리안 디저트 카페. 정통 이탈리안 뷔페로 명성이 높은 바실리코(Basilico)에서 운영한다. 이곳이 특별한 이유는 프리미엄 커피, 신선한 빵, 케이크, 파니니, T.V.B 스무디, 소다, 와인, 올리브 오일 등 대부분의 메뉴를 이탈리아에서 공수해 오거나 이탈리아산 식재료를 이용하기 때문. 돌체토 바이 바실리코의 하이라이트는 16 종류의 이탈리안 브레드인데, 다른 곳에서 쉽게 볼 수 없는 오징어 먹물빵을 추천한다. 검정색의 오징어 먹물 마카롱(Squid Ink Macaron) 역시 색은 예쁘지 않지만 달콤하고 부드럽다.

Map 대형❷-A1 MRT NS22 오차드(Orchard) 역 E출구에서 도보 약 15분 08:00~21:00 오징어 먹물빵 SGD9, 오징어 먹물 마카롱 SGD2.25, 카푸치노 SGD5.5 +65 6720 8000 Regent Singapore, 1 Cuscaden Rd. www.regenthotels.com/EN/Singapore

복고풍 패키지가 시선을 끄는 이탈리아 소다수 마카리오(Macario) SGD6

정갈한 품격이 느껴지는 지앙난춘

고품격 광둥 요리

지앙난춘 Jiang-Nan Chun

정통 광둥식 요리로 명성이 높은 포시즌스 호텔의 시그니처 레스토랑이다. 봄날의 양쯔강 남쪽(江南春)이라는 가게 이름처럼 실내는 중국의 전통 요소를 반영해 화려하다. 지앙난춘은 전복과 해산물, 베이징 덕, 각종 바비큐 요리, 수프 등 다채로운 정통 광둥 메뉴를 제공하는데 가볍게 맛보고 싶다면 20여 종의 딤섬과 함께 런치를 즐기는 게 좋다. 꼭 맛봐야 할 것은 전복을 곁들인 딤섬. 쫄깃하고 짭쪼롬한 맛이 일품이다. 수프, 죽, 딤섬, 볶음밥과 국수, 각종 고기 요리, 해산물, 디저트, 주스와 와인을 구성한 오리엔탈 위크엔드 브런치(Oriental Weekend Brunch)도 인기다.

Map 대형❷-A1 MRT NS22 오차드(Orchard) 역 B출구로 나와 오차드 블루바드(Orchard Boulevard)를 따라 도보 약 7분(포시즌스 호텔 싱가포르 2층) 11:30~14:30, 18:00~22:30 딤섬 1개당 SGD2~12, 우롱차 SGD5 +65 6831 7220 2F Four Seasons Hotel Singapore, 190 Orchard Boulevard www.fourseasons.com/singapore

주말엔 오리엔탈 위크엔드 브런치(1인 SGD68)를 이용해 보세요~

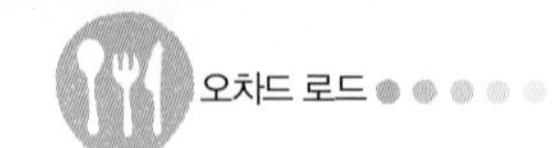

유쾌한 밤의 유혹

밤이 되면 오차드 로드의 두 번째 하루가 시작된다. 여행자와 현지인 모두가 모여드는 밤의 놀이터로 변신하는 것. 오차드 로드 곳곳의 시끌벅적한 펍과 에메랄드힐의 운치 있는 바에서 흥겨운 시간을 보내 보자.

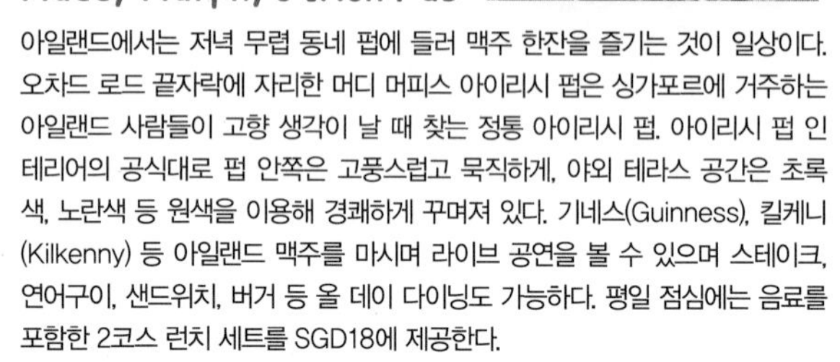

기네스와 함께하는 유쾌한 밤
머디 머피스 아이리시 펍
Muddy Murphy's Irish Pub

아일랜드에서는 저녁 무렵 동네 펍에 들러 맥주 한잔을 즐기는 것이 일상이다. 오차드 로드 끝자락에 자리한 머디 머피스 아이리시 펍은 싱가포르에 거주하는 아일랜드 사람들이 고향 생각이 날 때 찾는 정통 아이리시 펍. 아이리시 펍 인테리어의 공식대로 펍 안쪽은 고풍스럽고 묵직하게, 야외 테라스 공간은 초록색, 노란색 등 원색을 이용해 경쾌하게 꾸며져 있다. 기네스(Guinness), 킬케니(Kilkenny) 등 아일랜드 맥주를 마시며 라이브 공연을 볼 수 있으며 스테이크, 연어구이, 샌드위치, 버거 등 올 데이 다이닝도 가능하다. 평일 점심에는 음료를 포함한 2코스 런치 세트를 SGD18에 제공한다.

Map 대형❷-A1 MRT NS22 오차드(Orchard) 역 A출구에서 도보 약 10분(오차드 호텔 지하 1층) 일~목요일 11:00~01:00, 금·토요일 11:00~02:00/공연 월요일 20:00~22:30, 금요일 21:30~01:15, 토요일 22:00~01:30, 일요일 16:30~20:00 페퍼스테이크(Pepper Steak With Fries) SGD26, 생맥주 SGD12부터 +65 6735 0400 442 Orchard Rd. muddymurphys.com

싱가포르 직장인들의 아지트
아이스 콜드 비어
Ice-Cold Beer

에메랄드힐에 위치한 아이스 콜드 비어는 1910년에 지어진 숍하우스를 개조한 펍이다. 싱가포르 직장인들이 퇴근 후 즐겨 찾는 곳으로 특별 제작한 얼음 탱크를 통해 이름 그대로 '얼음처럼 차가운 맥주'를 제공해 매일 밤 수많은 단골로 북적인다. 오차드 로드에서 쇼핑을 즐긴 후, 야자수가 드리워진 야외 테라스에 앉아 시원한 맥주를 마시기에 적당하다. 출출하다면 가게 이름을 붙인 아이스 콜드 비어 피자(Ice-Cold Beer Pizza), 치킨 윙, 9인치 핫도그를 선택해보자.

Map 대형❶-B1/대형❷-B1 앨리 바(159p)에서 안쪽으로 약 100m 올라가면 왼편에 위치 17:00~ 02:00, 금·토요일 17:00~03:00까지 아이스 콜드 비어 피자 SGD20, 치킨윙 SGD12부터, 9인치 핫도그 SGD8, 병맥주 SGD13부터, 생맥주 SGD6부터 +65 6735 9929 9 Emerald Hill Rd. www.emeraldhillgroup.com

페라나칸 하우스에서 달콤쌉싸래한 휴식을

앨리 바 Alley Bar

한바탕 쇼핑을 마쳤다면 복잡한 오차드 로드에서 한 발자국만 벗어나보자. 앨리 바는 에메랄드힐의 다이닝 스폿 페라나칸 플레이스에 위치한 바. 건물 외관은 전통적인 숍하우스이지만 실내 인테리어는 블랙 톤의 모던한 느낌이라 더욱 이색적인 도심 속 오아시스다. 앨리 바는 15m 길이의 기다란 바와 천장에 매달린 황금빛 조명, 커다란 거울이 몽환적인 분위기를 연출하는 공간으로, 새콤한 과일 마르가리타 또는 시원한 생맥주와 함께 여유롭게 밤을 마무리하기에 좋다. 달콤한 칵테일을 원한다면 슈웨이(Shu Wei), 보드카와 진, 포도, 청사과 주스로 만든 아수카사(Asukasa)를 추천한다.

Map 대형❶-B1/대형❷-B1 MRT NS23 서머셋(Somerset) 역 B출구에서 길을 건너 오차드 게이트웨이(Orchard Gateway) 방향으로 약 100m, 비첸향 왼쪽 통로로 진입 17:00~02:00, 금·토요일 17:00~03:00 슈웨이, 아수카사 등 스페셜 칵테일 SGD18, 목테일 SGD12, 사테 SGD12 +65 6738 8818 Peranakan Place, 180 Orchard Rd. www.peranakanplace.com/alleybar.html

흥겨운 로큰롤 파티!

하드록 카페 Hard Rock Cafe

1971년 영국에서 시작된 레스토랑 겸 바. 로큰롤(Rock'n Roll)을 테마로 하는 각종 앨범과 수집품들이 전시돼 있어 음악 애호가들이 좋아하는 복합문화공간으로, 한 도시에 하나의 카페만 여는 것을 원칙으로 한다. 하드록 카페는 특히 서양 여행자들이 모여드는 곳으로 낮에 방문해 미국 음식을 맛보거나 밤에 들러 라이브 연주와 함께 술잔을 기울이기 좋다. 하드록 카페를 즐긴 후에는 기념품을 판매하는 록숍(Rock Shop)도 빼놓지 말자. 인기 메뉴는 시그니처 칵테일인 프루타파루자(Fruitapalooza)이며 피나콜라다(Pina Colada)도 무난하다.

Map 대형❷-A1 MRT NS22 오차드(Orchard) 역 E출구와 연결된 휠록 플레이스(Wheelock Place)를 통해 1층으로 나가서 정문을 등지고 왼쪽 방향으로 직진, 쿠스카든 로드(Cuscaden Rd.)가 나오면 좌회전 후 50m 화~목·일요일 11:00~01:00, 금~토·월요일 11:00~15:00 칵테일 SGD14++부터, 맥주 SGD10++부터, 버거류 SGD10++부터 +65 6235 5232 50 Cuscaden Rd. www.hardrock.com

Special Page

여유 한 모금, 뎀시힐 나들이

뎀시힐(Dempsey Hill)은 싱가포르 사람들이 사랑하는 다이닝 스폿. 1980년대 후반까지 영국군 부대의 막사로 쓰이던 곳을 개조한 고급 라이프 스타일 목적지로 레스토랑, 카페, 갤러리 등이 모여 있다. 휴식이 필요할 때, 게으른 발걸음으로 떠나는 뎀시힐 반나절 나들이.

추천 여행 방법

녹지가 많은 덕분에 울창한 열대우림 속 리조트에 온 듯한 기분을 느끼며 산책을 하기에 좋다. 오차드 로드, 보타닉 가든, 홀랜드 빌리지가 가까워 일정을 함께 구성하기를 추천. 오차드 로드에서 택시로 약 5분. 뎀시힐의 초입에서 PS.카페까지 도보 10분, PS.카페에서 화이트 래빗까지 3분, PS.카페에서 배럭스까지 5분.

www.dempseyhill.com

교통 정보

★MRT

NS22 오차드(Orchard) 역 B출구에 내려 큰 길 건너편의 오차드 블루바드(Orchard Boulevard) 버스정류장에서 7, 77, 106, 123, 174번 버스 탑승. 뎀시힐까지 약 10분 소요. 보타닉 가든 다다음 정류장이며 육교가 보이면 하차. 안내방송이 따로 없으니 버스기사에게 미리 말해두면 좋다. 정류장에서 내려 육교 방향으로 걸어가면 왼쪽에 뎀시힐 입구가 있다.

★택시

배차 간격이 애매하므로 택시를 타는 것이 낫다. 오차드 로드에서 택시로 약 5분. 콜택시 번호는 +65 6342 5222

★셔틀버스

무료 셔틀버스가 뎀시힐 블럭 8D(BIK 8D) 인근 버스정류장에서 오차드 로드까지 운행된다. 09:00~21:00에 30분 간격으로 출발하며, 10:30~12:00·16:00~17:30은 휴식 시간이다.

PM 1:00 느지막이 점심 먹기

보는 재미도 있는 크레페 수제트 SGD18++

기품이 넘치는 실내 공간

부드러운 초콜릿 므왈레 (Chocolate Moelleux) SGD18++

화이트 래빗 The White Rabbit

화이트 래빗은 1965년 영국군을 위해 지어진 교회를 개조해서 만든 레스토랑. 막사 건물들이 모여있는 뎀시힐에서 걸어서 5분 정도에 위치한다. 가게 이름에서 알 수 있듯이 동화 〈이상한 나라의 앨리스〉 콘셉트로 꾸몄다. 카페 정원에는 토끼 구멍(Rabbit Hall)과 흔들의자, 오래된 케이블카가 놓여 있어 기념사진을 찍는 재미도 있다. 교회 특유의 높다란 천장과 스테인드글라스가 고상하면서 아늑한 분위기를 자아내는데 햇살이 포근하게 스며드는 낮에 방문하면 더욱 로맨틱한 분위기다.

화이트 래빗의 요리는 심플하지만 최상의 재료를 사용해 높은 퀄리티를 유지한다. 전채로는 시그니처 샐러드인 와규 카르파초(Wagyu Carpaccio), 메인은 알래스카 킹크랩으로 조리한 길고 가는 리본 파스타 탈리아텔레(Tagliatelle), 헝가리 토종돼지 만갈리차의 목살로 만들어 부드러운 만갈리차 돼지 목살 구이(Char-Grilled Mangalica Pork Collar) 등을 추천한다. 디저트는 크레페 수제트(Crepes Suzette)를 선택해보는 건 어떨까. 테이블 옆에서 직접 조리를 해줘 보는 재미까지 있다. 늦은 오후에 들러 카페 놀이를 해도 좋고, 토•일요일의 브런치도 훌륭한 선택이다.

Map 대형④-B1 뎀시힐 초입에서 도보 약 15분 화~금요일 12:00~14:30, 토~일요일 10:30~15:00, 화~일요일 18:30~22:30, 월요일 휴무 메인 요리 SGD36++부터, 글래스 와인 SGD16++부터, 디저트 SGD14부터, 음료 SGD6++부터 +65 6473 9965 39C Harding Rd. www.thewhiterabbit.com.sg

애피타이저+메인 요리+디저트 3코스로 구성된 런치 세트 SGD38++

오징어 먹물 빠에야 SGD30, 글래스 와인 SGD13부터

배럭스@하우스 Barracks@House

싱가포르의 스파 및 식음료 브랜드 스파 에스프리 그룹(Spa Esprit Group)이 2007년 문을 연 레스토랑. 뎀시힐의 싱그러운 숲 속에 둥지를 틀고 있는 배럭스 @하우스는 훌륭한 음식과 서비스는 물론 인테리어 디자인에도 심혈을 기울인 곳이다. 막사를 뜻하는 말인 배럭스(Barracks)에 걸맞게 초록색으로 칠한 영국군 막사 모양의 외관부터 매혹적이고 내부는 빈티지와 단순함의 미학을 살린 스칸디나비안 디자인이 아늑하게 어우러져 있다. 커다란 창문이 있는 창가 자리에 앉아 눈부신 햇살을 맞으며 런치, 디저트 등을 즐겨보자.

Map 대형④-B1 존스 더 그로서를 바라보고 왼쪽 뒤편, 초록색 건물 1층 런치 & 티 월~금요일 12:00~18:00/하이 티 목·금요일 15:00~17:30/디너 18:00~22:30/브런치 토요일 11:00~16:00, 일요일 09:00~04:00 애피타이저 SGD16부터, 메인 요리 SGD25부터, 음료 SGD5부터, 하이 티 1인 SGD25+ +65 6475 7787 8D Dempsey Rd. www.dempseyhouse.com

새미스 커리 Samy's Curry

'어두육미'라는 옛말이 진리! 인도와 말레이시아 등 아시아 지역 사람들은 생선 머리를 진미로 여겨 다양한 요리를 만들어 먹는다. 새미스 커리는 1980년대 후반부터 30년도 넘게 뎀시 로드를 지키고 있는 유서 깊은 남인도 요리 전문점이다. 이 집의 피시 헤드 커리(Fish Head Curry)를 맛보기 위해 싱가포르 현지인은 물론 여행자들도 즐겨찾는다. 신선한 도미 머리로 만든 이 요리는 매콤하고 칼칼한 매운탕과 흡사해 한국인의 입맛에 딱 맞는다. 스몰 사이즈의 피시 헤드 커리에 인도식 볶음밥 브리야니(Biryani) 또는 흰 쌀밥을 곁들여 먹으면 2명이 배불리 먹을 수 있는 양. 브리야니와 밥은 인도 전통방식으로 바나나 잎 위에 내어준다. 3명 이상이면 마살라 치킨(Masala Chicken), 또는 피시 커틀렛(Fish Cutlet)을 추가하면 된다.

Map 대형④-B1 뎀시 로드(Dempsey Rd.)로 진입해 왼쪽 첫번째 골목으로 좌회전 후 약 100m 11:30~15:00, 18:00~22:00, 화요일 휴무 마살라 치킨 1개 SGD4.7, 망고 라씨 SGD3.5 +65 6472 2080 25 Dempsey Rd. www.samyscurry.com

피시 헤드 커리(S) SGD18, 플레인 난 SGD2.2

PM 3:00 나른한 오후 달콤한 휴식

요리책도 판답니다~!

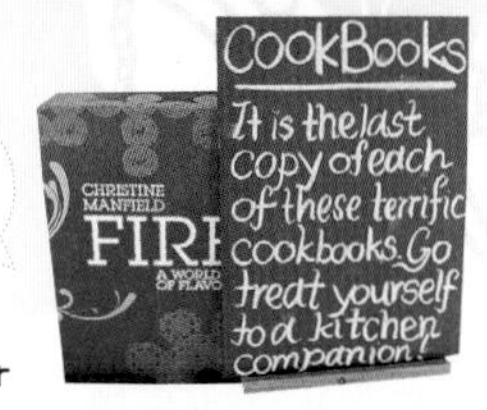

존스 더 그로서 jones the grocer

시드니의 고급 식료품점 존스 더 그로서의 첫 번째 아시아 매장. 밤낮 없이 테이블이 가득찰 만큼 뎀시힐에서 가장 핫한 곳이다. 존스 더 그로서는 유기농과 핸드메이드 제품만 취급하는 고급 식료품점이자 카페. 맛있기로 소문난 커피와 간단한 식사, 브런치도 판다. 높다란 천장과 화이트 톤의 공간이 화사하고 편안한데 네모 반듯하게 짠 나무 선반에 식료품과 쿠킹북 등을 정갈하게 장식한 벽면과 홀 가운데의 커다란 목재 테이블이 이곳의 포인트. 각종 식료품은 멋스러운 패키지로 구성해 구매욕을 자극한다. 아쉬운 부분은 테이블 간격이 좁고 종종 합석을 해야한다는 것. 존스 더 그로서는 뎀시힐에서의 폭발적인 인기로 만다린 갤러리 4층과 아이온 오차드 4층에도 지점을 냈다.

Map 대형④-B1 뎀시힐 초입에서 도보 약 10분 일~목요일 09:00~23:00, 금·토요일 09:00~24:00 애피타이저 SGD11.5부터, 메인 요리 25.5부터, 샌드위치 SGD13.5부터, 디저트 SGD10.5부터, 음료 SGD3부터 +65 6476 1512 #01-12, 9 Dempsey Rd. www.jonesthegrocer.com

얼티밋 퍼지 브라우니와 바닐라 아이스크림 SGD14.9

PS.카페 PS.Cafe

PS.카페는 싱가포르 현지인들과 서양 여행자들에게 폭풍적인 인기를 끌고 있는 카페 프랜차이즈로 차이나타운의 안시앙힐, 뎀시힐, 파라곤, 팔레 르네상스 등 핫하고 트렌디한 분위기의 지역에만 지점을 낸다. 그 중에서도 뎀시힐의 PS.카페는 울창한 열대나무와 잔디밭이 온통 초록빛을 그려내는 풍경 한가운데 있어 가장 로맨틱한 지점이다. 통유리 창문 너머로 펼쳐지는 초록의 향연을 감상하며 마시멜로가 들어간 초콜릿 케이크에 아이스크림이 곁들여 나오는 얼티밋 퍼지 브라우니(Ultimate Fudge Brownie with Vanilla Ice Cream), 진하고 달디단 더블 초콜릿 케이크(Double Chocolate Blackout Cake) 등 매일 달라지는 홈메이드 케이크와 함께 티 타임을 가져보자. 저녁시간이나 토·일요일에는 줄을 서기 일쑤인데, 예약은 불가. 직접 와서 기다려야 한다.

Map 대형④-B1 뎀시힐 초입에서 도보 약 10분 브런치 토·일요일·공휴일 09:30~18:30/런치&티 월~금요일 11:30~18:30/디너 월~목·일요일 18:30~24:00, 금·토요일 18:30~02:00 샐러드 SGD22부터, 메인 요리 SGD23부터, 디저트 SGD12부터, 음료 SGD5부터 +65 6479 3343 28B Harding Rd. www.pscafe.com

PM 5:00 뎀시힐 예술 문화 산책

레드씨 갤러리 REDSEA Gallery

2001년 문을 연 레드씨 갤러리는 싱그러운 나무에 둘러싸인 막사에 위치한 현대적인 갤러리라는 점부터 예술 애호가들의 마음을 두근거리게 하는 곳. 베트남, 인도네시아 등 동남아시아부터 호주, 미국, 유럽까지 전세계에서 활동하는 신흥 예술가들의 현대 회화와 조각을 전시한다. 레드씨 갤러리는 호주 브리즈번에도 지점이 있다.

Map 대형④-B1 존스 더 그로서 바로 왼쪽 09:30~21:00 +65 6732 6711 9 Dempsey Rd. www.redseagallery.com

러시아 화가 안나 베레조브스카야(Anna Berezovskaya)의 동화 같은 그림

전시는 주기적으로 교체된다

입구를 장식하는 커다란 청동 조각

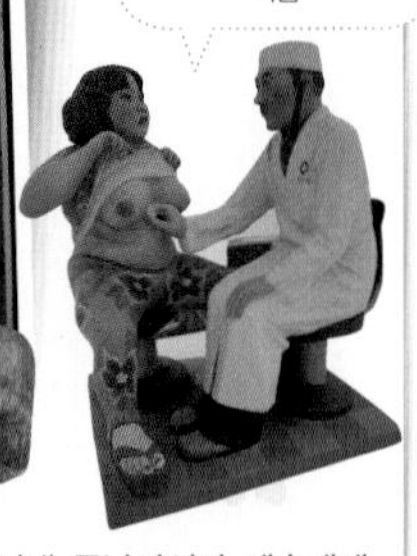

현실을 풍자하는 듯한 리잔양(Li Zhanyang)의 작품

린다 갤러리 Linda Gallery

1990년 인도네시아의 수도 자카르타에 설립된 이래 동남아시아 예술계에서 적극적인 활동을 펼쳐온 갤러리. 인도네시아, 싱가포르, 상하이, 베이징에 지점이 있다. 중국의 유명 조각가 카이지송(Cai Zhisong), 지앙슈오(Jiang Shuo)의 다채로운 현대 조각부터 회화까지 다양한 장르의 컨템포러리 아트를 아우른다.

Map 대형④-B1 뎀시힐 초입에서 도보 약 7분 11:00~19:00 +65 6476 2218 15 Dempsey Rd. www.lindagallery.com

익살맞은 조각이 손님을 맞이한다

MOCA@로웬 MOCA@Loewen

현대 미술 애호가들을 만족시킬 박물관이 뎀시힐 구석에 자리잡고 있다. PS.카페 인근 로웬 로드(Loewen Rd.)에 자리한 컨템포러리 아트 뮤지엄(Museum of Contemporary Arts)은 최고의 현대 예술을 대중들과 공유하자는 목표를 갖고 린다 갤러리가 개발한 곳이다. 그간의 라인업을 살펴보면 상하이 스타일의 아방가르드 회화를 선보이는 중국 아티스트 쉐송(Xue Song), 유명한 베이징의 현대 미술 작가 주웨이(Zhu Wei) 등 중국과 인도네시아의 현대 예술 작가들을 만날 수 있어 흥미롭다. 전시는 주기적으로 바뀌며 교체 중간에는 문을 열지 않을 수도 있으니 홈페이지에서 미리 확인해볼 것.

Map 대형④-B1 PS.카페에서 하딩 로드(Harding Rd.)를 따라 왼쪽으로 100m, 로웬 로드(Loewen Rd.)로 우회전해 20m 11:00~19:00 무료 +65 6479 6622 27A Loewen Rd. www.mocaloewen.sg

PM 8:00 맥주 기행

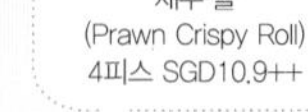

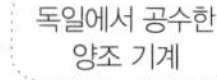

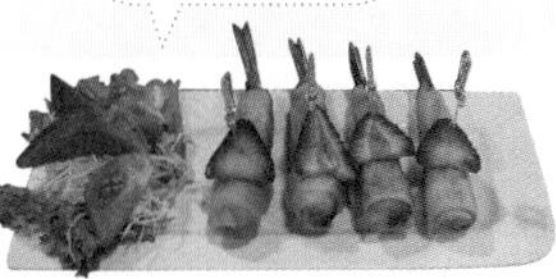

타완당 마이크로브루어리
Tawandang Microbrewery

태국 요리와 독일식 맥주! 상상만 해도 황홀한 조합을 제공하는 맥주집. 방콕의 유명 맥주하우스 타완당 저먼 브루어리(Tawandang German Brewery)의 싱가포르 지점이다. 옛 영국군 막사 특유의 높은 천장으로 이뤄진 실내 공간과 널찍한 야외 테라스가 있다. 매장 내에서 독일식으로 직접 양조한 황금빛 라거(Lager), 과일향이 첨가된 바이젠(Weizen), 흑맥주 둔켈(Dunkel) 3종류의 맥주와 함께 다양한 종류의 태국 요리와 해산물을 맛볼 수 있다. 밤에는 흥겨운 라이브 음악을 즐길 수 있다.

Map 대형❹-B1 덴시힐 초입에서 도보 약 5분 일~목요일 11:30~24:00, 금·토요일 11:30~01:00 라거·바이젠·둔켈 생맥주 500ml SGD15++, 칵테일 SGD15++, 스낵 SGD7부터, 튀김요리 SGD14부터, 수프&커리 SGD18부터, 칠리크랩 SGD48부터 +65 6476 6742 26 Dempsey Rd. www.tawandang.com

레드닷 브루하우스 RedDot Brewhouse

주인이 10년 간 연구해서 만들어낸 하우스 맥주를 즐길 수 있는 곳. 레드닷 브루하우스의 맥주는 인공 여과 과정을 거치지 않은 순수한 맛에 유산균과 각종 영양소가 그대로 살아 있어 더욱 특별하다. 초록 빛깔의 맥주인 몬스터 그린 라거(Monster Green Lager), 라임을 첨가해 톡톡 튀는 맛으로 갈증 해소에 최고인 레드닷 라임 밀맥주(RedDot Lime Wheat) 등 다른 데는 없는 특별한 맥주를 제공한다. 레드닷의 다양한 맥주를 경험하고 싶다면 몬스터 그린 라거를 포함해 6종의 맥주를 조금씩 맛볼 수 있는 샘플러 세트를 주문하자. 매주 목요일 밤 20:30, 금요일과 토요일 밤 21:30부터는 라이브 공연이 진행돼 로맨틱 지수를 더한다.

Map 대형❹-B1 뎀시 로드(Dempsey Rd.)로 진입해 왼쪽 첫 번째 골목으로 좌회전 약 50m 월~목요일 12:00~24:00, 금·토요일·공휴일 전날 12:00~02:00, 일요일 10:00~24:00 칵테일 SGD14부터, 애피타이저 SGD14부터, 피자 SGD17부터, 파스타 SGD18부터, 핑거푸드 SGD4부터 +65 6475 0500 #01-10, 25A Dempsey Rd. www.reddotbrewhouse.com.sg

Special Page

소소한 여행의 발견, 홀랜드 빌리지

홀랜드 빌리지(Holland Village)는 홀랜드 로드(Holland Rd.) 근처의 마을이라는 뜻으로, 이름과 달리 네덜란드와 특별한 상관은 없다. 서양인 취향의 노천 카페와 레스토랑이 곳곳에 많아 싱가포르의 작은 유럽이라고 불린다. 골목 여행을 좋아하는 여행자들에게는 예쁜 숍과 레스토랑을 발견하는 소소한 재미가 있는 곳이다.

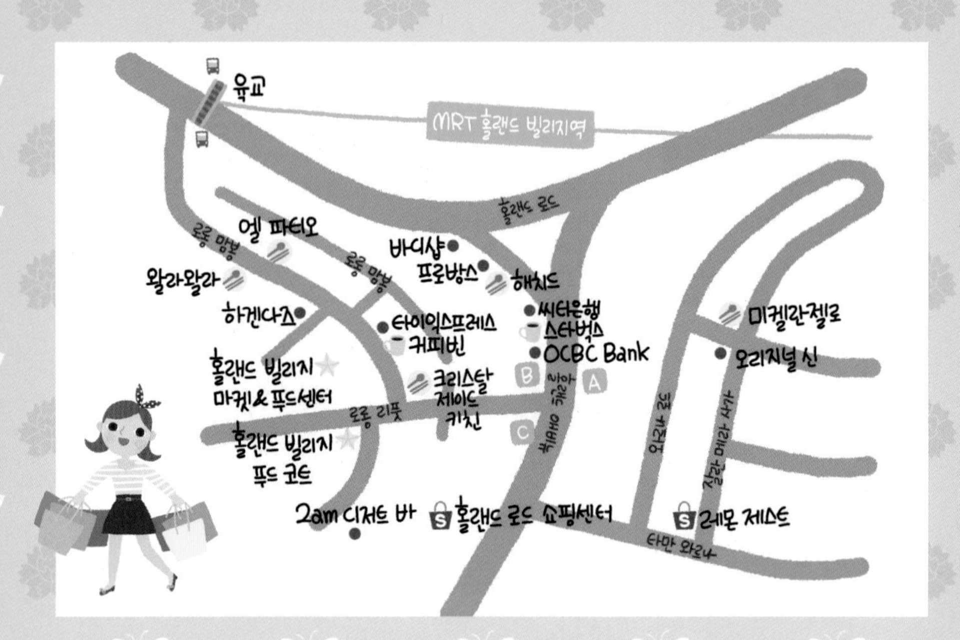

추천 여행 방법

관광 목적으로 갈 필요는 없다. 이곳만의 이국적인 분위기를 느끼려면 펍에 손님이 모여드는 저녁시간이나 토·일요일에 방문하는 것이 좋다. 어떤 이들은 '홀랜드 빌리지=왈라왈라(WALA WALA)'라 말하기도 한다. 홀랜드 빌리지에서 저녁을 먹고 왈라왈라에서 밤을 만끽하면 딱! 혹은 점심을 먹고 동네 쇼핑을 즐기면서 골목길 산책을 하는 것도 괜찮다. 분위기 좋은 식사 장소는 로롱 맘봉(Lorong Mambong)과 잘란 메라 사가(Jalan Merah Saga)에 밀집해 있다.

교통 정보

★MRT

CC21 홀랜드 빌리지(Holland Village) 역을 이용

NS22 오차드(Orchard) 역 B출구에 내려 큰 길 건너편의 오차드 블루바드(Orchard Boulevard) 버스정류장에서 7, 106번 버스 탑승하여 홀랜드 로드 쇼핑센터가 보이면 하차

★택시

오차드 로드에서 택시로 약 10분 소요

www.holland-village-singapore.com

여심을 홀리는 홀랜드 빌리지 쇼핑

홀랜드 빌리지는 다이닝이 중심이지만 의외로 알찬 쇼핑 스폿도 몇 개 있다. 특히 주거지역인 만큼 주부들을 타깃으로 하는 라이프스타일 스토어가 강세다.

레몬 제스트 Lemon Zest

홍콩에 본사를 둔 주방 & 생활용품 전문점. 화려한 색감의 주방용품과 스타일리시한 식기, 다양한 종류의 요리책을 갖춘 라이프스타일 스토어다. 천장에 매달린 주전자와 프라이팬, 오리엔탈 문양의 양념통과 테이블, 형형색색의 접시들 등 하나하나가 예쁘고 아름다워 몽땅 우리집 부엌으로 가져가고 싶을 정도. 부엌과 요리와 그릇에 관심 있는 사람이라면 꼭 한 번 들러볼 만하다.

Map 대형④-A1 MRT CC21 홀랜드 빌리지(Holland Village) 역 C출구, 홀랜드 로드 쇼핑센터 맞은편 타만 와르나(Taman Warna) 골목으로 들어가 잘란 메라 사가(Jalan Merah Saga)로 좌회전 월~목·일요일 10:00~21:00, 금·토요일 10:00~22:00 +65 6471 0566 43 Jalan Merah Saga www.lemonzestlife.com

주방을 깔끔하게 정돈해 줄 철제 케이스

아이 쇼핑에도 제격!

마그네틱 4개에 SGD10

머그컵 SGD6.9

중국 전통 문양의 보석함 SGD99

전통의상을 입은 목각인형 SGD5.9

림스 아트 앤 리빙 LIM's arts and living

홀랜드 로드 쇼핑센터는 의류, 독특한 인테리어 용품과 앤티크 소품, 아시아 미술품, 공예품 등 지역주민을 위한 상점이 들어서 있는 쇼핑 스폿이다. 홀랜드 로드 쇼핑센터 2층에 위치한 림스 아트 앤 리빙은 하나를 사더라도 퀄리티 있고 특별한 상품을 선호하는 여행자들에게 추천하는 숍. 아시아 미술품, 앤티크 소품, 각종 가정용품과 인테리어용품, 프랑스, 중국, 인도네시아 등지에서 공수한 가구 등 다채로운 상품이 눈을 휘둥그래지게 한다. 특히 싱가포르의 랜드마크를 참신하게 디자인한 동전지갑과 머그컵, 전통의상을 입은 목각인형 등 다른 곳에서는 볼 수 없는 고퀄리티의 기념품들이 눈에 띈다. 비보 시티와 시티 스퀘어 몰에도 지점이 있다.

Map 대형④-A1 MRT CC21 홀랜드 빌리지(Holland Village) 역 C출구, 홀랜드 로드 쇼핑센터 2층 09:30~20:30 +65 6467 1300 #02-01, Holland Road Shopping Centre, 211 Holland Ave. www.lims.com.sg

느긋하게 즐기는 홀랜드 빌리지의 맛

달콤한 한낮의 산책을 즐길까, 열정적인 밤문화를 경험할까, 그것이 문제로다. 일정에 따라 취향에 따라 방문해 홀랜드 빌리지만의 소박한 매력에 빠져보자.

해치드 Hatched

달걀 요리를 주로 하는 브런치 레스토랑. '부화하다'는 뜻의 가게 이름부터 귀엽다. 스크램블 에그, 에그 베네딕트, 오믈렛 등 다양한 달걀 요리와 커피, 티를 판매한다. 홀랜드 빌리지의 유명한 빵집 프로방스 왼쪽에 위치하고 있다. 병아리의 노란색을 콘셉트로 의자와 창문을 장식한 야외 좌석도 예쁘고, 키치한 벽화와 병아리 관련 소품들로 생기발랄하게 꾸며놓은 실내 공간도 귀엽다. 메뉴판 역시 캐릭터로 깜찍하게 디자인돼 있어 고르는 재미가 있다. 셰프의 추천 메뉴인 슬립오버 해치드 스페셜(Sleepover Hatched Special)은 달걀과 베이컨을 넣은 토스트 위에 그릴에 구운 바나나를 얹은 색다른 프렌치 토스트. 메이플 시럽을 뿌려 먹으면 달콤하면서도 짭쪼롬해 한 끼 식사로도 든든하다.

Map 대형④-A1 MRT CC21 홀랜드 빌리지(Holland Village) 역 B출구로 나와 OCBC은행이 있는 방향으로 우회전 09:00~23:00, 월요일 휴무 스크램블 에그 SGD15부터, 에그 베네딕트 SGD13부터, 오믈렛 SGD12부터 +65 6735 0012 267 Holland Ave. www.hatched.sg

미켈란젤로 Michelangelo's

1995년에 문을 연, 싱가포르에서 가장 오래된 이탈리안 레스토랑 중 하나다. 스파게티 볼로네제, 펜네 아라비아따, 까르보나라 등 일반적인 파스타는 물론 앱솔루트 보드카가 첨가되는 펜네 푸아그라(Penne Foie Gras) 등 창의적인 파스타를 맛볼 수 있는 곳이다. 미켈란젤로는 와인 전문 레스토랑이기도 하다. 가벼운 화이트와인, 유러피안 화이트와인, 포르투갈 & 스페인 레드와인 등 10개 카테고리의 와인을 합리적인 가격으로 맛볼 수 있다. 보도블럭에 설치된 야외 테이블도 운치 있고 벽면에 헐리우드 배우들의 흑백 사진이 걸려있는 실내 공간도 고급스러운 분위기다.

Map 대형④-A1 홀랜드 로드 쇼핑센터 맞은편 타만 와르나(Taman Warna) 골목으로 들어가 레몬 제스트(Lemon Zest)를 끼고 잘란 메라 사가(Jalan Merah Saga) 길로 좌회전해 약 3분 12:00~14:30, 18:00~22:30, 월요일 휴무 애피타이저 SGD18부터, 파스타 SGD23부터, 음료 SGD5부터, 스테이크 SGD34부터, 글래스 와인 SGD15부터 +65 6475 9069 #01-60, 44 Jalan Merah Saga michelangelos.com.sg

왈라왈라 WALA WALA

어떤 이들은 오직 왈라왈라에 가기 위해 홀랜드 빌리지를 찾곤 한다. 왈라왈라는 20여 년의 역사를 자랑하는 홀랜드 빌리지의 대표 카페 겸 바로 로롱 맘봉 거리의 끝에 자리한다. 1, 2층 실내 좌석은 물론 야외 테이블도 보유해 밤의 낭만을 즐기기에도 좋다. 왈라왈라는 피자, 파스타 등 음식 메뉴도 갖춰 친구끼리의 만남뿐 아니라 외식 장소로도 인기. 영국의 유명 맥주 테틀리스(Tetley's), 덴마크 왕실 공식 맥주 칼스버그(Carlsburg), 프랑스 알사스 지방 맥주 크로넨버그 1664(Kronenbourg 1664) 등 다채로운 프리미엄 생맥주를 마시면서 라이브 밴드의 공연을 만끽해보자. 20대 후반 이상의 연령층이 많이 찾는다.

Map 대형④-A1 MRT CC21 홀랜드 빌리지(Holland Village) 역 C출구로 나와 홀랜드 로드 쇼핑 센터를 끼고 로 리풋(Lor Liput) 골목으로 좌회전해 들어간 후 크리스탈 제이드 키친을 끼고 우회전해 도보 약 5분. 역에서부터 도보 5~7분 소요 월~목요일 16:00~01:00, 금요일 16:00~02:00, 토요일 15:00~02:00, 일요일 15:00~01:00 생맥주 SGD12부터, 스낵 SGD6부터, 피자 SGD16부터, 파스타 SGD13부터 +65 6462 4288 31 Lorong Mambong www.imaginings.com.sg

엘 파티오 El Patio

1985년 문을 연 멕시칸 레스토랑. 화려한 테이블보, 그래피티로 장식된 새빨간 벽이 남미의 열정을 듬뿍 느끼게 해주는 기분 좋은 공간이다. 타코, 퀘사디아 등 다양한 멕시코 요리를 SGD10~30로 제공해 어린아이를 동반한 가족여행자들에게도 인기. 이른 저녁 가볍게 알코올을 섭취하려면 엘 파티오가 자랑하는 마르가리타(Margarita)를 권한다. 마르가리타는 라임, 복숭아, 블루베리, 딸기, 망고 등 다양한 맛으로 즐길 수 있으며, 주문 시 기본안주로 나초를 준다. 야외 테이블도 있다.

Map 대형④-A1 MRT CC21 홀랜드 빌리지(Holland Village) 역 C출구에서 도보 약 5분 월요일 13:00~23:00, 화~금요일 12:00~23:00, 토·일요일 11:00~23:00 퀘사디아 SGD12부터, 나초 SGD11부터, 타코 SGD14부터, 데킬라 SGD8부터 +65 6468 1520 34 Lorong Mambong www.elpatio.com.sg

AREA 4

차이나타운 Chinatown

알록달록한 콜로니얼 양식의 건물들이 이국적인 분위기를 연출하는 싱가포르의 차이나타운. 재개발을 통해 깔끔하게 정비되었지만 중국인 거리 특유의 왁자하고 시끌벅적한 분위기와 문화는 여전할 뿐만 아니라 각종 볼거리도 풍성해 여행하는 재미를 더한다.

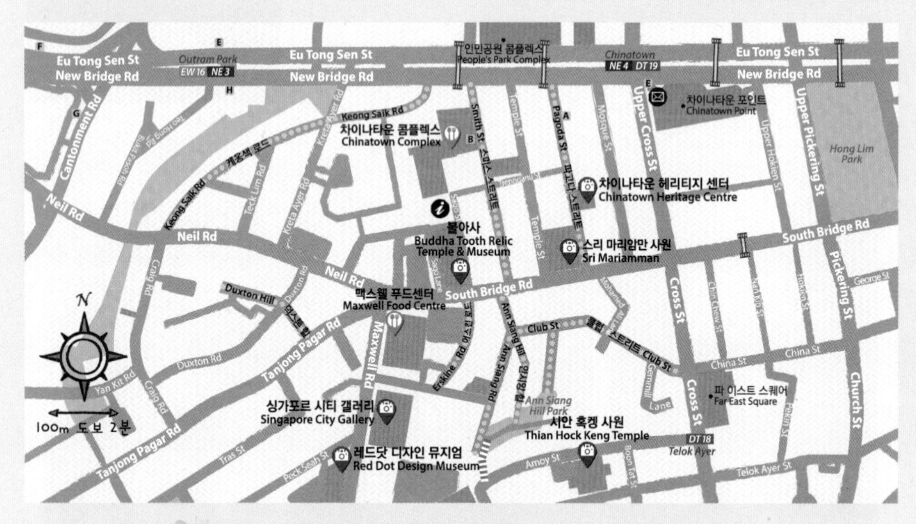

추천 여행 방법 

MRT 차이나타운 역은 물론 MRT 탄종 파가 역과 오트램 파크 역까지 아기자기한 숍들이 넓게 위치해 있다. 차이나타운의 예쁜 거리들을 샅샅이 둘러보려면 걷는 수밖에 없다. 그러니 구석구석 걸으며 구경하고 중간중간 카페나 레스토랑에 들러 쉬었다 가는 게 효율적이다. 클락키 지역이나 래플스 플레이스 지역에서 도보로 15~20분 정도면 차이나타운 지역에 도착하므로 연계해 일정을 짜도 좋다.

교통 정보

MRT

★MRT NE4 차이나타운(Chinatown) 역

A출구: 파고다 스트리트, 차이나타운 콤플렉스, 뉴 브릿지 로드, 스미스 스트리트

D출구: 클락키 방향

E출구: 뉴 브릿지 로드, 홍림 푸드센터, 파 이스트 스퀘어

★MRT NE3/EW16 오트램 파크(Outram Park) 역

G출구: 케옹색 로드

H출구: 뉴 마제스틱 호텔

버스

★To 차이나타운 포인트, 유통센 로드: 51, 54, 63, 124, 143, 174, 186, 851, 961, 970번 이용

★To 차이나타운 역, 뉴 브릿지 로드: 2, 12, 33, 54, 143, 147, 190번 이용

추천 일정

10:00
MRT 차이나타운 역

도보 약 10분

10:20
파 이스트 스퀘어의 야쿤 카야 토스트 본점에서 카야 토스트 먹기 50p

도보 약 10분

11:30
빼어난 건축미의 시안 혹켕 사원 구경 173p

도보 약 15분

12:00
레드닷 디자인 뮤지엄 181p 또는 싱가포르 시티 갤러리 180p 관람

도보 약 5분

추천! 맥스웰 푸드센터 54p, 징후아 177p

13:00
중국식 점심식사 176p

도보 약 10분

14:00
불아사 173p를 지나 안시앙힐 & 클럽 스트리트 172p 즐기기

도보 약 5분

16:30
싱가포르에서 가장 오래된 힌두 사원 스리 마리암만 사원 173p 관람

도보 약 4분

추천! 기념품 쇼핑, 비첸향 174p

17:00
파고다 & 트렝가누 & 스미스 스트리트 거닐기 172p

도보 약 10분

추천! 스터티 182p, 동아 이팅 하우스 51p, 블루 진저 23p

18:30
차이나타운 인근에서 저녁식사

도착

20:00
색다른 나이트라이프 즐기기

추천! 라이브러리 183p, 라 테라짜 루프톱 바 191p

차이나타운에서는 막 찍어도 화보!

알록달록한 숍하우스가 늘어서 있는 거리, 언제나 인산인해를 이루는 복잡한 골목, 골목 한가운데 위치한 화려한 힌두 사원. 편한 신발을 신고 포토제닉한 차이나타운을 사뿐사뿐 걸어보자.

도보여행 추천 코스

MRT NE4 차이나타운 A출구 ··· 파고다 스트리트 ··· 차이나타운 헤리티지 센터 ··· 스미스 스트리트 ··· 스리 마리암만 사원 ··· 안시앙힐 & 클럽 스트리트 ··· 어스킨 로드 ··· 불아사 ··· 케옹색 로드 ··· 시안 혹켕 사원

MRT 차이나타운역
차이나타운 소셜 엔터프라이즈
차이나타운 헤리티지센터
스리 마리암만 사원
차이나타운 콤플렉스
불아사
시안 혹켕 사원
클럽 호텔
스칼렛 호텔
맥스웰 푸드 센터
싱가포르 시티 갤러리
레드닷 디자인 뮤지엄

스미스 스트리트
Smith Street

차이나타운의 먹자골목. 대규모 호커센터인 차이나타운 콤플렉스 수많은 노점 식당들이 주르르 늘어서 있다.

파고다 스트리트
Pagoda Street

중국 분위기가 물씬 풍기는 차이나타운의 대표적인 쇼핑 거리. 저렴한 중국풍 소품, 의류 등과 각종 기념품을 사기에 안성맞춤인 곳이다.

어스킨 로드
Erskine Road

드라마 〈케세라세라〉에서 배우 문정혁과 정유미의 키스신을 촬영한 예쁜 거리. 모노톤의 숍하우스에 개성 있는 부티크숍들이 자리하고 있다.

안시앙힐 & 클럽 스트리트 Ann Siang Hill & Club Street

트렌디하고 감각적인 골목. 시크한 의류숍, 스타일리시한 레스토랑 등 작지만 개성 있는 숍들이 밀집해 있어 세련된 젊은이들이 즐겨찾는다.

불아사
Buddha Tooth Relic Temple & Museum

420kg의 순금 사리탑에 부처의 치아를 모시고 있는 사찰. 화려하게 지어진 대규모 사원으로 야경이 특히 아름답다. 2~4층은 불교 관련 박물관으로 사용된다.

스리 마리암만 사원
Sri Mariamman Temple

인도인 사업가에 의해 1827년 지어진 싱가포르에서 가장 오래된 힌두 사원. '비를 부르는 여신'이라는 뜻의 마리암만(Mariamman)은 질병으로부터 보호해주는 어머니 신이란다.

차이나타운 헤리티지 센터
Chinatown Heritage Centre

보다 서민적이었던 차이나타운의 옛 모습을 재현해 놓은 박물관. 1800년대부터 중국에서 싱가포르로 옮겨오기 시작한 중국 이주민들의 역사와 차이나타운 재개발 사업의 과정을 살펴볼 수 있다.

케옹색 로드
Keong Saik Road

새롭게 주목받고 있는 거리. 나우미 리오라 호텔(247p) 등 컬러풀한 건축물이 즐비한 거리를 거닐며 맛있는 식당과 드문드문 자리한 보석같은 상점을 찾는 재미가 있다.

TIP 도보여행 후엔 발 마사지

차이나타운 도보여행을 마친 후에 발 마사지로 시원하게 피로를 풀어버리자. 클럽 스트리트 인근의 스파 프랜차이즈 겐코 리플렉솔로지 & 웰니스 스파(33p, 199 South Bridge Rd.) 또는 수많은 마사지숍이 모여 있는 인민공원 콤플렉스(People's Park Complex) 3층 54호에 위치한 미스터 림 발 마사지(Mr. Lim Foot Reflexology)에서 저렴하게 발 마사지를 받는 것도 추천.

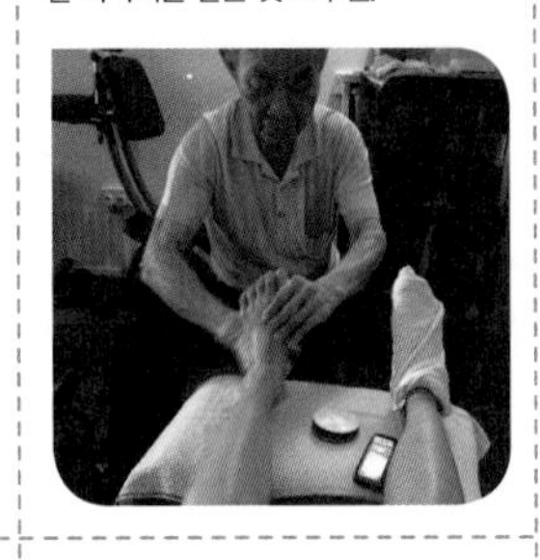

시안 혹켕 사원
Thian Hock Keng Temple

중국과 싱가포르 사이에 무역량이 늘자 중국인들의 안전한 항해를 기원하며 1842년에 지은 중국 사원. 그 역사적인 가치와 함께 못과 징을 전혀 사용하지 않은 점 등 빼어난 건축미를 인정받아 2000년에 유네스코 아시아 태평양 문화유산상을 수상하기도 했다.

저렴하고 실속 있는 차이나타운 쇼핑!

파고다 스트리트(Pagoda St.)를 중심으로 형성된 번화가에는 음식과 의류, 각종 잡화를 파는 가판이 즐비하다. 실속은 물론 재미까지 겸비한 차이나타운 쇼핑 스타트!

Map 대형❶-C3 MRT NE4 차이나타운(Chinatown) 역 A출구로 나와 뒤돌아서 큰길로 나가 우회전 후 한 블럭 가면 모스크 스트리트(Mosque St.) 초입 08:00~23:00 슬라이스포크 1kg SGD50/1장 SGD3~4, 칠리포크 1kg SGD52 +65 6223 7059 189 New Bridge Rd. www.bch.com.sg

바비큐 육포의 레전드

비첸향 Bee Cheng Hiang

1933년 싱가포르에서 시작해 한국을 포함한 8개국에 200여개 매장을 보유하고 있는 바비큐 육포 전문점. '박과(Bakkwa)'라 불리는 슬라이스포크(Sliced Pork)는 한 번 맛보면 또 다시 생각나는 맛이다. 매콤한 칠리포크도 인기. 육포는 아쉽게도 국내 반입이 금지되어 있으니 싱가포르 내에서만 즐기도록 하자. 육포는 1~2장만 구매할 수도 있으며 가격대는 우리나라보다 약 20~30% 저렴하다.

싱가포르에서 가장 인기 있는 육포

림치관 Lim Chee Guan

림치관은 비첸향과 쌍벽을 이루는, 싱가포르 현지인들에게는 오히려 더 유명한 박과 전문점. 1938년에 오픈한 림치관은 싱가포르의 미식 바이블 〈마칸수트라〉가 '싱가포르에서 가장 인기 있는 육포집'으로 꼽은 곳으로 항상 줄이 길게 서 있어서 쉽게 눈에 띈다. 슬라이스포크, 치킨 칠리포크 등 바비큐 육포를 즐겨보자. 메뉴 구성은 비첸향 육포와 비슷하지만 국내에서는 볼 수 없는 브랜드라는 게 차별점이다. 그램 단위로 육포 구매 시 2명이서 300~500g 정도면 충분하다.

Map 대형❶-B3 MRT NE4 차이나타운(Chinatown) 역 A출구로 나와 뒤돌아서서 큰길로 나가 우회전하면 바로 보임 09:00~22:00 슬라이스포크 1kg SGD46, 치킨 칠리포크 1kg SGD40 +65 6227 8302 203 New Bridge Rd. www.limcheeguan.com.sg

세계 최대의 땡땡 캐릭터숍

땡땡숍 Tintin Shop

스티븐 스필버그가 감독한 영화 〈틴틴-유니콘 호의 비밀〉의 원작이기도 한 벨기에의 국민 만화 〈땡땡의 모험〉의 주인공 땡땡(Tintin)의 캐릭터숍. 땡땡, 혹은 틴틴은 유럽 만화의 아버지 에르제(Herge)가 탄생시킨 캐릭터로 밝은 성격에 침착함을 겸비한 용감한 소년기자다. 땡땡은 그의 애견인 밀루(Milou)와 항상 붙어다닌다. 차이나타운에 있는 이 숍은 세계에서 가장 큰 땡땡숍으로 티셔츠, 백, 포스터, 엽서, 홈웨어, 시계, 피규어 등 땡땡과 밀루, 아독 선장이 그려진 다양한 아이템을 판매한다.

Map 대형❶-C3 MRT NE4 차이나타운(Chinatown)역 A출구로 나와 파고다 스트리트(Pagoda St.)로 약 500m 11:00~21:00 +65 8183 2210 56 Pagoda St. www.tintin.sgstore.com.sg

착한 쇼핑 해볼까?

차이나타운 소셜 엔터프라이즈 Chinatown Social Enterprise

노인과 도움이 필요한 사람들을 위해 사회봉사사업을 하는 크레타 에이어-킴 셍 CCC(Kreta Ayer-Kim Seng CCC)가 설립한 비영리 단체. 지역사회봉사 프로젝트의 일환으로 차이나타운의 마제스틱 건물(The Majestic) 인근에 오픈한 수공예품 스토어다. 크레타 에이어와 장애인이 직접 만든 수공예품, 다양한 비영리 단체에서 만든 제품을 판매한다. 취지도 좋고 상품들도 독특하고 예쁠 뿐만 아니라 가격까지 저렴하니 의미 있는 쇼핑이 가능하다.

Map 대형❶-B3 MRT NE4 차이나타운(Chinatown) 역 C출구로 나와 에스컬레이터를 지나 마제스틱 건물에 위치 월~토요일 10:30~08:30, 일요일·공휴일 휴무 +65 6536 2878 80 Eu Tong Sen St. chinatownsocialenterprise.com

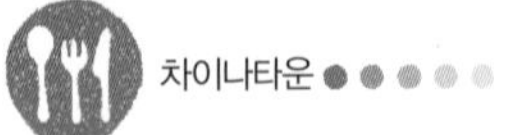

골라 먹는 중국식 한 끼

워낙 맛에 민감한 중국인들이니만큼 차이나타운에는 훌륭한 맛집이 즐비하다. 그러므로 차이나타운에서는 당연히, 차이나 스타일로 식사를 하고 볼 일이다.

골라 먹는 재미가 있다!

얌차 레스토랑 Yum Cha Restaurant

얌차(Yum Cha)는 중국인들이 아침 또는 오후에 차를 마시며 간단히 먹는 음식으로, 통상 얌차의 주 메뉴인 딤섬을 의미하기도 한다. 차이나타운의 얌차 레스토랑은 50여 종의 딤섬을 선보이는 딤섬 전문 레스토랑으로, 특히 육즙이 팡 터지는 샤오롱바오(Xiao Long Bao)는 우리나라에서 먹던 것보다 훨씬 깊은 맛을 자랑한다. 얌차 게살 '바다의 보물' 만두(Yum Cha Crabmeat 'Sea Treasure' Dumpling)는 게살과 각종 해산물, 야채가 어우러져 풍부한 맛을 내는데, 만두피를 터뜨리면 짭쪼롬한 육즙이 터져나와 국물처럼 된다. 월~금요일 오후 3시~6시에 진행되는 하이 티 뷔페에서 딤섬을 포함한 60여 종의 메뉴를 자유롭게 즐길 수도 있다. 딤섬 외에 칠리크랩, 베이징 덕, 샥스핀 등의 요리도 판매한다. 점심, 저녁시간 이용 시 예약을 추천.

Map 대형①-C3 MRT NE4 차이나타운(Chinatown) 역 A출구로 나와 파고다 스트리트(Pagoda St.)를 따라 걷다가 우회전 해 트렝가누 스트리트(Trengganu St.)로 진입, 우측 산타 그랜드 호텔(Santa Grand Hote) 2층 ⓒ 월~금요일 11:00~23:00, 토·일요일·공휴일 09:00~23:00 ⓢ 샥스핀 만두(Shark' Fin w Meat Dumpling) SGD3.8, 월~금요일 하이 티 뷔페 1인 SGD16.8++ ☎ +65 6372 1717 ⌂ 20 Trengganu St. ✉ www.yumcha.com.sg

샤오롱바오 7개
SGD7

20년 전통의 딤섬 레스토랑

징후아 Jing Hua

징후아는 식사 시간이면 긴 기다림을 각오해야 하는 딤섬 레스토랑으로, 현지인은 물론 싱가포르에 거주하는 한국인과 서양인들이 즐겨찾는 곳이다. 숙련된 종업원들이 신속하게 제공해주는 맛있는 음식들이 기다림의 시간을 아깝지 않게 한다. 중국 북부식 요리와 중국 남부의 영향을 받은 전통 딤섬과 국수가 주 메뉴. 인기 메뉴는 느끼하지 않고 육즙이 풍부한 샤오롱바오(Little Juicy Steamed Meat Dumpling), 다진 고기를 얹은 비빔 국수(Noodle with Minced Pork & Soya Bean Souse), 빈대떡과 유사한 차이니즈 피자(Chinese Pizza) 등이다. 현지인들은 비빔 국수 요리에 딤섬을 곁들여 먹는 것을 선호한다. 사진으로 만든 메뉴판으로 주문할 수 있으며 현금 결제만 가능. 간판이 한자로 써있으므로 번지수를 잘 따져 찾아가자.

Map 대형❶-B3 MRT EW15 탄종 파가(Tanjong Pagar)역 B출구로 나와 도보 약 11분, 맥스웰 푸드센터 맞은편에 있는 네일 로드(Neil Rd.)를 따라 약 100m 11:30~15:00, 17:30~21:30, 수요일 휴무 다진 고기를 얹은 비빔 국수 SGD5, 차이니즈 피자 SGD9 +65 6221 3060 21 Neil Rd. www.jinghua.sg

치청펀
SGD1.5

줄 서서 먹는 그 맛, 직접 경험하세요~

치청펀의 진수!

지아지 메이시 Jia Ji Mei Shi

생선 죽(Fish Porridge), 볶은 비훈 국수(Fried Bee Hoon & Noodle) 등 아침 식사나 간식으로 즐기기에 적절한 메뉴들을 판매하는 집으로, 별 3개가 만점인 마칸수트라의 별점 2.5개를 받은 맛집이다. 이 집에서 가장 맛있는 메뉴는 중국 남부나 홍콩 지방에서 즐겨먹는 라이스롤 치청펀(Chee Cheong Fun). 밋밋하고 허여멀건한 모양이 아무 맛도 없어 보이지만 따뜻한 쌀피의 쫄깃한 식감과 매콤하고 고소하면서도 감칠맛 나는 양념이 어우러져 한 접시를 뚝딱 비우게 된다. SGD4 이내로 푸짐하게 즐길 수 있어 더욱 만족스러운 맛집이다. 간단한 아침식사나 애피타이저로 추천한다.

Map 대형❶-B3 MRT NE4 차이나타운(Chinatown) 역 B출구로 나와 바로 옆에 있는 차이나타운 콤플렉스 2층 07:30~22:00 볶은 비훈 국수 SGD1 #02-166, Chinatown Complex, 335 Smith St.

생선 죽
SGD2

전통이 담긴 디저트

고급스러운 중국 차 문화를 경험하는 공간이나, 유명한 로컬 디저트 프랜차이즈의 본점이 차이나타운에 있는 것은 자연스러운 일이다. 두둑히 배를 채운 후 후식으로 뭘 먹어야 하나 고민이 된다면, 여기가 정답이다.

엘리자베스 2세 여왕이 앉았던 자리

중국식 티 타임의 품격을 맛보세요~

엘리자베스 여왕도 다녀간 중국 전통찻집
티 챕터 Tea Chapter

진나라 때부터 차(茶)를 즐겼다는 중국. 중국 사람들에게 차는 생활의 일부이기에 차에 관해서만큼은 까다롭다. 티 챕터는 중국 차를 품격 있게 경험할 수 있는 전통찻집으로 차 잎을 선정하는 것부터 잎을 포장하고 판매하기까지 모든 과정을 직접 진행하여 좋은 품질의 차를 제공한다. 티 챕터는 3층으로 되어 있는데 1층 상점에서는 고급스럽게 포장된 각종 차와 티폿, 찻잔 세트 등을 판매한다. 2층과 3층은 신발을 벗고 들어가는 전통 중국식 카페로, 콜로니얼 건축물의 낭만과 운치가 살아있는 공간이다. 영국의 엘리자베스 2세 여왕이 실제로 앉았던 자리에 앉아 그녀가 맛보았던 여왕의 차(Imperial Huangjin Gui)를 마시거나, 종업원들에게 취향에 맞는 차를 추천받아 경험해보자. 차를 서빙하는 종업원이 차 마시는 방법을 하나하나 설명해줘 중국식 다도를 더 이해할 수 있다. 티 스낵을 곁들여도 좋다. SGD8 이하 메뉴 주문 시에 기본요금 SGD8를 내야 하고, SGD8 이상 주문 시에는 메뉴 금액만 내면 된다.

Map 대형①-B3 MRT EW15 탄종 파가(Tanjong Pagar)역 B출구로 나와 도보 약 10분, 맥스웰 푸드센터 맞은편 네일 로드(Neil Rd.)를 따라 약 50m 티 라운지 일~목요일 11:00~22:30, 금·토요일·공휴일 & 공휴일 전날 11:00~23:00/숍 10:30~22:30 여왕의 차 SGD25, 골든 카시아(Golden Cassia) SGD16, 드래곤 웰(Dragon Well) SGD16, 티 스낵 SGD4부터 +65 6226 1175 9-11 Neil Rd. www.tea-chapter.com.sg

첸돌 빙수 SGD6

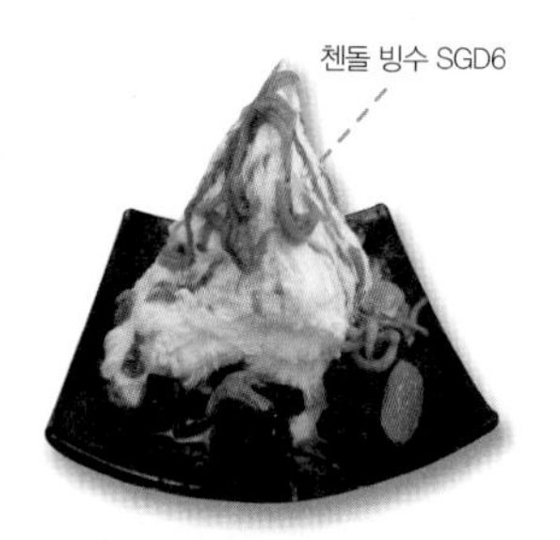

망고 빙수 SGD5

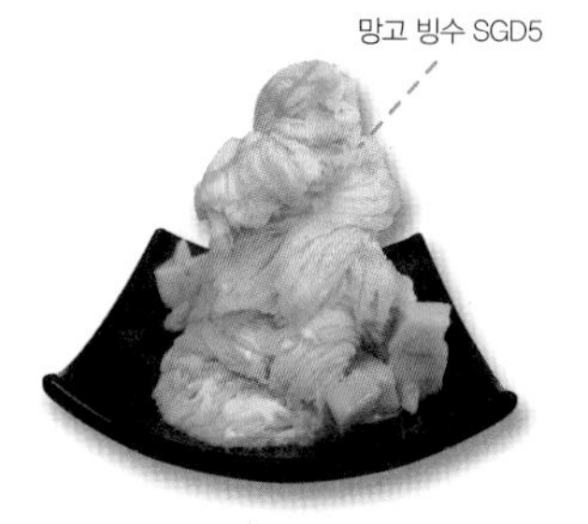

망고 포멜로 사고 SGD4

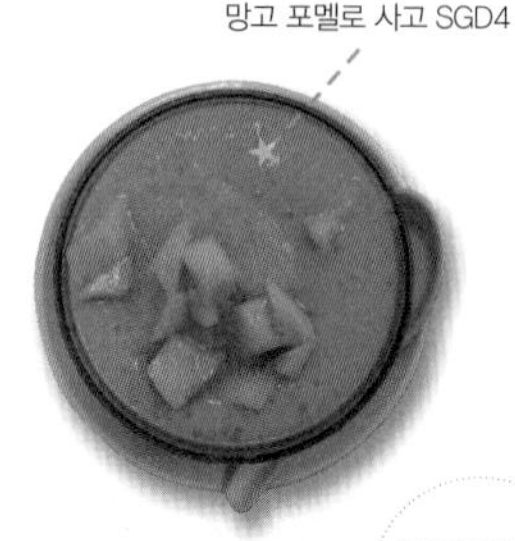

시원한 빙수 잔치!

메이홍윤 Mei Heong Yuen Dessert

안쪽에 널찍한 공간이 마련돼 있다

한국인들에게 미향원(味香園)으로 잘 알려진 중국 전통디저트가게. 망고 빙수(Mango Snow Ice), 녹차 빙수(Green Tea Snow Ice) 등 18 종류의 빙수가 있다. 부드러운 얼음에 높게 쌓은 달콤한 망고와 진한 녹차는 모양이나 색깔부터 감동적이고 양도 많아 둘이 먹기에 충분하다. 메이홍윤의 인기를 이끄는 또 다른 메뉴는 첸돌 빙수(Chendol Snow Ice). 고소한 팥과 초록색 첸돌이 얹어진 빙수로 로컬의 맛을 더 진하게 느낄 수 있다. 빙수는 테이블에 준비된 카라멜소스를 듬뿍 뿌려 먹으면 더욱 맛있다. 현금 결제만 가능하며 아이온 오차드와 뉴 브릿지 로드(New Bridge Rd.)에 위치한 차이나타운 포인트(Chinatown Point)에 지점이 있다.

Map 대형❶-B3 MRT NE4 차이나타운(Chinatown) 역 A출구로 나와 뉴 브릿지 로드(New Bridge Rd.)를 따라 걷다가 좌회전해 템플 스트리트(Temple St.)로 진입. 맥도날드 맞은편 10:30~22:30 +65 6221 1156 63-67 Temple St. www.meiheongyuendessert.com.sg

---

달달한 인도식 홍차

미스터 테 타릭 카르텔 Mr Teh Tarik Cartel

차이나타운의 파 이스트 스퀘어(Far East Square)에 자리한 테 타릭(Teh tarik) 전문점. 파 이스트 스퀘어 본점이 승승장구하여 래플스 플레이스의 오유비 센터(OUB Centre), 창이 빌리지(Changi Viilage) 등 싱가포르 곳곳에 11개의 지점이 운영되고 있다. 테 타릭은 '잡아당기는 차'라는 뜻을 지닌 말로 뜨거운 인도식 밀크티이다. 홍차에 연유를 섞어 만들어 쌉싸래한 차 맛과 달콤한 연유 맛이 훌륭한 앙상블을 이룬다. 양이 상당히 많다는 것도 특징이며 아이스로도 판매한다. 야쿤 카야 토스트 본점 또는 아모이 스트리트 푸드센터에서 식사를 한 후 디저트로 즐기면 적당하다.

Map 대형❶-C3 MRT NE4 차이나타운(Chinatown) 역 E출구로 나와 도보 약 5분, 파 이스트 스퀘어 1층에 위치 07:00~21:30 테 타릭 SGD3 +65 6742 5522 #01-01, Far East Square, 135 Amoy St. www.mrtehtarik.com.sg

Special Page

여행, 문화와 예술이 되다

싱가포르는 아시아의 예술 허브를 목표로 문화예술 콘텐츠를 끊임없이 생산하고 있는 문화강국이다. 지성과 감성을 자극하는 싱가포르의 뮤지엄을 산책하며 보다 문화적인 여행을 디자인해보는 건 어떨까.

싱가포르의 역사를 한눈에 보여주는 전시

알차고 크리에이티브한 도시 이야기

싱가포르 시티 갤러리 Singapore City Gallery

싱가포르가 세계 최고 수준의 깨끗함과 편리함을 자랑하는 이유는 정부의 철저한 계획 하에 디자인된 도시국가이기 때문이다. 1999년 개관한 싱가포르 시티 갤러리는 싱가포르가 도시화된 과정, 현재의 도시 상황, 미래의 도시 계획을 한번에 보여줘 싱가포르 정부의 치밀한 도시 디자인을 엿볼 수 있는 곳이다. 테마별로 나뉜 10개의 전시 구역에 크리에이티브하고 알찬 콘텐츠와 이야기로 채워진 전시를 무료로 볼 수 있다. 체험형 갤러리라 더욱 흥미롭다. 2층에 전시된 센트럴 지역 모델(Central Area Model)은 싱가포르의 중심 지역을 1:400의 크기로 축소한, 세계에서 가장 큰 건축물 모형으로 마리나 베이 샌즈, 오차드 로드 등 여행했던 장소를 조감도처럼 내려다보는 재미가 쏠쏠하다.

Map 대형❶-C4 MRT EW15 탄종 파가(Tanjong Pagar) 역 B출구로 나와 맥스웰 로드(Maxwell Rd.)를 따라 왼쪽 방향으로 도보 약 2분. 레드닷 디자인 뮤지엄 건너편 URA Centre 건물에 위치 09:00~17:00, 일요일·공휴일은 휴관 입장료 무료 +65 6321 8321 Levels 1-3, URA Centre, 45 Maxwell Rd. www.singaporecitygallery.sg

직접 도시를 설계하는 게임도 할 수 있다

I ♥ Design!

레드닷 디자인 뮤지엄 Red Dot Design Museum

디자인에 관심 있는 여행자들에게 강력 추천하는 코스. 차이나타운의 레드닷 디자인 뮤지엄은 세계적인 권위의 레드닷 디자인 어워드(Reddot Design Award)를 수상한 작품들을 특별 전시하는 곳으로, 매년 8만여 명의 방문객이 찾을 만큼 퀄리티가 높다. 훌륭한 디자인을 뽐내는 어워드 수상작 1,000여 점이 감성과 영감을 자극한다. 디자인 아이템이 총집결해 있는 뮤지엄숍은 레드닷 디자인 뮤지엄의 하이라이트다.

각종 디자인 제품이 지갑을 열게 한다

Map 대형❶-C4 MRT EW15 탄종 파가(Tanjong Pagar) 역 B출구로 나와 맥스웰 로드(Maxwell Rd.)를 따라 왼쪽 방향으로 도보 약 2분 월·화·금요일 11:00~18:00, 토·일요일 11:00~20:00, 수·목요일 휴관 SGD8, 학생 SGD4(대학생은 학생증 필요), 12세 이하 SGD4 +65 6327 8027 28 Maxwell Rd. RedDot Traffic Singapore www.museum.red-dot.sg

뉴욕 못지않은 현대미술단지를 꿈꾼다

길먼 배럭스 Gillman Barracks

길먼 배럭스는 영국 식민지 시절 지어진 영국 군대의 막사를 개조해 2012년 9월 문을 연 현대 미술 단지로, 10여개국에서 온 상업 갤러리 15개가 들어서 있다. 유러피안 요리를 선보이는 레스토랑 메종(Masons), 라이브 음악과 함께 낭만의 시간을 보낼 수 있는 팀버(Timbre@Gillman), 시푸드 레스토랑 네이키드 핀(The Naked Finn) 등의 다이닝 스폿도 있어서 미술애호가뿐 아니라 일반인들에게도 새로운 문화 명소로 떠오르고 있다.

Map 대형❻ MRT CC27 래브라도르 파크(Labrador Park) 역 A출구 오른쪽에 있는 육교를 건너 맥도날드가 있는 방향으로 알렉산드라 로드(Alexandra Rd.)를 따라 도보 약 15분. 육교가 또 나오면 다시 길을 건너가자. 더울 때에는 MRT 역에서 택시를 이용하는 게 편리하다 화~토요일 11:00~19:00, 일요일 11:00~18:00, 월요일·공휴일은 휴관(갤러리마다 다르다) 9 Lock Rd. www.gillmanbarracks.com

5,000년의 아시아 역사를 한번에 만나다

아시아 문명박물관 Asian Civilization Museum

재미없고 딱딱해 보이는 이름이지만 다른 어떤 박물관보다 흥미롭고 알찬 콘텐츠로 가득한 박물관이다. 2003년 개관해 동남아시아, 서남아시아, 서아시아, 중국 등 11개의 테마 갤러리에 1,500여 점 이상의 유물을 전시하고 있다. 직접 만져보고 경험하는 인터랙티브한 전시를 통해 아시아의 다양한 문명과 풍부한 문화를 접할 수 있다. 한편, 박물관 건물은 콜로니얼 건축물로 1865년 법원 청사로 지어졌다가 출생 및 사망 등기소를 거쳐 싱가포르 조폐국 건물로 쓰인 역사적인 곳이다.

Map 대형❶-C3 MRT NS26/EW14 래플스 플레이스(Raffles Place) 역 H출구로 나와 50m, 싱가포르 강에서 우회전, 풀러톤 호텔 앞에 있는 다리를 건너면 된다 월요일 13:00~19:00, 화~일요일 09:00~19:00(금요일은 21:00까지) SGD5, 학생 및 60세 이상 SGD4(대학생은 학생증 필요), 6세 이하 무료(금요일 19:00~21:00는 할인) +65 6332 7798 1 Empress Place Singapore www.acm.org.sg

서남아시아의 주거 문화도 전시한다

좁은 골목에서 찾은 세련된 공간

안시앙힐과 클럽 스트리트가 차이나타운의 시크한 부흥을 이끌었다면 이제는 케옹색 로드(Keong Saik Road)다. 나우미 리오라, 호텔 1929 등 부티크 호텔이 문을 열고 개성 있는 숍들이 들어서면서 더욱 주목 받고 있다. '매력적인 공간'을 사랑하는 사람들이라면 반할 만한 곳.

바삭하게 튀겨낸 피시 앤 칩스(English Ale Snapper Fish And Chips) SGD33

영국 셰프가 선보이는 영국식 레스토랑
스터디 The Study

영국 출신 셰프 제이슨 애더튼(Jason Atherton)과 아일랜드 출신 셰프 앤드류 월쉬(Andrew Walsh)가 이끄는 영국식 캐주얼 레스토랑. 싱가포르와 영국의 카페 문화를 현대적으로 조화시킨 곳이다. 안락한 분위기의 공간에서 애피타이저부터 메인요리, 디저트까지 조화롭게 구성된 메뉴를 맛볼 수 있다. 런치에는 1개의 단품 메뉴부터 코스 요리까지 선택해 즐길 수 있고, 주말 브런치에는 달걀, 소시지, 베이컨, 구운 토마토, 감자 등 영국식 아침 식사를 한 접시에 담아낸 빅 잉글리시(The Big English)를 맛볼 수도 있다. 식사 후 바로 옆에 자리한 바(Bar) 라이브러리에서 가볍게 칵테일을 즐기기에도 좋다.

라즈베리 잼과 아이스크림을 곁들인 클래식 타르트(Classic Bakewell Tart) SGD14

Map 대형❶-B3 MRT NE3/EW16 오트램 파크(Outram Park) G출구에서 칸톤먼트 로드(Cantonment Rd.)를 따라 직진. 사거리에서 길을 건너 네일 로드(Neil Rd.)로 진입 후 두 블록 가면 나오는 케옹색 로드(Keong Saik Rd.)를 따라 직진 ◷ 런치 12:00~14:30, 디너 18:00~22:30, 토·일요일 브런치 11:00~15:00, 월요일 휴무 Ⓢ 런치 1코스 SGD22, 2코스 SGD30, 3코스 SGD35(음료 포함), 커피류 SGD5, 맥주류 SGD15부터 ☎ +65 6221 8338 ♠ 49 Keong Saik Rd. ✉ the-study.sg

시그니처 칵테일 '아빠의 분홍 셔츠(Dad's Pink Shirt)' SGD12

귀여운 욕조에 담겨 나오는 4~6 인용 칵테일, 시럽 어 덥덥(Shrub-A-Dub-Dub) SGD75

매력만점 시크릿 바

라이브러리 Library

스터디 바로 옆에 자리한 어메이징한 '비밀 공간' 라이브러리는 작은 도서관처럼 보이지만 그것은 속임수에 불과하다. 스태프에게 암호를 말하면 벽에 감춰져 있던 문을 열어주는데, 강렬한 조명이 있는 거울의 통로를 지나면 시크릿 바가 나타난다. 마치 해리포터 마법학교의 학생이 된 듯, 비밀의 문을 열고 들어간 곳은 사람들의 은밀한 활기로 가득하다. 라이브러리는 스터디의 오너가 운영하는 곳으로 암호는 스터디 페이스북, 가든스 바이 더 베이에 위치한 폴른(Pollen), 차이나타운의 에스퀴나 타파스 바(Esquina Tapas Bar) 홈페이지에서 확인 가능하고 매주 월요일 변경된다. 다양한 시그니처 칵테일을 즐길 수 있다는 점도 매력 포인트.

Map 대형❶-B3 스터디 바로 왼쪽에 위치 18:00~01:00 칵테일 SGD12부터 +65 6221 8338 47 Keong Saik Rd. www.facebook.com/thestudy49

차이나타운 뒷골목 탐험

안시앙힐과 클럽 스트리트 외에도 차이나타운의 골목 곳곳에는 보석 같은 카페들이 박혀 있다. 볼 것 많은 차이나타운을 여행하다가 지치고 목마를 때, 이 작고 예쁜 골목의 카페와 레스토랑에서 잠시 쉬었다 가보자.

달링스 에그 SGD6.5

멜버른 스타일의 카페
플레인 The Plain

무심히 걸었다면 아마도 그냥 지나쳤을 것이다. 플레인은 덕스톤힐 인근 크래이그 로드(Craig Rd.)에 자리한 작은 카페로 표지판이 따로 없기 때문이다. 카페는 호주 멜버른에서 영감을 받았다는 미니멀한 실내장식과 스칸디나비아풍 탁자를 갖춘 편안한 공간이다. 올 데이 브렉퍼스트와 타르트, 샌드위치, 디저트, 음료를 적당한 가격으로 즐길 수 있다. 토스트 위에 올린 포치드 에그 2개와 햄, 치즈, 토마토를 얹은 달링스 에그(Darling's Eggs), 커피에 오렌지와 초콜릿을 첨가한 제네라 커피(Generra Coffee)가 인기 메뉴다. 출출하다면 치즈와 수란을 얹은 토스트가 제공되는 딘스 브렉퍼스트(Dean's Breakfast)를 선택해도 좋다. 디자인 서적과 잡지를 비치해놓아 심심하지 않게 쉬었다 갈 수 있다는 점도 플러스 점수의 요소. 현금 결제만 가능.

4겹 당근 케이크 SGD8

빈티지한 카페에서 누리는 힐링타임
그룹 테라피 카페 Group Therapy Cafe

덕스톤힐의 숍하우스 2층에 자리한 카페. 숍하우스 특유의 인형집 같은 창문, 고풍스러운 시계, 원목 테이블로 빈티지한 느낌을 살리면서도 조명과 바 테이블을 세련되게 배치하여 모던함을 살렸다. 수란과 훈제 연어를 얇은 토스트 위에 올린 포치드 에그(Poached Eggs), 파니니, 파이 등 올 데이 브렉퍼스트로 가볍게 한 끼를 즐길 수도 있다. 4겹으로 만든 당근 케이크(4-Layer Carrot Cake) 또는 100% 아라비카 커피빈을 로스팅한 커피, 다른 곳에서는 쉽게 볼 수 없는 브랜드의 맥주를 맛보며 치유의 시간을 가져보자. Wi-Fi 무료 이용 가능.

Map 대형①-B4 MRT NE3/EW16 오트램 파크(Outram Park) 역 G출구로 나와 오른쪽 방향 직진, 사거리에서 길을 건너 네일 로드(Neil Rd.)로 진입 후 두 블럭, 크래이그 로드(Craig Rd.)로 우회전해 덕스톤 로드(Duxton Rd.)로 진입 화~목요일 11:00~18:00, 금·토요일 11:00~23:00, 일요일·공휴일 09:00~18:00, 월요일 휴무 포치드 에그 SGD15, 올 데이 브렉퍼스트 SGD9부터, 디저트 SGD4부터, 음료 SGD3.5부터 +65 6222 2554 #02-01, 49 Duxton Rd. www.gtcoffee.com

깔끔한 실내

Map 대형①-B4 MRT NE3/EW16 오트램 파크(Outram Park) 역 G출구로 나와 오른쪽 방향 직진, 사거리에서 길을 건너 네일 로드(Neil Rd.)로 진입 후 두 블럭, 오른쪽에 크래이그 로드(Craig Rd.)로 진입. 통 먼 선(Tong Mern Sern) 앤티크 숍과 라이프저니즈(LifeJourniz) 사이에 위치 07:30~19:30 토스트 SGD3.5부터, 샌드위치 SGD6부터, 음료 SGD3부터 50 Craig Rd. +65 6225 4387 www.theplain.com.sg

보스턴 출신 셰프의 해산물 요리
루크 오이스터 바 Luke's Oyster Bar

클럽 스트리트 끝의 좁다란 골목 젬밀 래인에는 두 개의 맛집이 있다. 하나는 브런치로 유명한 레스토랑 클럽 스트리트 소셜이고 또 하나는 보스턴 출신의 셰프 트라비스 마셰로(Travis Masiero)가 운영하는 루크 오이스터 바다. 루크는 보스턴과 말레이시아 등에서 공수한 신선한 해산물을 이용한 요리와 스테이크를 선보인다. 기다란 바를 이용해 정통 아메리칸 오이스터 바를 재현한 루크는 보스턴의 어느 고급 레스토랑에 와 있는 느낌을 준다. 신선한 굴 6개, 샴페인 미뇽(Mignon)과 레몬, 홈메이드 빵과 버터가 함께 서빙되는 오이스터 1/2 더즌(Oyster & Clams 1/2 dozen)은 가볍게 즐기기에 적당하고, 참치 타르타르(Tuna Tartar), 점보 쉬림프 칵테일, 클램 차우더 수프(Luke's Clam Chowder)도 추천한다.

Map 대형❶-C3 MRT NE4 차이나타운(Chinatown) 역 B출구로 나와 스미스 스트리트를 거쳐 안시앙힐로 올라와 클럽 스트리트에서 좌회전 약 도보 5분 ⏲ 월~수요일 12:00~22:30, 목~토요일 12:00~24:00, 일요일 휴무 $ 오이스터 1/2 더즌 SGD42++, 애피타이저 SGD17부터, 메인 SGD60부터, 칵테일 SGD17++부터 ☎ +65 6221 4468 ⌂ 20 Gemmill Lane ✉ www.lukes.com.sg

뉴욕 브런치 부럽지 않은
클럽 스트리트 소셜 Club Street Social

브런치를 제공하는 수많은 레스토랑 중 당당히 상위 리스트에 랭크될 퀄리티의 레스토랑. 높은 천장과 블랙 포인트 컬러로 시크하게 꾸며진 공간에서 올 데이 브런치, 샐러드, 수프는 물론 구운 빵을 얇게 잘라 다양한 토핑을 얹은 크로스티니(Crostini) 등 이탈리아 메뉴를 즐길 수 있다. 송로버섯을 곁들인 에그 토스트(Truffled Egg Toast)와 5가지 종류가 있는 파니니(Panini)를 추천.

Map 대형❶-C3 루크 오이스터 바 맞은편 ⏲ 월~금요일 11:00~22:30, 토요일 09:00~22:30, 일요일 09:00~21:00 $ 크로스티니 류 SGD9++부터, 스크램블 에그 SGD12++부터, 파니니 류 SGD14++부터, 시그니처 칵테일 류 SGD16++, 맥주 류 SGD11++, 와인 1병 SGD50부터 ☎ +65 6225 5043 ⌂ 5 Gemmil Lane

세계 100대 레스토랑
앙드레 Andre

2~3주 전에 예약하지 않으면 이용이 힘든 싱가포르에서 가장 핫한 프렌치 레스토랑. 세계 100대 레스토랑으로 선정된 맛집으로 젊고 유능한 오너 셰프 앙드레 치앙(Andre Chiang)이 제안하는 프랑스 요리를 맛볼 수 있다. 메뉴는 정해져 있는 게 아니라 8개의 테마로 구성된 메뉴가 매일 다르게 제공되는 형식인데, 모든 메뉴는 화려한 데코레이션을 겸비해 눈도 즐겁고 신선한 식재료와 창의적인 레시피를 이용해 입도 즐겁다.

Map 대형❶-B4 MRT EW16/NE3 오트램 파크(Outram Park) 역 H출구로 나와 도보 약 5분 ⏲ 화~금요일 12:00~14:00, 19:00~23:00, 토·일요일 19:00~23:00, 월요일·공휴일 휴무 $ 런치 SGD128++부터, 디너 SGD298++부터 ☎ +65 6534 8880 ⌂ 41 Bukit Pasoh Rd. ✉ restaurantandre.com

조금 색다른 쇼핑 놀이

안시앙힐과 클럽 스트리트에 위치한 작은 부티크와 레스토랑, 카페들은 하나같이 개성 만점이다. 시크하거나 스타일리시하거나 유니크하거나. 나만의 보물 아이템을 찾아 떠난다면 어디로 가야 할까?

골동품과 수공예 액세서리
마타 하리 앤티크 Mata-Hari Antiques

안시앙 로드(Ann Siang Rd.)에 위치한 앤티크숍. 동남아시아의 앤티크한 주얼리, 불상, 액세서리, 직물 등이 상점을 켜켜이 채우고 있어 마치 고대문명을 전시한 박물관에 온 기분이다. 마타 하리는 목걸이, 반지, 귀걸이, 팔찌 등을 직접 제작하는데 적게는 50년 길게는 100년도 넘은 금과 은, 구슬로 만들어 더욱 특별하다. 동남아시아 특유의 패턴이 프린트된 화려한 직물을 구입해 집안을 고풍스러운 동남아 리조트처럼 꾸며보는 것도 재미있을 듯.

Map 대형❶-C3 안시앙 로드 중간쯤, 클럽 호텔(The Club Hotel) 맞은편에 위치 수~일요일 12:00~20:00, 월·화요일 휴무 +65 6225 5541 13 Ann Siang Rd. www.matahari.com.sg

아기자기한 갤러리숍
리틀 드롬 스토어 The Little Drom Store

'드롬(Drom)'은 스웨덴어로 꿈(Dream)을 뜻하는 말로 'Dromkeeper'를 지향하는 두 명의 오너가 운영하는 아기자기한 디자인 소품숍이다. 주인이 직접 만든 수공예 액세서리를 비롯해 토이 카메라, 다이어리, 디자인 서적, 에코백, 머그컵, 인디 공예품, 빈티지 소품 등 각종 아이템을 판매해 디자인 소품을 사랑하는 여행자들의 구매욕을 자극한다. 레드닷 디자인 뮤지엄에서 제작한 디자인 맵에도 소개되었을 만큼 퀄리티는 보장. 케이 키 스위트 카페(189p)안에 위치한다. 하지만 2013년 연말쯤 매장이 다른 지역으로 이사할 예정이니 홈페이지를 체크하자.

Map 대형❶-C3 MRT NE4 차이나타운(Chinatown) 역 A출구로 나와 도보 10분, 안시앙 로드로 올라가 작은 삼거리가 나오면 파란색 건물의 왼쪽 골목에 위치 월~수·금·토요일 12:00~20:00, 목요일 12:00~19:00, 일요일 13:00~19:00 +65 6225 5541 7 Ann Siang Hill www.thelittledromstore.com

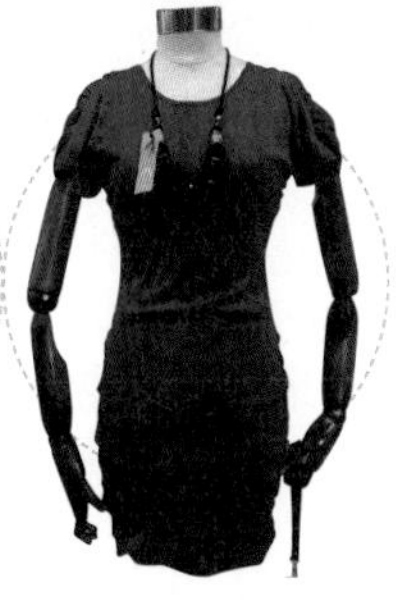

첨단 패션 & 라이프스타일 콘셉트 스토어

이지지 3 egg3

스칼렛 부티크 호텔 아래, 3개의 숍하우스를 연결해 사용하고 있는 패션 플래그십 스토어. 로컬 디자이너의 제품, 직접 만든 상품, 동남아시아에서 공수한 세련되고 톡톡 튀는 아이템들로 넘쳐난다. 남녀의류, 액세서리, 잡화, 아동의류뿐 아니라 각종 인테리어 장식용품도 다룬다. 게다가 가격도 합리적이니, 패션에 관심이 많지 않은 여행자라도 여기만은 들러보길 권한다. 오차드 지역의 캐세이 빌딩(Cathay Buiding)에도 지점이 있고 오차드 센트럴 4층 지점에서는 액세서리만 판매하며, 이스트 코스트 지역의 마운트배튼 로드(Mountbatten Rd.) 지점은 가구 및 인테리어 쇼룸 겸 카페로 꾸며져 있다.

Map 대형❶-C3 MRT NE4 차이나타운(Chinatown) 역에서 도보 약 15분. 스칼렛 부티크 호텔 아래 ⌚ 월~토요일 10:00~20:00, 일요일 10:00~19:00 ☎ +65 6536 6977 ⌂ #01-10/11/12 33 Erskine Rd. ✉ www.eggthree.com

호주 스타일 럭셔리 편집숍

아나 부티크 ANA Boutique

럭셔리한 여성의류 편집숍. 아름다운 패턴과 질감, 디테일을 뽐내면서도 입기 좋은 의류를 만날 수 있다. 여성스러운 라인의 플로어 우드(Fleur Wood), 화려한 프린트의 수영복으로 유명한 지머만(Zimmermann), 트렌디한 패션브랜드 마닝 카텔(Manning Cartell) 등 다른 곳에서는 쉽게 볼 수 없는 호주의 디자이너 브랜드 제품들이다. 숍의 주인 아나가 직접 디자인한 맥시 드레스도 주목할 만하다. 1층에서는 칵테일 드레스, 리조트웨어 등 여성패션과 주얼리, 백, 슈즈 등을, 2층에서는 어린이의류를 만날 수 있다. 가격대는 SGD150~300.

Map 대형❶-C3 클럽 스트리트 중간쯤에 위치 ⌚ 월~금요일 09:00~22:00, 토요일 10:00~19:00, 일요일 13:00~17:00 ☎ +65 6221 2897 ⌂ 86 Club St. ✉ www.anaboutiques.com

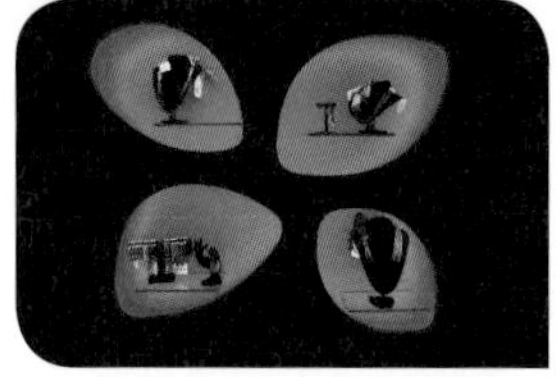

아시안 스타일로 쓰는 패션 신화

미솔로지 MYthology

아시안 디자인을 선보이는 패션부티크. 주인 압사라 오스왈(Apsara Oswal)이 "패션은 예술의 한 형태이며 영적인 힘을 갖고 있다."는 신념 아래 시크한 패셔니스타가 모여드는 클럽 스트리트에 매장을 열었다. 압사라는 인도, 인도네시아 등지에서 재능있는 디자이너를 발굴해 함께 작업을 하며 유니크한 라인업을 갖추고 있다. 럭셔리하게 디자인된 숍 인테리어부터 빼어난 감각이 드러나고 질감과 패턴, 실루엣에서 동양적인 느낌이 물씬 풍기는 제품들이 눈길을 사로잡는다. 여기에 인도풍 음악이 더해지니 한층 몽환적인 느낌. 독특한 디자인과 하이퀄리티를 고려했을 때 합리적인 수준의 가격이다.

Map 대형❶-C3 클럽 스트리트 중간쯤에 위치 ⌚ 월~토요일 11:00~19:00, 일요일·공휴일 휴무 ☎ +65 6223 5570 ⌂ 88 Club St. ✉ my-thology.com

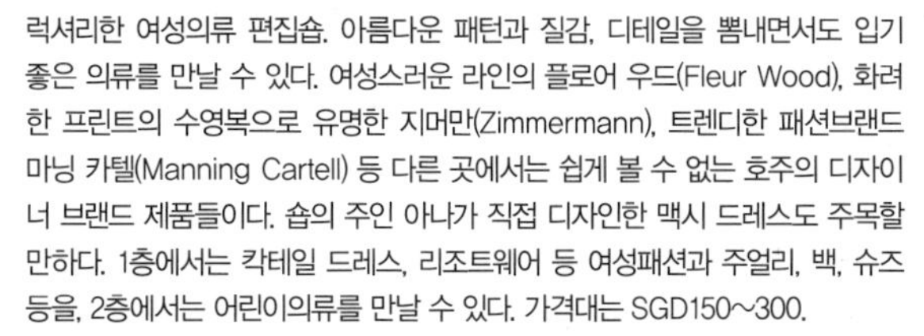

'달다구리'가 당기는 오후

안시앙힐과 클럽 스트리트의 매력적인 숍들을 한창 탐험하다 보면 에너지 보충이 필요하다. 기운이 떨어진 오후, '달다구리'가 있는 디저트 카페로 향할 시간이다.

커다란 창문과 거울로 모던한 인테리어를 완성했다

지점별로 다른 케이크를 맛볼 수 있다

안시앙 언덕에 자리한 도시남녀의 아지트
PS.카페 PS.Cafe

PS.카페 중에서 가장 사랑스러운 분위기의 지점. 푸르른 안시앙힐 공원의 3층짜리 숍하우스에 둥지를 틀고 있다. 숍하우스의 클래식함을 살리면서도 블랙&화이트로 현대적으로 꾸민 공간이다. 달콤한 브런치, 런치, 디너, 티 타임을 즐기기 위해 세련된 싱가포르 사람들과 싱가포르에 거주하는 서양인들, 여행자들의 발길이 끊이지 않는다. PS.카페는 지점별로 다른 케이크 종류를 선보이는 것이 특징인데 2층 한쪽에 진열된 케이크들이 상당히 유혹적이다. 사이드 메뉴로 송로버섯을 솔솔 뿌린 감자 튀김(Truffle Shoestring Fries), 런치로는 그릴에 구운 와규를 패티로 사용한 치즈 버거(Chargrilled Cheese Burger)를 추천. PS.카페는 12세 이하 어린이는 출입이 불가능하다.

달콤함이 진하게 퍼지는 케이크 류 SGD9.9부터

Map 대형①-C3 안시앙 로드 끝. 왼쪽 계단으로 올라간다 브런치 토·일요일·공휴일 09:30~16:00/런치 월~금요일 12:00~16:00/디너 18:30~24:00/바 & 디저트 월~목요일·일요일 17:00~24:30, 금·토요일·공휴일 전날 17:00~02:00 샐러드 SGD22부터, 메인 SGD23부터, 음료 SGD5부터 +65 6222 3143 45 Ann Siang Rd. www.pscafe.com

테라스에서 스위트 타임
르 쇼콜라
Le Chocolat Cafe

안시앙 로드의 클럽 호텔(The Club Hotel) 1층에 자리한 초콜릿 카페. 호텔의 콘셉트대로 블랙 & 화이트 컬러만을 이용해 깔끔하게 디자인된 곳으로 케이크, 샌드위치, 샐러드 등을 제공한다. 실내좌석 16개, 야외좌석 20개에 불과한 아담한 카페지만 싱가포르 내에 26개의 바와 레스토랑을 운영하는 해리스(Harry's)에서 운영하는 만큼 수준 높은 디저트를 맛볼 수 있다. 보기만 해도 행복해지는 케이크류 또는 다채로운 아침식사 세트를 즐기는 것도 괜찮은 선택이다.

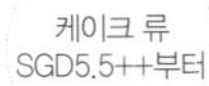

Map 대형❶-C3 🚉 안시앙 로드 중간, 클럽 호텔 1층 🕒 07:30~23:00 💲 브렉퍼스트 세트 SGD15++, 음료 SGD4.9++부터, 클럽 샌드위치 SGD12.9 ☎ +65 6808 2184 🏠 28 Ann Siang Rd. ✉ www.theclub.com.sg

---

작고 예쁜 패스트리 부티크
케이 키 스위트 카페
K ki Sweets Cafe

현지인들과 일본인 여행자들에게 인기만점인 일본풍 패스트리 카페. '케이키(K ki)'는 일본어로 '케이크(Cake)'를 뜻한다. 직접 구운 쿠키와 보기만 해도 행복해지는 케이크, 다양한 음료를 맛볼 수 있으며 크리스마스 등 기념일에는 맞춤 데코레이션이 된 아기자기한 케이크를 판매하기도 한다. 추천메뉴는 카푸치노, 라즈베리를 얹은 다크 초콜릿 무스 케이크인 L.R.R.H(Little Red Riding Hood), 호박 푸딩과 망고 퓨레를 곁들인 초콜릿 무스 앙뚜와네뜨(Antoinette) 등이다. 늦게 가면 케이크 종류가 몇 개밖에 없으니 기왕이면 서둘러 방문하기를 추천. 리틀 드롬 스토어와 숍인숍 형태로 위치한 곳이라, 아기자기한 소품들과 통유리 너머의 정겨운 풍경 사이에서 달콤한 시간을 보낼 수 있다.

L.R.R.H
SGD9

Map 대형❶-C3 🚉 MRT NE4 차이나타운(Chinatown) 역 A출구로 나와 도보 약 10분, 안시앙 로드로 올라가 작은 삼거리가 나오면 파란색 건물의 왼쪽 골목에 위치 🕒 화~토요일 12:00~19:00, 일요일 13:00~19:00, 월요일 휴무 💲 음료 SGD2부터, 케이크 SGD8부터 ☎ +65 6225 6650 🏠 7 Ann Siang Hill ✉ www.kki-sweets.com

수다 떨기 좋은 밤의 아지트

편안한 분위기의 공간에서 도란도란 이야기 꽃을 피우며 여행의 쉼표를 찍어보는 건 어떨까? 안시앙힐과 클럽 스트리트의 아지트가 여기 있다.

83 올로지 GD18++, 에스프레소 마티니 SGD16++

김치를 곁들인 새우 구이 SGD18++

캐러멜 케이크(Salty Butter Caramel Lava Cake) SGD15++

퇴근길에 들르는 펑키한 바
83 클럽 스트리트 83 Club Street

갤러리를 연상시키는 펑키한 바. 커다란 키티, 벽면 가득한 록그룹의 포스터, 오래된 카세트테이프 등 크고 작은 아트워크로 장식돼 있어 컬트적인 분위기가 흘러넘친다. 시그니처 칵테일인 83 올로지(83-Ology)는 달콤하면서 도수가 높지 않아 여자들에게 인기가 좋으며 에스프레소 마티니(Espresso Martini)는 커피향이 풍부하여 독특한 맛이다. 83 클럽 스트리트의 칵테일 전문가는 그 흔한 칵테일인 섹스 온 더 비치(Sex on the Beach) 마저도 다른 맛으로 제공하기 위해 노력한다고. 경험이 많은 셰프들이 고급요리도 선보인다. 김치를 곁들인 새우 구이(Barbecued Tiger Prawns, Kimchi, Green Chilli and Parsley Sauce) 등 식재료를 독특하게 조합한 맛있는 안주도 맛보자. 매일 오후 5~8시, 토요일 저녁 7~9시는 와인, 병맥주를 SGD8++에 제공하는 해피 아워.

Map 대형❶-C3 클럽 스트리트 중간 17:00~밤 늦게까지, 일요일 휴무 칵테일 SGD15++부터, 글래스 와인 SGD12++부터, 음료 SGD7++부터, 스낵 SGD10++부터 +65 6690 7563 83 Club St. 83clubstreet.com

달콤한 망고맥주가 있는
티플타운 카페 Tippletown Cafe

100여 종류의 맥주를 보유한 맥주창고. 가게 이름인 티플(Tipple)은 영국식 영어로 'Drink'를 뜻한다. 망고, 바나나 등 과일맥주를 맛볼 수 있어 독특하다. 싱가포르의 술값은 세금 때문에 비싼데, 티플타운은 세금과 서비스요금을 따로 받지 않아 다른 곳 대비 저렴한 가격으로 다채로운 주류를 맛볼 수 있다. 맥주와 잘 어울리는 안주도 다양하게 선보인다. 따뜻한 파이 속에 고소한 치킨과 담백한 버섯이 들어있는 시그니처 메뉴인 치킨 & 머쉬룸 파이(Chicken & Mushroom Pie)가 무난한 선택.

Map 대형❶-C3 클럽 스트리트 초입 월~금요일 11:00~15:00, 디너 17:00~24:00, 토요일 13:00~24:00, 일요일 휴무 음료 SGD3부터, 맥주 SGD10부터, 샌드위치 SGD12부터, 피자 SGD14부터, 사이드 메뉴 SGD5부터, 치킨 & 머쉬룸 파이 SGD20 11 Club St. www.tippletown.com

잔잔해서 매력적인 차이나타운 야경

잉양 루프톱 바 Ying Yang Rooftop Bar

차이나타운의 낮은 건물이 옹기종기 모여있는 지붕 너머로 높은 빌딩이 병풍을 친 것 같은 아늑한 밤풍경은 차이나타운 루프톱 바만의 매력. 잉양은 안시앙 로드의 끄트머리에 위치한 부티크 호텔인 클럽 호텔(The Club Hotel) 옥상에 있다. 잉양 루프톱 바는 중국풍의 화려한 꽃무늬 조명과 빵빵한 사운드로 채워진 실내 클럽공간과 안시앙힐이 내려다 보이는 야외공간에서 각종 음료 및 주류, 스낵을 제공한다. 블랙 & 화이트로 시크하게 꾸미고 조명에 크게 신경을 쓰지 않은 편이어서 밤에는 다소 썰렁한 느낌이니, 늦은 밤보다는 해질녘에 방문해 어슴푸레한 초저녁의 낭만을 즐기길 추천. 차이나타운의 전망만 볼 것이라면 라 테라짜 루프톱 바보다 주류 요금이 좀 더 저렴한 이곳을 선택하는 것도 좋다.

Map 대형❶-C3 🚌 안시앙 로드 중간, 클럽 호텔의 옥상 ⏲ 17:00~01:00(금요일은 02:00까지, 일요일은 24:00까지) Ⓢ 칵테일 SGD13부터, 맥주 SGD13부터, 스낵 류 SGD10부터 ☎ +65 6808 2183 🏠 28 Ann Siang Rd. ✉ www.yingyang.sg

---

차이나타운 한복판에서 즐기는 색다른 야경

스크리닝룸은 영화를 테마로 하는 복합문화공간

영화 같은 여행을 위하여

라 테라짜 루프톱 바 La Terraza Rooftop Bar

매력적인 영화와 맛있는 음식 그리고 루프톱 바의 낭만이 더해진 밤. 차이나타운의 라 테라짜는 트렌디한 현지인들은 물론 여행자들에게도 인기를 얻고 있는 루프톱 바다. 마릴린 먼로와 찰리 채플린의 흑백사진으로 장식된 라운지와 영화감상에 최적화되어 있는 스크리닝룸을 지나 5층 옥상에 올라가면, 초록빛 조명을 받아 신비로운 기운이 감도는 루프톱 바가 등장한다. 차이나타운의 아기자기함이 담뿍 깃든 정겨운 야경은 스펙터클한 빌딩 숲의 야경보다 좀 더 로맨틱하게 느껴지기도. 각종 주류와 가벼운 스낵을 즐길 수 있다.

칵테일 종류 SGD17++부터

Map 대형❶-C3 🚌 안시앙 로드 중간, 스크리닝 룸(Screening Room)의 옥상 ⏲ 월~목요일 18:00~01:00, 금·토요일 18:00~03:00, 일요일 휴무 Ⓢ 버거 류 SGD19++부터, 작은 접시에 제공되는 핑거푸드 SGD8++부터, 주스 류 SGD8++ ☎ +65 6221 1694 🏠 12 Ann Siang Rd. ✉ www.screeningroom.com.sg

Special Page

새롭게 주목해야 할, 티옹 바루

티옹 바루(Tiong Bahru)는 주택단지와 아파트가 모여 있는 주거지역이다. 이 한적한 동네에 클럽 스트리트의 유명한 책방 북스 액츄얼리가 이사를 왔다. 이어 프랑스 스타 셰프의 티옹 바루 베이커리가 문을 열면서 티옹 바루는 싱가포르에서 가장 핫한 스폿 중 하나로 새롭게 떠오르고 있다.

추천 여행 방법

관광지라기보다는 맛있기로 소문난 빵집과 카페를 경험하고 아기자기한 상점들을 구경하는 소소한 재미가 있는 동네다. 주요 상점들이 모여 있는 용색 스트리트(Yong Saik St.)는 MRT 티옹 바루 역에서 도보 10~15분 떨어져 있다. 차이나타운과 가까운 편이라 함께 일정을 구성하면 좋은데, 차이나타운에서 택시를 타거나 티옹 바루 역에서 택시를 이용하는 게 간편하다.

교통 정보

★MRT EW17 티옹 바루(Tiong Bahru) 역

A출구: 용색 스트리트 방향

B출구: 티옹 바루 프라자

★BUS

To 티옹 바루 프라자: 5, 16, 33, 63, 123, 195, 851번 이용

티옹 바루 추천 일정

11:00 MRT 티옹 바루 역 (도보 약 20분) ··· 11:20 티옹 바루 베이커리(193p)에서 간단히 점심 식사 (도보 약 10분) ··· 13:00 용색 스트리트 거닐기 ··· 14:00 포티 핸즈(193p)에서 커피 한 잔

스타 셰프와 바리스타, 티옹 바루에 모이다

프랑스의 스타 셰프 곤트란 쉐리에와 호주 출신의 유명한 바리스타 해리 그로버가 티옹 바루의 미식계를 흔들었다. 바로 이들이 이 조용한 동네로 싱가포르 사람들의 발길을 끌어당기는 이유다.

크루아상을 꼭 맛보세요!

티옹 바루 베이커리 Tiong Bahru Bakery by Gontran Cherrier

뎀시힐의 배럭스@하우스(162p) 등 스타일리시한 레스토랑 브랜드를 운영하는 스파 에스프리 그룹(Spa Esprit Group)이 9개의 요리책을 출간하고 다수의 TV쇼에도 출연한 셰프 곤트란 쉐리에(Gontran Cherrier)와 합심해 탄생시킨 고품격 프렌치 베이커리. 곤트란 쉐리에는 도쿄 시부야에도 자신의 이름을 건 베이커리를 오픈한 스타 셰프다. 2012년 5월 문을 연 티옹 바루 베이커리는 지역주민은 물론 싱가포르의 트렌드세터에게 전폭적인 지지를 받으며 티옹 바루의 부흥을 이끌고 있다. 통유리 창문으로 햇살이 스며드는 공간에 마련된 넓은 좌석에서 프랑스 정통 크루아상, 달콤한 패스트리 쿠안 아망(Kouign Amann), 바게트를 즐겨보자. 래플스 시티 쇼핑센터(94p)와 탕스 오차드(142p)에도 지점이 있다.

Map 대형①-A3 MRT EW17 티옹 바루(Tiong Bahru) 역 A출구에서 도보 약 10분. 티옹 바루 마켓을 지나 응훈 스트리트(Eng Hoon St.)로 진입 후 200m 왼쪽에 위치 08:00~20:00 베이커리 SGD2.5부터, 커피 SGD3.7부터, 바게트 샌드위치 SGD7부터 +65 6220 3430 #01-70, 56 Eng Hoon St. www.tiongbahrubakery.com

바리스타 해리 그로버

40명의 손길을 거쳐 탄생하는 커피

©Spa Esprit Group

포티 핸즈 40 Hands

스파 에스프리 그룹과 호주 퍼스 출신의 유명 바리스타 해리 그로버(Harry Grover)가 손을 잡았다. 포티 핸즈는 '40명의 손길을 거쳐 한 잔의 커피가 탄생한다'는 의미의 카페. 1930년대에 지어진 숍하우스 안으로 들어가면 경쾌한 일러스트 벽화와 감각적인 음악이 반겨주는 아늑한 공간이 등장한다. 포티 핸즈의 커피는 공정무역을 통해 직접 공수한 커피빈을 이용하고 전문 바리스타가 정성껏 커피를 제조해 더욱 특별하다. 커피뿐 아니라 케이크, 빵, 신선한 재료로 만드는 샌드위치도 판매하며 매주 금~일요일에는 맛있는 브런치도 제공한다. 동네 카페인 만큼 평일에는 일찍 문을 닫으니 참고하자.

Map 대형①-A3 MRT EW17 티옹 바루(Tiong Bahru) 역 A출구에서 도보 약 10분. 용색 스트리트(Yong Siak St.)로 진입해 왼쪽편에 위치. 총 도보 약 10분 화~목요일·일요일 08:00~19:00, 금·토요일 08:00~22:00, 월요일 휴무 커피 SGD3.5부터, 샐러드 SGD11부터, 토스트 SGD12부터, 브런치 SGD14부터 +65 6225 8545 #01-12, 78 Yong Siak St. www.40handscoffee.com

디자인 소품 헌터를 설레게 하는 상점들

싱가포르에서 내로라하는 매력적인 디자인 상점과 서점이 용색 스트리트에 둥지를 틀었다. 디자인 소품 마니아들의 지갑 열리는 소리가 들린다.

빈티지 인테리어에 유용한 낡은 유리잔

북스 액츄얼리 Books Actually

2005년 문을 연 후 클럽 스트리트의 명소로 인정받던 북스 액츄얼리가 2012년 티옹 바루의 좁은 골목으로 이사를 했다. 북스 액츄얼리는 싱가포르 최대의 문학서적을 보유한 소설 및 문학 전문 책방이지만 수학, 과학, 미학, 음악, 영화 등 모든 분야의 책을 아우른다. 디자인, 여행, 요리 서적과 각종 귀여운 소품도 다양하다. 빈티지 마니아라면 서점 구석에서 오래된 엽서, 사진, 카드, 성냥갑, 포스터, 펩시콜라 등 각종 브랜드의 낡은 유리잔 등 오래된 빈티지 소품을 살펴보며 보물찾기를 하는 재미도 쏠쏠할 것이다.

Map 대형❶-A3 포티 핸즈 맞은편 월요일 11:00~18:00, 화~금요일 11:00~21:00, 토요일 10:00~21:00, 일요일 10:00~18:00 +65 6222 9195 9 Yong Siak St. booksactually.com

일러스트 서적도 다양하다

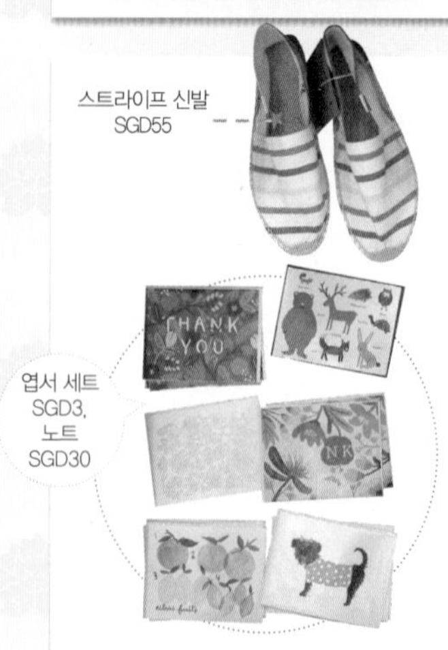

스트라이프 신발 SGD55

엽서 세트 SGD3, 노트 SGD30

스트레인지렛 Strangelets

디자인 제품을 사랑하는 이들이라면 이 숍을 목적지로 삼고 티옹 바루를 찾는 것도 생각해볼 일이다. 의류, 액세서리, 노트북, 홈메이드 액세서리, 양초, 편지지 등 다른 곳에서는 찾기 힘든 아름다운 제품들로 실하게 채워 놓았다. 특히 크로스백, 백팩 등 가방 류가 탐나는데 디자인과 소재의 퀄리티에 비례하여 가격대는 살짝 높은 편이다. 북스 액츄얼리 바로 왼쪽에 위치.

머그컵 SGD30

Map 대형❶-A3 북스 액츄얼리 바로 왼쪽 월~금요일 11:00~20:00, 토·일요일 10:00~20:00 +65 6222 1456 7 Yong Siak St. www.strangelets.sg

'리얼 싱가포르'가 이곳에, 티옹 바루 마켓

리얼 싱가포르를 느낄 수 있는 곳. 1층은 250여개의 점포가 있는 재래시장, 2층은 80여개의 식당과 1,400여개의 좌석이 있는 호커센터로 이뤄져 있다. 티옹 바루 마켓(Tiong Bahru Market)에선 뭘 먹을까?

Map 대형❶-A3 MRT EW17 티옹 바루(Tiong Bahru) 역 A출구로 나와 큰길 건너편의 티옹 바루 프라자를 마주보고 우회전하여 직진. 2번째 나오는 버스정류장에 있는 오솔길로 진입. 총 도보 약 15분 30 Seng Poh Rd.

리홍키 Lee Hong Kee Cantonese Roasted

수준급의 차슈와 오리 고기를 싼 가격에 맛볼 수 있는 곳. 차슈, 훈제 돼지고기, 훈제 오리 고기 등을 판매한다. 굳이 이 음식을 먹으려고 기다리는 사람, 여러 개를 포장해가는 사람들 때문에 줄서기는 필수다. 훈제 오리 라이스(Duck Rice)는 광둥 요리 특유의 풍미가 느껴지는데 이런 가격에 이런 수준의 요리를 즐기기에 부담스러울 정도로 맛있다.

#02-60 08:30~20:00

왕왕
Wang Wang Sugar Cane

무더위를 타파하고 갈증을 해소하기에 사탕수수(Sugar Cane) 주스만큼 좋은 것도 없다. 왕왕 사탕수수 주스는 주문 즉시 직접 즙을 짜 만들어 주기 때문에 더욱 맛있다. 달달한 사탕수수 주스를 메인 메뉴에 곁들여 마셔보자.

#02-27 07:30~20:00

종유유안웨이 Zhong Yu Yuan Wei Wanton Noodle

TV 쇼에 등장했을 만큼 맛으로 이름난 완탕면(Wanton Noodle) 전문점. 이 집의 대표 메뉴인 완탕면은 꼬들꼬들한 면에 돼지 고기를 훈제한 도톰한 차슈(Char Siew)와 양념을 얹은 비빔 국수다. 간간한 비법의 소스와 육즙이 풍부하고 부드러운 차슈 덕분에 한 그릇 뚝딱 비우게 된다. 재료 소진 시 문을 닫으니 가능하면 오전 시간에 들를 것.

#02-30 08:30~15:00 정도, 금요일 휴무

AREA 5

부기스 & 리틀 인디아 Bugis & Little India

부기스와 리틀 인디아는 서로 인접해 있다. 부기스는 이슬람 문화와 최신패션, 쇼핑이 어우러진 매력적인 지역이고 리틀 인디아는 전통 의상 '사리(Sari)'를 입은 사람들, 커리와 향신료 냄새, 발리우드 영화에서 보던 알록달록한 색감들이 모여 진짜 인도에 온 것 같은 착각을 일으킨다.

추천 여행 방법

부기스는 올드 시티에서 도보로 20분 정도 소요되고 리틀 인디아는 부기스에서 20분 정도 걸린다. 그러나 이 지역들을 모두 걸어다니다가는 체력이 순식간에 고갈될 수 있으니 도보여행과 대중교통 이용을 적절히 섞어서 하는 것이 좋다. 부기스와 리틀 인디아를 엮어 반나절 정도 돌아보면 충분하다. 리틀 인디아 지역에는 여러 종교의 사원들이 넓게 포진해 있는데, 사원에 크게 관심이 없다면 리틀 인디아 중심가와 가까운 스리 비라마칼리암만 사원만 둘러 봐도 된다.

교통 정보

[부기스]

MRT

★MRT EW12 부기스(Bugis) 역

A출구: 부기스 스트리트, 조호바루 행 버스터미널 방향

B출구: 래플스 병원, 술탄 모스크, 하지 레인, 아랍 스트리트 방향

C출구: 부기스 정션, 국립도서관 방향

BUS

★To 부기스 역 A출구 인근: 2, 32, 33, 51, 61, 130, 133, 145번 버스 이용

[리틀 인디아]

MRT

★MRT NE7 리틀 인디아(Little India) 역

E출구: 왼쪽 방향 버팔로 로드, 세랑군 로드, 리틀 인디아 아케이드, 테카 센터/뒤쪽 방향 레이스 코스 로드

★MRT NE8 패러 파크(Farrer Park) 역

A출구: 세랑군 로드, 무스타파 센터

B출구: 샤카무니 부다가야 사원, 롱산시 사원

G출구: 스리 스리니바사 페루말 사원

BUS

★To MRT 리틀 인디아 역 및 리틀 인디아 아케이드 맞은편: 23, 56, 57, 64, 65, 66, 67, 131, 139, 147, 166번 이용

추천 일정

출발
10:00
MRT 패러 파크 역
10:30
리틀 인디아 도보여행 210p
추천! 바나나 리프 아폴로 213p
12:30
인도식 점심식사 212p
택시 약 5분
도보 약 20분
추천! 부기스의 지데치 209p
14:00
식후엔 디저트 209p
도보 약 15분
15:00
감각적인 쇼핑 골목
하지 래인 쇼핑 200p
도보 약 3분
추천! 싱가포르 잠잠 208p
18:00
이슬람식 저녁식사
택시 약 6분
도보 약 20분
도착
19:30
24시간 쇼핑몰인 무스타파 센터에서 쇼핑 후 숙소로 귀환 211p

야누스의 매력, 부기스

아랍 상인들이 정착해 살면서 이슬람 문화가 뿌리를 내린 곳. 부기스(Bugis)는 이슬람 문화가 여전히 남아 있는 전통 지역이자, 최근 가장 잘 나가는 쇼핑 거리라는 두 얼굴을 지녔다. 야누스같은 부기스의 신비하고 찬란한 매력 속으로!

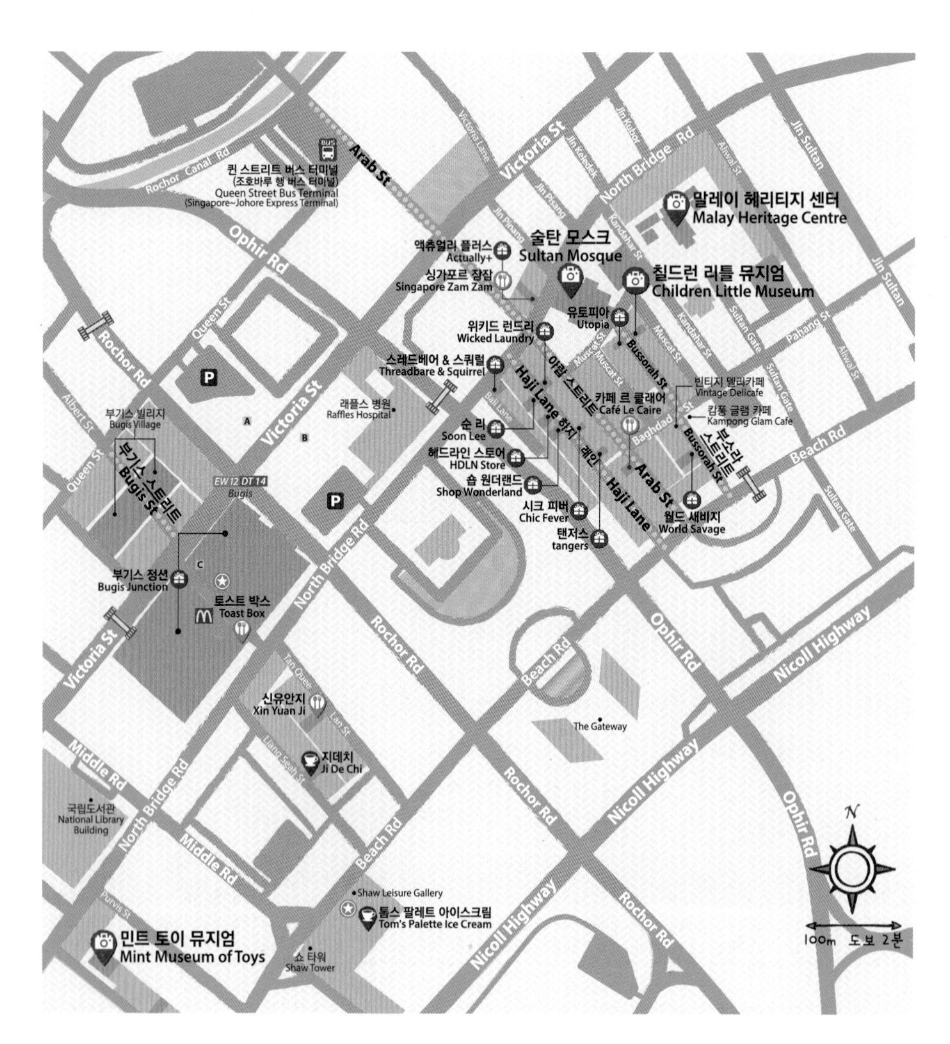

① 이슬람 문화가 꽃핀, 캄퐁 글램

조용하던 어촌에 말레이 술탄의 왕국이 들어서면서 이슬람의 문화가 정착한 지역. 캄퐁 글램은 말레이어로 한 때 이 지역에서 자랐던 '겔람(Gelam)나무의 마을'을 뜻한다. 금요일 정오면 지금도 이슬람교도들의 기도 시간을 알리는 '아잔(Adhan)' 소리가 울려 퍼지는 곳. 부기스의 캄퐁 글램은 풍부한 이슬람의 역사와 문화로 빛나는 지역이다.

아랍 스트리트 Arab Street

아랍 상인들이 활발하게 무역을 펼치던 거리. 무슬림 여성들을 위한 화려한 직물, 중동 지역에서 수입한 고급 카펫 등 패브릭 상점들이 다수 들어서 있다. 낮에는 한가하고 저녁과 주말에 더욱 생기가 돈다.

Map 대형❶-D1 🚊 MRT EW12 부기스(Bugis) 역 B출구로 나와 우회전 래플스 병원(Raffles Hospital) 방향으로 도보 5분

부소라 스트리트 Bussorah Street

술탄 모스크 정문 앞에 펼쳐진 아담한 이슬람 거리. 캄퐁 글램의 중심지다. 거리 양쪽으로 알록달록한 2층짜리 숍하우스에 이슬람 카페, 레스토랑, 아시아 스타일 옷가게, 수공예 기념품숍이 늘어서 있다.

Map 대형❶-D1 🚊 아랍 스트리트 바로 옆 골목. 아랍 스트리트에서 바그다드 스트리트(Baghdad St.)로 진입, 캄퐁 글램 카페(Kampong Glam Cafe)와 빈티지 델리카페(Vintage Delicafe) 사이 골목

술탄 모스크 Sultan Mosque

싱가포르 이슬람 문화의 아이콘. 말레이시아 조호 주의 술탄이던 '후세인 샤'가 동인도회사의 래플스경의 기부를 받아 1826년 완공한 건물로, 웅장한 아라베스크 양식과 황금빛 지붕의 화려함이 감탄을 자아낸다. 국가 기념물이자 싱가포르에서 가장 중요한 회교 사원이다.

Map 대형❶-D1 🚊 MRT EW12 부기스(Bugis) 역 B출구로 나와 래플스 병원(Raffles Hospital) 방향으로 직진, 병원 사거리에서 길을 건너 우회전하여 한 블럭, 노스 브릿지 로드(North Bridge Rd.)로 좌회전 진입 후 도보 3분 ⏲ 09:30~12:00, 14:00~16:00, 금요일 14:30~16:00 ☎ +65 6293 4405 🏠 3 Muscat St. ✉ www.sultanmosque.org.sg

말레이 헤리티지 센터 Malay Heritage Centre

캄퐁 글램의 술탄 게이트(Sultan Gate)에 위치한 말레이 문화유산 박물관. 과거 술탄의 왕궁으로 쓰이던 2층짜리 건물에 들어서 있다. 말레이 문화와 유산을 역사유물, 전시물, 각종 멀티미디어를 통해 보여주는데 왕궁을 구경하는 기분으로 둘러보게 된다.

Map 대형❶-D1/대형❺ 🚊 술탄 모스크에서 도보 3분 ⏲ 10:00~18:00, 월요일 휴관 Ⓢ SGD4, 어린이(7~12세) SGD3 ☎ +65 6391 0450 🏠 85 Sultan Gate ✉ www.malayheritage.org.sg

2 하지 래인 완전정복

별 볼 일 없던 작은 골목이 패션의 별천지가 됐다. 상권이 죽어가던 술탄 모스크 인근 작은 골목에 싱가포르의 젊은 디자이너들이 모여들어 감각적인 독립 부티크와 개성 있는 카페를 열었다. 싱가포르의 트렌드세터들이 꼽는 '가장 좋아하는 쇼핑 거리' 하지 래인의 주요 숍들을 살펴보자.

미국, 유럽, 아시아 등지에서 골라온 제품들

순 리 Soon Lee

유쾌하고 발랄한 패션에 관심이 있는 여성이라면, 아마 이 숍의 매력에 금세 빠지고야 말 것이다. 순 리는 싱가포르의 디자이너 브랜드부터 글로벌 브랜드까지 다양한 상품을 다루는 곳으로 러블리한 블라우스, 페미닌한 스타일의 원피스, 트위드 스커트 등 여성스러운 의류가 돋보인다. 독특한 디자인의 구두를 좋아하는 사람들을 위한 영국 수제화 브랜드 일레귤러 초이스(Irregular Choice)의 동화 같은 구두부터 편하고 심플한 탐스(TOMS)의 웨지 슈즈까지 슈즈 라인도 다채롭다. 한편, 오차드 로드 22번지에 위치한 자매 매장 록스타 바이 순 리(Rockstar by Soon Lee)는 캐주얼한 유니섹스 패션숍이다.

Map 대형❶-D1 🕒 월~토요일 12:00~21:00, 일요일 13:00~20:00 ☎ +65 6297 0198 🏠 73 Haji Lane ✉ ishopsoonlee.blogspot.com

헤드라인 스토어 HDLN Store

'천상 여자'와 '세련된 남자'들에게 어울리는 패션이 이곳에 있다. 헤드라인(HEADLINE, HDLN) 스토어는 여성스러운 실루엣과 플라워 패턴의 원피스, 파스텔톤의 블라우스 등 어디에서나 입기 편한 여성의류와 무난하고 베이직한 디자인의 캐주얼 남성의류를 선보이는 매장. 트렌디한 신발과 정교하고 유니크한 각종 액세서리도 판매한다. 2층에는 남성 스트리트 패션숍 헤드라인의 콘셉트 스토어가 있다.

Map 대형❶-D1 ⏱ 12:00~21:00 ☎ +65 6297 9886 🏠 61A Haji Lane ✉ www.headlinestore.com

시크 피버 Chic Fever

파란 자동차 위에 마네킹이 앉아 있는 기발한 데코레이션의 상점. 시크한 냄새가 폴폴 풍기는 패션 부티크다. 레트로풍으로 꾸민 입구를 통과해, 도로시를 기다리는 구두들이 쪼르르 놓여 있는 좁은 통로를 지나면 비로소 메인 매장이 나온다. 시크 피버는 시스루 소재의 사랑스러운 원피스부터 오피스룩으로 적당한 아이템까지 다양한 디자인의 여성의류를 갖추었으며 신발, 란제리, 남녀가방, 선글래스, 빈티지하면서도 멋스러운 홈 데코용품까지 만날 수 있다. 잡화와 액세서리 쇼핑도 가능하다. 레드, 핑크, 다크 그린 등 다양한 컬러의 둥근 펠트 모자와 강렬한 색감의 파우치 등이 탐난다. 합리적인 가격대도 매력적.

Map 대형❶-D1 ⏱ 12:00~21:00 ☎ +65 9226 8686 🏠 Level 2, 56A Haji Lane

탠저스 tangers

어디서 많이 보던 스타일이라고? 맞다. 탠저스는 서울에서 공수해 온 'Made in Korea' 의류와 액세서리를 판매하는 편집숍이다. 서울의 여느 편집매장보다 더욱 감각적으로 코디해 놓은 마네킹 때문인지, 눈썰미 있는 오너가 세련된 아이템만 쏙쏙 잘 골라왔기 때문인지 탠저스는 익숙한 듯 색다른 쇼핑의 즐거움을 준다. 형광 노랑으로 포인트를 준 핑크색 남성 면바지 등 개성 있는 제품부터 데일리룩으로 좋은 심플한 디자인까지 다양한 의류를 제공한다. 톡톡 튀는 색감의 클러치, 요시모토 나라의 일러스트 액자 등도 눈길을 끈다. 1층은 남성의류, 2층은 여성의류로 구성돼 있다.

Map 대형❶-D1 ⏱ 13:00~21:00 ☎ +65 9152 3758 🏠 51 Haji Lane ✉ www.tangers.com.sg

숍 원더랜드 Shop Wonderland

집 꾸미기를 좋아하는 사람들의 발길을 한참이나 붙잡는 곳. 웨딩과 파티 이벤트 회사에서 운영하는 상점으로 향긋한 꽃부터 티파니 의자와 테이블 세트까지 웨딩과 이벤트를 위한 다양한 상품을 제공한다. 싱가포르의 고급 티 브랜드 그리폰(Gryphon)의 차 패키지, 페라나칸의 영향을 받은 플라워 프린트의 찻잔 세트와 샴푸 용기, 축하 카드, 근사한 조명 등 우아하고 예쁜 상품이 무척 많다. 쿠키와 컵케이크 등 스낵 류도 판매한다.

Map 대형❶-D1 ⏲ 12:00~20:00 ☎ +65 6299 5848 ⌂ 53 Haji Lane ✉ www.wonderland.com.sg

위키드 런드리 Wicked Laundry

예쁜 민트색의 외관과 아기자기한 디스플레이로 지나가는 이의 시선을 확 잡아끄는 숍. 핸드메이드 의류와 빈티지한 디자인의 슈즈, 백, 모자 등의 패션소품들과 문구 류가 아담한 매장을 깨알같이 채우고 있다. 과감하지만 한벌쯤 내 옷장을 채웠으면 좋겠다 싶은 디자인의 옷도 종종 눈에 띈다.

Map 대형❶-D1 ⏲ 월~토요일 12:00~20:30, 일요일 13:00~20:00 ☎ +65 6298 9110 ⌂ 76 Haji Lane ✉ www.facebook.com/wickedlaundry.com.sg

유니크한 패션을 선호한다면, 위키드 런드리로!

③ 젊은 감각이 살아 있는 부기스를 쇼핑하다!

부기스 쇼핑은 하지 래인에서 끝나지 않는다. 클럽 스트리트에 있던 상점이 이사를 해오고, 유명 패션 부티크의 분점이 둥지를 튼 부기스 지역은 또 다른 쇼핑의 대세. 부기스 곳곳에 위치한 개성 있는 상점에서 쇼핑의 재미를 찾아보자.

부기스 정션 Bugis Junction

10대 청소년과 젊은 층이 모여드는 복합쇼핑센터. 싱가포르 쇼핑몰 최초로 천장을 유리로 만든 세련된 건물에 각종 숍은 물론 노천 카페와 레스토랑이 줄지어 있어 독특한 분위기를 자아낸다. 영국 SPA 브랜드 톱숍(TOPSHOP), 키노쿠니야(Kinokuniya) 서점 등 젊은 층을 타깃으로 하는 브랜드가 다양하게 입점돼 있다.

Map 대형❶-D1 MRT 부기스(Bugis) 역 C출구와 연결 ⏲ 10:00~22:00 ✉ www.bugis junction-mall.com.sg

부기스 스트리트 Bugis Street

싱가포르에서 가장 큰 쇼핑 거리. 붉은 차양 아래 길거리 음식점, 각종 보세의류및 잡화점, 환전소, 네일숍 등 600여개의 숍이 모여 있는 재래시장으로, 우리나라의 동대문시장같은 느낌이다. 무엇보다 가격이 저렴하다는 점이 포인트. 시원한 과일 주스를 한 잔 들고 미로같은 골목을 탐험하며 아이 쇼핑을 즐기기에 좋다.

Map 대형❶-D1 MRT EW12 부기스(Bugis) 역 C출구로 나가 빅토리아 스트리트(Victoria St.)의 맞은편에 위치 ⏲ 11:00~22:00 ✉ www.bugis-street.com

보헤미안 풍의 액세서리

유토피아 Utopia

아시아 스타일의 이국적인 디자인을 선보이는 패션 부티크. 인도네시아, 중국, 베트남, 홍콩, 태국 등 아시아 각국의 풍부한 문화유산을 디자인에 녹여낸 에스닉한 의류, 잡화, 액세서리를 만날 수 있다. 화려한 색감, 독특한 패턴 등이 패션 피플의 마음을 사로잡을 듯. 비보시티 2층에도 매장이 있다.

Map 대형❶-D1 술탄 모스크 뒤편, 부소라 스트리트 초입, 모스크를 등지고 오른쪽에 위치 ⏲ 11:00~19:00 ☎ +65 6297 6681 🏠 50 Bussorah St. ✉ www.utopiaapparels.com

스레드베어 & 스쿼럴 Threadbare & Squirrel

하나하나 살피다보면 주인과 고객이 유독 궁금해지는 편집매장. 하지 래인 옆의 작은 골목 발리 래인(Bali Lane) 입구에 위치한 스레드베어 & 스쿼럴은 의류, 백, 슈즈 등 다채로운 패션 아이템들을 다루는 숍이다. 깔끔한 티셔츠, 심플하면서도 핏이 살아있는 원피스, 디테일이 살아있는 백 등 남다른 안목으로 신중하게 선택한 티가 나는 라인업이 자랑. 디프레션(Depression), 아카 웨이워드(A.K.A Wayward), 알 & 앨리샤(Al & Alicia), 프라이머리(Primary), 라이온 얼(Lion Earl) 등 깔끔하고 퀄리티 있는 싱가포르 브랜드를 만날 수 있다.

Map 대형❶-D1 MRT EW12 부기스(Bugis) 역 B출구에서 래플스 병원(Raffles Hospital) 방향으로 직진, 길을 건너 우회전하여 노스 브릿지 로드(North Bridge Rd.)로 좌회전해 두 번째 오른쪽 블럭 월~목요일 12:30~20:30, 금·토요일 12:30~09:30, 일요일 13:00~20:00 +65 6396 6738 660 North Bridge Rd. www.threadbareandsquirrel.com

액츄얼리 플러스 Actually+

유러피언 스타일의 스트리트 패션을 선호하는 사람들에게 인기인 숍. 액츄얼리 플러스는 래플스 호텔 인근에 위치한 유명한 남성제품 편집숍 액츄얼리(Actually)의 자매 매장으로, 남성뿐 아니라 여성제품도 함께 다루는 편집숍이다. 언더그라운드 잉글랜드(Underground England), 프라이탁(Freitag), 아콤플라이스(Akomplice) 등 마니아 층을 보유한 브랜드를 만날 수 있다. 싱가포르 잠잠 바로 왼쪽에 있는 계단을 올라가면 된다.

Map 대형❶-D1 술탄 모스크 건너편, 싱가포르 잠잠 건물 2층 월~토요일 12:00~21:00, 일요일 12:00~19:00 +65 6298 8492 118A Arab St. www.actuallyshop.com

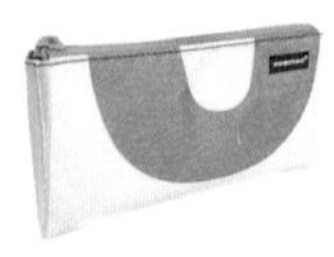

언더그라운드
잉글랜드 클리퍼
SGD155부터

월드 새비지 World Savage

골동품과 앤티크 소품을 탐닉하는 사람이라면 부소라 스트리트로 가자. 클럽 스트리트에서 이곳으로 옮겨 온 월드 새비지는 빈티지한 의류, 오래된 전등, 가방 등 다양한 앤티크 소품과 직접 만든 수공예 액세서리 등을 판매하는 상점. 주인장의 수집품을 엿보는 재미가 있다. 특히 내추럴하면서도 독특한 디자인의 빈티지 원피스를 다수 판매해 레트로 스타일을 선호하는 여성들에게 추천.

Map 대형❶-D1 술탄 모스크 뒷길을 따라 쭉 내려와 부소라 스트리트로 진입, 오른쪽에 위치 ⓒ 매번 바뀌지만 대개 16:00 이후에 문을 연다. 월요일·공휴일은 휴무 ☎ +65 6536 8590 ⌂ 70 Bussorah St. ✉ www.worldsavage.com

앤티크한 문양의 핀 SGD30부터

70년대 가죽가방 SGD420

빈티지 원피스 SGD160

칠드런 리틀 뮤지엄 Children Little Museum

1950년대와 1970년대의 옛날 장난감들을 전시하고 있는 아랍 스트리트 인근의 작은 박물관. 입구를 지키는 커다란 로봇부터 인상적이다. 2층으로 구성된 작은 박물관에는 오래된 장난감, 책, 포스터 등이 진열돼 있다. 빈티지한 배경으로 사진을 찍을 수 있어서 신혼부부의 웨딩사진 촬영이나 화보 촬영 배경으로도 이용된다. 혼자 온 손님에게는 이 박물관 겸 상점의 주인이 포토 스폿에서 직접 기념사진을 촬영해주기도 한다.

Map 대형❶-D1 술탄 모스크 뒷길, 술탄 모스크를 등지고 왼편을 보면 바로 보임 ⓒ 11:00~21:00 ☎ +65 6298 2713 ⌂ 42 Bussorah St.

PIEDRA NEGRA
The world's hottest secrets:
Deck of Secrets
pocket guides
DINE
DRINK
EAT
DRINK.
We are Open
upstair

부기스 4색(色) 4미(味)

문화가 다양하니 맛도 다채롭다. 이슬람식부터 말레이식, 중국식, 서양식까지 부기스 안에 모두 모여 있다. 아랍 스트리트에서 무슬림 음식을 맛보고 특별한 디저트 상점에서 달콤한 여유를 가져 보는 건 어떨까. 네 가지 맛으로 즐기는 부기스!

부하리 치킨 SGD12

낯설고도 익숙한 아랍의 맛
카페 르 클래어 Cafe Le Caire

좀 더 이국적인 분위기에서 중동 음식을 먹고 싶다면 아랍 스트리트의 카페 르 클래어로 가보자. 2003년 문을 연 카페 르 클래어는 아랍 요리와 디저트, 애프터눈 티 등을 제공하는 중동 레스토랑이다. 추천 메뉴는 부하리 치킨(Bukhari Chicken). 부하리라는 향신료로 맛을 낸 치킨 요리와 밥, 야채가 함께 제공되는데 향신료 냄새가 거의 없어 맛나다. 저녁에만 이용 가능한 2층에는 중동 지역에서 수입해 온 카펫으로 장식된 룸이 있다. 새벽까지 운영.

Map 대형❶-D1 MRT EW12 부기스(Bugis) 역 B출구에서 래플스 병원(Raffles Hospital) 방향으로 직진, 길을 건너 우회전하여 한 블럭, 노스 브릿지 로드(North Bridge Rd.)로 좌회전 진입 후 100m, 아랍 스트리트(Arab St.)로 우회전하여 약 50m 일~목요일 10:00~03:30, 토·일요일 10:00~05:30 애피타이저 SGD4부터, 케밥 SGD12부터, 고기요리 SGD16부터, 샌드위치 SGD6부터, 디저트 SGD5부터, 음료 SGD2부터 +65 6292 0979 39 Arab St. www.cafelecaire.com

우리 입맛에도 잘 맞는 무르타박

무르타박으로 싱가포르 제패!
싱가포르 잠잠 Singapore Zam Zam

1908년 시작해 100년이 넘는 역사를 자랑하는 무슬림 레스토랑. 수많은 매체가 꼽는 술탄 모스크 주변의 대표 음식점이다. 이곳의 대표 메뉴 무르타박(Murtabak)은 달걀, 양파, 고기를 넣고 구운 빵에 소스를 찍어먹는 요리로 양고기, 소고기, 치킨 중에 골라 주문할 수 있다. 무르타박은 쫄깃하면서도 바삭바삭한 껍질 안에 양파와 고기가 듬뿍 들어있어 고소하고 담백한 맛. 함께 제공되는 카레소스, 오이를 곁들여 먹으면 더욱 맛있다. 인도식 볶음밥 브리야니(Briyani)도 인기 메뉴. 요리사가 무르타박을 만드는 과정을 지켜보는 것도 재미난다. 2층에서 보다 조용하게 식사할 수 있다.

Map 대형❶-D1 술탄 모스크 건너편 08:00~23:00 소고기 무르타박 SGD5부터, 치킨 무르타박 SGD6부터, 브리야니 SGD6부터, 피시 헤드 커리 SGD20 +65 6298 6320 697 North Bridge Rd.

골라 먹는 재미가 있는 수제 아이스크림

톰스 팔레트 아이스크림 Tom's Palette Ice Cream

우유, 달걀, 크림, 설탕을 사용해 만드는 전통 홈메이드 아이스크림. 톰스 팔레트는 무려 120여 종의 아이스크림을 보유하고 있는데 매장에서는 약 24종씩 매일 바꿔가며 오늘의 아이스크림을 제공한다. 애플 파이, 라씨, 라벤더, 핑크 구아바 등 수많은 아이스크림 중에서 뭘 먹어야 할지 고민이 될테니, 한 스푼 시식 후 선택해보자. 고객들의 손글씨로 장식된 테이블과 벽면을 살펴보는 재미도 쏠쏠하다. 일요일에는 2시간 코스의 아이스크림 교실도 진행하니 홈메이드 아이스크림에 관심이 있다면 홈페이지를 참고할 것.

Map 대형❶-D2 MRT EW12 부기스(Bugis) 역 C출구로 나와 토스트 박스 앞에 있는 길을 건너 탄퀴란 거리(Tan Quee Lan St.)로 직진, 비치 로드(Beach Rd.) 길 건너에 주황색의 래플스 에듀케이션 건물 옆으로 쇼 타워(Shaw Tower) 1층에 있다. 스타벅스 쪽 출입문으로 들어가면 쉽게 찾을 수 있다 ⓒ 월~목요일 12:00~21:30, 금·토요일 12:00~22:00, 일요일 13:00~17:00(매월 마지막 일요일 휴무) ⓢ 콘 SGD4부터, 컵 SGD3.2부터, 차 SGD3, 밀크셰이크 SGD5.5 ☎ +65 6296 5239 ⌂ #01-25, Shaw Leisure Gallery S, 100 Beach Rd. ✉ www.tomspalette.com.sg

Sweet

포멜로
사고를 곁들인
두리안
SGD6.5

두리안 빙수가 있는 디저트 가게

지데치 Ji De Chi

두리안을 좋아한다면 주저 말고 가야할 곳. 싱가포르의 먹자골목 중 하나인 리앙 시아 거리(Liang Seah St.)에 위치한 지데치는 홍콩 셰프에게 비법을 전수받은 홍콩식 디저트를 선보인다. 추천 메뉴는 포멜로 사고를 곁들인 두리안(Durian with Pomelo Sago). 아이스크림처럼 부드럽게 녹인 두리안 위에 탱글탱글 알이 살아 있는 포멜로, 개구리알처럼 생긴 쫄깃하고 독특한 식감의 작은 알갱이 사고를 곁들인 차가운 디저트다. 두리안 특유의 향이 거의 없고 부드럽고 달콤한 맛이다. 오차드 로드의 프라자 싱가푸라(Plaza Singapula) 지하 2층에도 분점이 있다.

Map 대형❶-D1 MRT EW12 부기스(Bugis) 역 C출구로 나와 토스트 박스 앞에 있는 길을 건너 리앙 시아 거리(Liang Seah St.)로 진입, 도보 5분 ⓒ 일~목요일 11:00~23:00, 금·토요일 11:00~23:30 ⓢ 망고 디저트 류 SGD4.5, 빙수 류 SGD5.5 ☎ +65 6339 9928 ⌂ #01-03, 8 Liang Seah St. ✉ www.jidechi.com.sg

나마스테! 작은 인도를 만나세요!

리틀 인디아는 다른 어느 지역보다 이국적인 문화유산이 많이 남아있어 도보여행이 즐거운 곳이다. 싱가포르 여행 중 두 시간만 투자하면 '작은 인도'에 다녀올 수 있으니 얼마나 매력적인가. 단, 중간중간 싱가포르의 무더위를 피하며 휴식을 취하는 것이 중요하다.

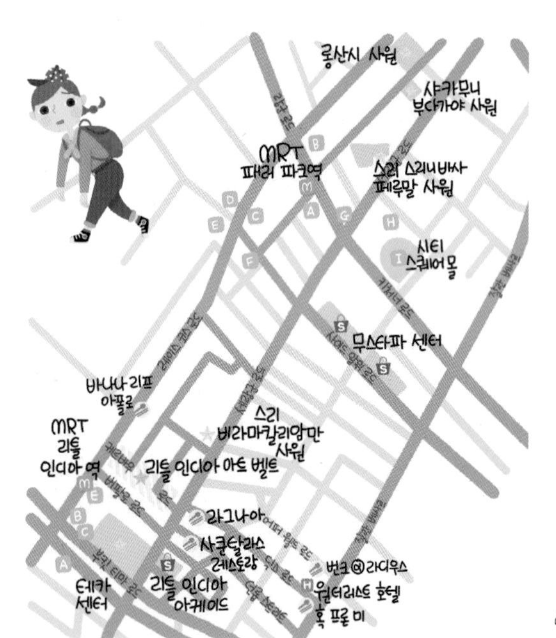

도보여행 추천 코스

MRT 패러 파크 역 ···› 스리 스리바나 페루말 사원 ···› 롱산시 사원 ···› 샤카무니 부다가야 사원 ···› 무스타파 센터 ···› 스리 비라마칼리암만 사원 ···› 리틀 인디아 아케이드 ···› 테카 센터 ···› MRT 리틀 인디아 역

Map 대형⑤ MRT 패러 파크(Farrer Park) 역 ~리틀 인디아(Little India) 역

샤카무니 부다가야 사원
Sakya Muni Buddha Gaya Temple

크기 15m, 무게 300톤에 달하는 거대한 불상을 모시고 있는 불교 사원. 1927년 태국의 스님이 지은 것이라고 전한다. 1,000여개의 법등이 천장에 대롱대롱 매달려있어 '천등사'라고도 불리며, 부처상 앞에 힌두교의 신들이 모셔져 있는 것은 불교와 힌두교의 조화를 의미한다.

Map 대형⑤ MRT NE8 패러 파크(Farrer Park)역 A출구로 나와 건너편 레이스 코스 로드(Race Course Rd.)를 따라 직진, 오른쪽에 위치 ⓒ 08:00~16:45 ⌂ 366 Race Course Rd.

스리 스리니바사 페루말 사원
Sri Srinivasa Perumal Temple

힌두교의 최고 신인 시바 신(神)과 양립하는 하늘의 신 비슈누(Vishnu)에게 바치기 위해 1855년 지어진 사원. 힌두교의 수많은 화신들이 있는 20m 높이의 고푸람(Gopuram)은 1966년에 증축됐다. 운이 좋으면 힌두교 사원의 의식인 푸자(Pooja)를 경험할 수도 있다.

Map 대형⑤ MRT NE8 패러 파크(Farrer Park)역 G출구에서 도보 2분 ⓒ 05:45~12:00·17:00~21:00 ⓒ 푸자 시간 06:15·08:00·12:00·18:00·19:30·21:00 ⌂ 397 Serangoon Rd.

무스타파 센터 Mustafa Center

싱가포르 유일의 24시간 쇼핑몰. 무스타파 센터는 겉으로 보기엔 다소 허름하지만 그 속에는 없는 게 없다. 에어컨이 시원하게 돌아가는 몰 안에서 기념품과 식료품을 저렴하게 구매해 보자. 어깨결림, 근육통 등에 좋은 가정상비약 타이거 밤(Tiger Balm), 인도에서 온 천연화장품 히말라야(Himalaya)의 수분크림은 필수 구매 품목으로 꼽히기도 한다.

Map 대형❺ MRT NE8 패러 파크(Farrer Park) 역 I출구로 나와 세랑군 로드(Serangoon Rd.)를 따라 직진, 세랑군 프라자(Serangoon Plaza)를 끼고 좌회전 후 도보 1분 ☎ +65 6295 5855 ⌂ 145 Syed Alwi Rd.

테카 센터 Tekka Centre

인도인들을 위한 시장이자 리틀 인디아의 랜드마크. 재래시장, 호커센터는 물론 인도 전통의상 사리, 향신료, 커리 파우더 등을 판매하는 숍들이 모여 있는 복합쇼핑몰이다. 1층 호커센터에서 남인도와 북인도 요리, 중국 요리, 말레이 요리를 모두 맛볼 수 있다.

Map 대형❺ MRT NE7 리틀 인디아(Little India) 역 B출구로 나와 왼쪽으로 직진 후 도보 2분 ⏲ 10:00~22:00(매장마다 다름) ⌂ 665 Buffalo Rd.

리틀 인디아 아케이드 Little India Arcade

뭄바이나 델리에 온 것 같은 기분이 드는 인도인들의 바자르(시장). 인도 스타일 가방, 액세서리, 파시미나 숄 등 인도의 모든 것을 모아놓은 듯한 쇼핑센터다. 여행에서의 색다른 일탈을 즐겨보고 싶다면 이곳에서 헤나를 해보는 것도 흥미로울 듯.

Map 대형❺ MRT NE7 리틀 인디아(Little India) 역 B출구에서 도보 4분 ⏲ 09:00~22:00(매장마다 다름) ⌂ 48 Serangoon Rd.

롱산시 사원 Leong San See Temple

용 문양이 가득한 사원. 자비의 여신인 관음(Guan Yin)에게 헌정하기 위해 1917년에 지어진 사원이다. 행운을 얻고 싶다면 시계 방향으로 돌아볼 것.

Map 대형❺ 샤카무니 부다가야 사원 옆 ⏲ 06:00~18:00 ⌂ 371 Race Course Rd.

스리 비라마칼리암만 사원 Sri Veeramakaliamman Temple

싱가포르에서 가장 오래된 힌두 사원 중 한 곳. 1855년 인도에서 온 이주민이 남인도 스타일로 지은 사원이다. 시바의 아내인 힌두교 여신 칼리(Kali)에게 바치는 사원이다. 문에 달려 있는 작은 종들은 신들의 대답을 듣기 위해 요청하는 과정이라고.

Map 대형❺ MRT NE7 리틀 인디아(Little India) 역 E출구로 나와 왼쪽으로 직진, 세랑군 로드(Serangoon Rd.)가 나오면 좌회전 후 도보 3분 ⏲ 05:30~10:00 ⌂ 141 Serangoon Rd. ☎ +65 6295 4538 ✉ www.sriveeramakaliamman.com

TIP 리틀 인디아 아트 벨트 Little India Arts Belt

10여개의 알록달록한 숍하우스가 있는 케르바우 로드(Kerbau Rd.). 상점, 댄스 스쿨, 프라이빗한 갤러리로 이용되는 숍하우스를 따라 약 5분간 걸으며 인도의 화려한 색감을 만끽할 수 있다. 외관을 보는 게 전부지만 발리우드풍의 화려한 기념사진을 남기기엔 딱 좋다.

Map 대형❺ MRT NE7 리틀 인디아(Little India) 역 E출구. 오른쪽으로 돌아 도보 2분, 케르바우 로드(Kerbau Rd.)로 진입

오감을 자극하는 인도식 한 끼

한국에서도 큰 인기를 얻고 있는 인도 음식. 본토의 맛은 어떨지 궁금했다면 싱가포르의 리틀 인디아에서 경험해보자. 바나나 잎 위에 나오는 음식을 손으로 먹는 인도인들의 식습관을 확인할 수 있다. 물론 여행자들에게는 포크가 제공되니 안심해도 된다.

이게 바로 인도 스타일~!

바나나 잎 위에 차려지는 남인도의 맛

사쿤탈라스 레스토랑 Sakunthala's Restaurant

북인도 요리와 남인도 요리를 모두 제공하는 인도 음식점. 1999년부터 자리를 지킨 만큼 단골 손님이 많다. 북인도 음식은 화덕에서 구운 탄두리 치킨과 빵이 중심이고 남인도 음식은 매콤하고 담백한 음식이 많아 우리 입맛에 잘 맞는 편이다. 커리, 난, 탄두리 치킨 등 다양한 인도 음식이 커다란 바나나 잎에 올려 나온다. 추천 메뉴는 인도식 볶음밥 브리야니(Briyani). 치킨, 양고기, 생선, 새우, 야채 등 메인 토핑을 선택하면 브리야니 볶음밥과 함께 나온다. 현지인들에겐 마치 백반처럼 밥과 반찬이 제공되는 세트 메뉴 베지테리안 밀(Vegetarian Meal)도 인기. 역시 달걀, 양고기, 치킨 등 주 메뉴를 선택할 수 있다. 밥은 리필 가능.

Map 대형⑤ MRT NE7 리틀 인디아(Little India) 역 E출구로 나와 버팔로 로드(Buffalo Rd.)를 지난다. 세랑군 로드(Serangood Rd.)를 건넌 후 바로 왼쪽의 던롭 스트리트(Dunlop St.)로 진입, 10m 오른편에 위치 ⏲ 11:00~23:00 $ 브리야니 SGD7.5부터, 베지테리안 밀 SGD7부터, 망고 라씨 SGD4.5 ☎ +65 6293 6649 ⌂ 151 Dunlop St. ✉ www.sakunthala.com.sg

아늑한 공간에서 맛보는 인도 디저트

라그나아 Lagnaa

어퍼 딕슨 로드(Upper Dickson Rd.) 길바닥에 그려진 발자국을 따라가다보면 만날 수 있는 인도 식당. 1층은 캐주얼한 분위기, 2층은 방석이 놓여 있는 아늑한 좌식공간이다. 에어컨이 완비돼 있어 더위에 지친 몸을 쉬어가기에 적당하다. 라그나아는 치킨 커리, 인도식 볶음밥 브리야니 등 각종 인도 음식은 물론 디저트와 음료 메뉴도 다양하게 갖추고 있어 식후에 찾아도 괜찮은 곳이다. 달콤하고 시원한 디저트가 땡긴다면 다디단 인도식 아이스크림 쿨피(Kulfi)를 선택하고, 리미티드 에디션에 혹하는 사람이라면 우유를 응고시켜 만든 따뜻한 굴랍 자문과 차가운 베일리스가 섞인 시그니처 메뉴 베일리스 굴랍 자문(Bailey's Gulab Jamun)에 도전해보자. 인도에서는 식사 후 뜨거운 음료를 마시는 게 보통이라 마살라 티(Masala Tea)를 마셔보는 것도 좋을 듯.

Map 대형⑤ MRT NE7 리틀 인디아(Little India) 역 E출구로 나와 버팔로 로드(Buffalo Rd.)를 지난다. 세랑군 로드(Serangood Rd.)를 건넌 후 좌회전하여 어퍼 딕슨 로드(Upper Dickson Rd.)로 진입, 50m 오른쪽에 위치 ⏲ 11:30~22:30 $ 베일리스 굴랍 자문 SGD15+, 마살라 티 SGD5.5+, 인도 맥주 SGD11+부터, 칵테일 SGD15+, 디저트 SGD2.5+부터 ☎ +65 6296 1215 ⌂ 6 Upper Dickson Rd. ✉ www.lagnaa.com

인도식 아이스크림 쿨피 SGD5+부터

피시 헤드 커리의 명가

바나나 리프 아폴로 The Banana Leaf Apolo

싱가포르에서 반드시 먹어봐야할 음식 중 하나인 인도의 피시 헤드 커리(Fish Head Curry). 바나나 리프 아폴로는 리틀 인디아의 유명한 피시 헤드 커리 맛집으로, 리틀 인디아에만 2개의 지점을 보유하고 있다. 피시 헤드 커리는 커다란 생선 머리가 들어 있어 처음엔 다소 부담스럽지만 우리의 매운탕과 비슷한 맛이라 먹다보면 그 매콤함과 시원함에 금세 중독된다. 게다가 생선 머리에 살코기가 은근히 많아 발라먹는 재미도 있다. 피시 헤드 커리를 가장 작은 사이즈로 주문하고 인도 전통빵 난(Naan)이나 볶음밥을 곁들이면 둘이서 배부른 한 끼가 가능하다.

Map 대형❺ MRT NE7 리틀 인디아(Little India) 역 E출구에서 레이스 코스 로드(Race Course Rd.)를 따라 도보 약 5분 10:30~22:30 치킨 요리 SGD5부터, 탄두리 SGD12부터, 메인요리 SGD12부터, 밥 SGD3부터, 난 SGD2.5부터 +65 6293 8682 54 Race Course Rd. www.thebananaleafapolo.com

처음 만나는 달콤함!

모굴 스위트숍 Moghul Sweet Shop

코코넛 캔디
1개 SGD1 수준

리틀 인디아 아케이드 1층에 위치한 인도식 디저트 상점. 비주얼부터 낯선 디저트들이 다채롭게 준비돼 있다. 무엇을 먹을까 고민하는 사이에 수많은 인도인들이 익숙하게 디저트를 주문해 가고 호기심 많은 서양인들이 소신껏 메뉴를 선택한다. 로컬에게 인기있는 음식이라면 일단 먹어보는 호기심 많은 여행자일 경우, 한번쯤 경험 삼아 먹어보면 좋은 맛이다. 평소 너무 단 디저트를 선호하지 않는다면 건너뛰어도 무방할 듯. 현금 사용만 가능. 대표 메뉴는 코코넛 캔디(Coconut Candy), 캐롯 버피(Carrot Burfy).

Map 대형❺ 리틀 인디아 아케이드 1층 09:30~21:30 +65 6392 5797 48 Serangoon Rd.

Special Page

면식가의 싱가포르 누들 로드

싱가포르의 면 요리는 다양하고 또 다채롭다. 면 요리에 일가견 있는 싱가포르 친구와 함께 훑어본 싱가포르의 인기 면 요리 전문점. 면 요리 마니아들이여, 싱가포르 누들 로드로 함께 진격해보자.

우유를 첨가해 국물이 끝내줘요!

신유안지 Xin Yuan Ji

입맛 까다로운 싱가포르 현지인이 강추한 국숫집. 숯을 이용한 피시 헤드 스팀 보트와 시푸드 전문식당이다. 피시 헤드의 비주얼 때문에 선뜻 도전하기 꺼려진다면 피시 미훈(Fish Mee Hoon)을 선택해보자. 이 집의 피시 미훈은 생선 육수에 우유를 첨가한 국물이 특징인데, 비리지 않으면서 짭쪼름하고 담백한 국물과 쫄깃하고 탱탱한 면발이 끝내준다. 피시 미훈은 튀긴 생선(Fried Fish Meat Mee Hoon)과 그냥 잘라낸 생선(Fresh Sliced Fish Mee Hoon) 등 다양한 토핑으로 즐길 수 있다. 면발 굵기를 선택할 수 있으며 매운 소스와 곁들여 먹으면 더욱 맛있다. 보리로 만들어 달달한 싱가포르의 로컬 음료인 발리(Barley)를 곁들여도 좋다. 점심시간에는 부기스 주변 직장인들로 인해 많이 붐빈다.

Map 대형❶-D1 MRT EW12 부기스(Bugis) 역 C출구 부기스 정션을 통해 1층으로 나와, 스타벅스와 맥도날드 사이로 나가 노스 브릿지 로드(North Bridge Rd.)를 건너 토스트 박스 바로 건너편에 있는 골목으로 들어가 50m 11:00~01:00 미훈 SGD5.8부터, 돼지고기 요리 SGD16.8부터, 음료 SGD1부터 +65 6334 4086 #01-01, 31 Tan Quee Lan St. xinyuanji.com.sg

곱창과 새우, 돼지고기가 어우러진 프론 미

혹 프론 미 Hock Prawn Mee

리틀 인디아와 부기스 사이, 원더러스트(WANDERLUST) 호텔 인근에 위치한 분화 푸드센터(Boon Hwa Food Centre)에는 유명한 호커식당이 2곳 있다. 프론 미 전문점 혹 프론 미(Hock Prawn Mee)와 하이난식 치킨라이스 볼(Hainan Chicken Rice Ball)이다. 프론 미는 말 그대로 새우 국수인데 새우, 돼지고기와 각종 양념을 넣고 삶은 육수에 설탕과 간장으로 간을 맞춰 칼칼하면서도 은은한 단맛이 나는 국물이 포인트. 추천 메뉴는 일반 프론 미에 곱창을 첨가한 프론 미(Intestine Prawn Mee). 야들야들한 곱창과 잡내 없이 깔끔하면서도 깊고 진한 국물맛이 돋보인다.

Map 대형❺ MRT NE7 리틀 인디아(Little India) 역 B출구로 나와 직진, 두 번째 나오는 사거리에서 좌회전하여 잘란 베사르(Jalan Besar)로 진입해 두 번째 골목인 던롭 스트리트(Dunlop St.) 초입에 위치 24시간 프론 미 SGD4 43 Jalan Besar Rd.

촉촉하고 풍미 깊은 볶음 국수!

겔랑 로 29 프라이드 호키엔 미 Geylang Lor 29 Fried Hokkien Mee

호키엔 미
SGD4부터

〈마칸수트라〉에서 인정한 40년 전통의 호키엔 미 전문점. 호키엔 미는 싱가포르와 동남아시아에서 인기 있는 중국 푸젠(Fujian, 민난어: Hok-kiàn) 지역의 볶음 국수로 돼지고기, 새우, 오징어 링, 노란색 국수 그리고 실처럼 가느다란 국수를 볶아낸다. 이 집의 호키엔 미는 주문과 동시에 강력한 연탄불로 조리해 불맛이 더욱 세게 느껴지며, 다른 호키엔 미보다 약간 더 걸쭉하고 촉촉하며 부드러운 면발이 특징이다. 매콤한 삼발(sambal) 칠리소스와 시큼한 라임을 곁들여 먹으면 더욱 맛깔지다.

Map 대형⑦ MRT EW7 우노스(Eunos) 역에서 택시 이용 화~일요일 11:30~21:00(재료 소진될 때까지 영업), 월요일 휴무 +65 6242 0080 396 East Coast Rd.

쉽게 만날 수 없는 퓨전 요리

멩키 사테 비훈 Meng Kee Satay Bee Hoon

말레이시아의 사테와 중국의 비훈을 결합한 퓨전 요리. 사테 비훈의 소스는 칠리를 베이스로 한 땅콩소스인데, 사테의 소스와 아주 흡사하다. 사테 비훈은 조리법이 쉽지 않아 싱가포르에서 거의 찾아보기 어려운 음식인데, 이스트 코스트 라군 푸드 빌리지(East Coast Lagoon Food Village)에 〈마칸수트라〉 에서 레전드로 꼽는 사테 비훈 식당이 있다. 멩키 사테 비훈은 매일 저녁 줄이 길게 늘어서는 인기 매장. 사테 비훈(Satay Bee Hoon)은 가느다란 쌀국수 면 위에 사테소스가 듬뿍 얹어져 나오는 요리로 고소하고 담백한 맛이다. 동남아 음식 특유의 향이 느껴질 수 있으니 싱가포르 음식이 입에 맞다면 도전해보자. 한편, 이스트 코스트 해변 옆에 위치한 이스트 코스트 라군 푸드 빌리지는 바닷가의 정취를 만끽하며 야자수 아래에서 식사가 가능해 현지인들이 좋아하는 곳이다. 단, 대중교통 이용이 불편하다는 점은 감안해야 한다.

사테 비훈
SGD3.5

Map 대형⑦ MRT EW7 우노스(Eunos) 역에서 택시를 이용해 이스트 코스트 라군 푸드 빌리지로 간다. 택시로 약 5분 소요 18:00~23:30, 화요일 휴무 Stall 17, East Coast Lagoon Food Village, East Coast Park Service Rd.

AREA 6

센토사 & 하버프론트 Sentosa & Harbourfront

싱가포르 남부 센토사는 동남아시아의 여느 휴양지 부럽지 않은 인프라를 갖춘 섬이다. 섬 전체에 다양한 테마의 즐길거리가 밀집해 있고 달콤한 휴식을 만끽할 수 있는 고운 해변과 고급 리조트도 있다. 남녀노소의 호기심을 자극하는 버라이어티한 휴양지, 센토사 섬을 구석구석 누벼보자.

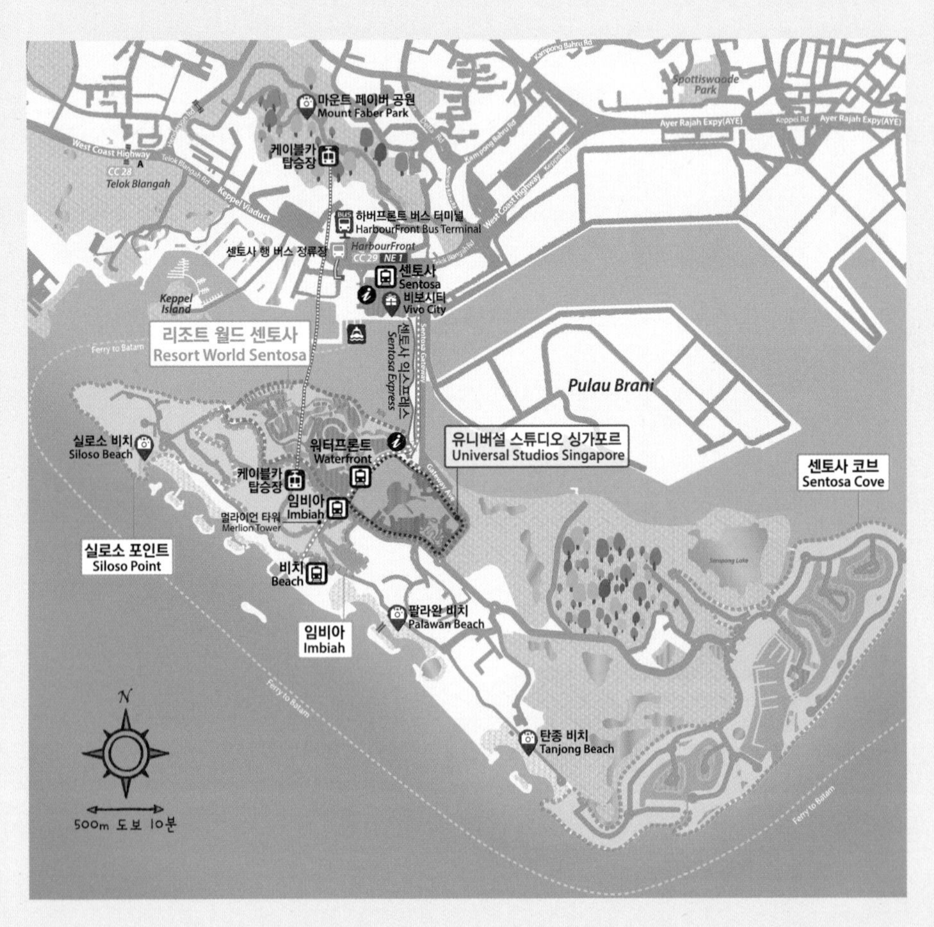

추천 여행 방법

센토사 섬에서는 야무지게 놀거나 호젓하게 쉴 수 있다. 당일치기 여행이라면 유니버설 스튜디오 싱가포르와 S.E.A 아쿠아리움을 구경하고 화려한 분수 쇼 송즈 오브 더 시(Songs of the Sea)를 보는 걸로 하루를 마무리한다. 센토사에 있는 호텔에서 하루나 이틀 더 머문다면 해변에서의 휴양과 산책을 더하면 된다. 반나절 일정으로 어트랙션 하나를 즐기고 해변을 산책하는 것도 괜찮은 방법이다. 센토사 투어를 끝낸 후에는? 당연히 비보시티 쇼핑이다.

교통 정보

MRT

★MRT NE1/CC29 하버프론트(HarbourFront) 역

A출구: 버스승차장과 연결된 센토사 버스탑승장

B출구: 하버프론트 센터와 연결된 하버프론트 타워2의 케이블카 탑승장, 주얼 박스

C출구: 세인트 제임스 파워스테이션

E출구: 비보시티 3층과 연결된 센토사 익스프레스 탑승장, 보드워크

센토사를 오고 가는 방법들

방법1. 센토사 익스프레스

MRT 하버프론트 역과 연결된 비보시티 쇼핑몰 3층에서 센토사로 오가는 모노레일인 센토사 익스프레스(Sentosa Express)을 탈 수 있다. 이지링크 이용이 가능하며 없을 경우 티켓을 구매한다. 왕복 SGD4. 07:00~24:00까지 양방향 운행.

노선: 센토사(Sentosa) 역 ↔ 워터프론트(Waterfront) 역 ↔ 임비아(Imbiah) 역 ↔ 비치(Beach) 역

방법2. 케이블카

MRT 하버프론트 역 B출구 하버프론트 센터와 연결된 하버프론트 타워2의 15층에 위치한 케이블카 탑승장에서 케이블카 탑승. 티켓은 왕복으로만 구입 가능.

🕒 08:45~22:00 Ⓢ 왕복 SGD26, 어린이(3~12세) SGD15(센토사 섬 입장료 포함) ✉ www.singaporecablecar.com.sg

방법3. 도보 이동

MRT 하버프론트 역과 연결된 비보시티 쇼핑몰에서 센토사 섬의 리조트 월드 센토사까지는 700m 길이의 산책로 겸 다리 보드워크(Boardwalk)로 연결된다.

Ⓢ 통행료 SGD1

03 추천 일정

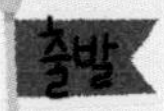

09:00

MRT 하버프론트 역에서 센토사 익스프레스 센토사 역으로 이동

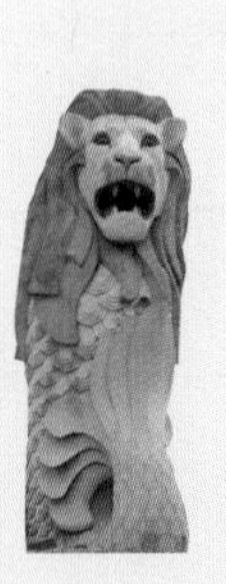

센토사 익스프레스 약 3분

09:10

임비아 룩아웃에서 멀라이언 타워와 기념사진 촬영 222p

도보 약 15분

10:00

유니버설 스튜디오 싱가포르 즐기기 220p

13:00

점심식사

도보 약 5분

16:00

세계 최대의 수족관 S.E.A 아쿠아리움 관람 222p

18:00

맛있는 저녁식사

추천! 말레이시안 푸드 스트리트 226p
비보시티의 푸드 리퍼블릭 232p

19:40 · 20:40

실로소 비치에서 송즈 오브 더 시 관람 225p

오감 만족 리조트 단지, 리조트 월드 센토사

먹고, 자고, 놀고, 쉬어가기 위한 모든 시설을 완비한 종합 리조트 단지. 8개의 특급 호텔과 리조트, 60여 개의 레스토랑 & 카페 그리고 유니버설 스튜디오 싱가포르와 머린 라이프파크까지 갖춘 리조트 월드 센토사(Resort World Sentosa, RWS)는 싱가포르를 대표하는 관광 아이콘이자 센토사 섬의 핵심이다.

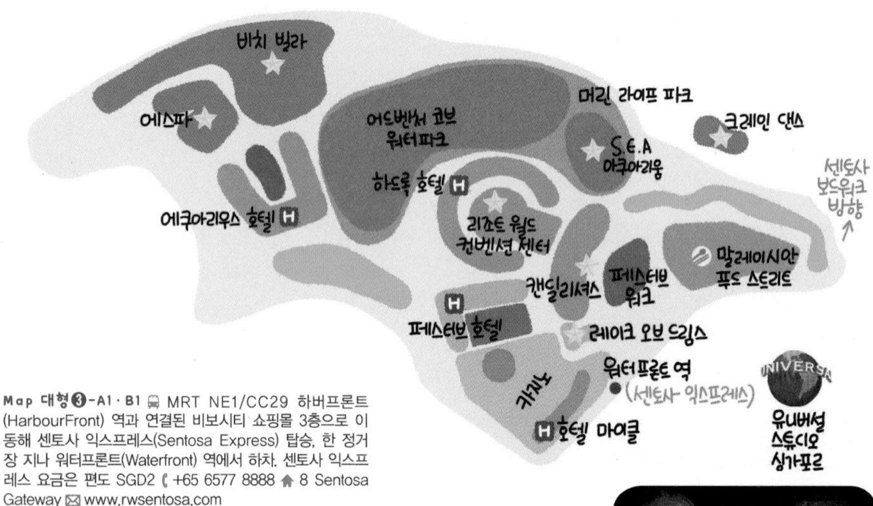

Map 대형❸-A1·B1 MRT NE1/CC29 하버프론트(HarbourFront) 역과 연결된 비보시티 쇼핑몰 3층으로 이동해 센토사 익스프레스(Sentosa Express) 탑승, 한 정거장 지나 워터프론트(Waterfront) 역에서 하차. 센토사 익스프레스 요금은 편도 SGD2 ☎ +65 6577 8888 ⌂ 8 Sentosa Gateway ✉ www.rwsentosa.com

머린 라이프파크 Marine Life Park

2012년 12월 리조트 월드 센토사가 야심차게 오픈한 바다 테마파크. 세계 최대 규모의 S.E.A 아쿠아리움, 싱가포르 유일의 어드벤처 코브 워터파크, 돌고래를 가까이서 볼 수 있는 돌핀 아일랜드, 다이빙, 가오리 먹이주기 등 바닷속을 직접 경험해보는 얼티밋 머린 인카운터(Ultimate Marine Encounters)로 구성돼 있다.

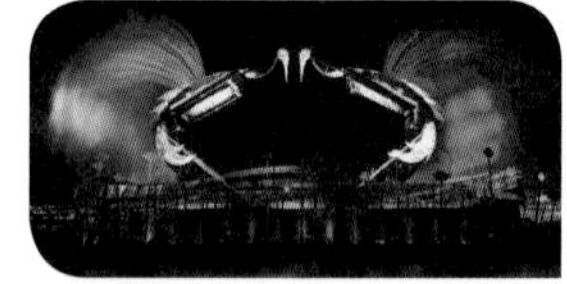

크레인 댄스 Crane Dance

아름다운 빛과 웅장한 사운드를 이용해 바다 위에서 화려하게 펼쳐지는 멀티미디어 쇼. 주인공은 커다란 두루미 모양의 크레인 두 개다. 크레인에서 날개처럼 뻗어 나오는 물줄기와 오색찬란한 빛이 주인공인 두 마리 두루미의 마법 같은 러브스토리를 완성시켜 주는데, 무료인 것치고는 꽤 볼만해 10분이 짧게 느껴진다.

◷ 쇼 타임 금~일요일 21:00(경우에 따라 다른 요일도 운영)

어드벤처 코브 워터파크 Adventure Cove Waterpark

물놀이에 바다 체험을 더한 이색 워터파크. 스릴 넘치는 동남아시아 최초의 하이드로-마그네틱 코스터, 파워풀한 파도 풀, 유수 풀을 타고 아쿠아리움을 통과하며 머리 위로 지나다니는 물고기를 감상하는 어드벤처 리버 등 11개의 구역으로 이뤄져 있다. 특히 40여 종 2만여 마리의 열대어들이 있는 스노쿨링 존 레인보우 리프(Rainbow Reef)와 가오리에게 먹이를 주는 체험이 가능한 레이 베이(Ray Bay)는 바다에서 하는 체험이 가능한 창의적인 즐길거리다. 워터파크 내 로커는 유료(SGD10~20)이며 구명조끼와 튜브는 무료 이용 가능.

⏲ 10:00~18:00 Ⓢ SGD29, 4~12세 및 60세 이상 SGD20(S.E.A 아쿠아리움, 유니버설 스튜디오와 함께 엮어 멀티 패스 이용도 가능)

호텔 Hotel

리조트 월드 센토사에는 8개의 호텔과 리조트에 총 1,500여개의 객실이 들어서 있다. 8개의 호텔과 리조트는 각각의 개성과 테마가 뚜렷하여 가족 여행부터 신혼여행까지 다양한 취향의 여행자들을 만족시킨다. 리조트 월드 센토사의 어느 호텔에 투숙하던지 다른 호텔의 수영장을 대부분 이용할 수 있다는 점도 매력이다.

에스파 ESPA

아름다운 디자인의 트리트먼트 파빌리온, 프라이빗 비치 빌라, 가든 스파 스위트에서 전문가의 토털 스파케어를 받을 수 있는 럭셔리 스파. 터키식 목욕탕(Turkish Hammam), 숲 온천 스타일 수영장(Forest Onsen-Style Pools) 등 특별한 시설도 겸비했다. 추천 스파는 터키식 함만과 디톡스 오일 마사지가 중심이 되는 함만 디톡스(Hammam Detox)이다.

⏲ 10:00~22:00 Ⓢ 함만 디톡스(4시간) SGD400++ ☎ +65 6577 8880

©Resort World Sentosa

레이크 오브 드림스 Lake of Dreams

에미 상(Emmy Award, 미국 TV에서 뛰어난 활약을 보여준 작품과 인물들에게 주는 상)을 4차례 수상한 제레미 레일턴(Jeremy Railton)이 디자인한 물과 불과 빛의 쇼. 페스티브워크(FestiveWalk)에 위치한 분수에서 매일 밤 음악 뮤지컬이 펼쳐진다.

⏲ 매일 21:30 Ⓢ 무료

웰컴 투 판타스틱 월드, 유니버설 스튜디오 싱가포르

우리나라에도 놀이공원이 많은데 싱가포르까지 가서 꼭 가야 하느냐고? 물론 그렇다. 유니버설 스튜디오 싱가포르(Universal Studios Singapore)는 일반 놀이공원이 아니라 '영화 테마파크'니까. 할리우드 영화와 애니메이션을 소재로 한 테마파크로 세계에서 다섯 번째이자 아시아에서는 일본 오사카에 이어 두 번째로 센토사 섬에 들어섰다.

7개의 테마로 만든 영화의 광장

트랜스포머, 슈렉, 쿵푸팬더, 마다가스카, 미이라가 모두 모였다. 유니버설 스튜디오 싱가포르는 할리우드(Hollywood), 뉴욕(New York), 공상과학도시(Sci-Fi City), 고대 이집트(Ancient Egypt), 잃어버린 세계(The Lost World), 파파 어웨이(Far Far Away), 마다가스카(Madagascar) 7개의 테마로 구성됐다. 단순히 놀이기구를 타는 것에 그치지 않고 각 어트랙션에 영화와 애니메이션을 맛깔스럽게 접목해 이야기와 함께 어트랙션을 즐기게 한다는 것이 유니버설 스튜디오의 특징. 유니버설 스튜디오 특유의 스토리텔링 어트랙션들은 1차원적인 체험을 넘어 개개인이 영화 속 주인공이 된 듯한 즐거운 경험을 하게 해준다. 총 24개의 놀이기구 중 18개는 유니버설 스튜디오 싱가포르만을 위해 독점적으로 설계된 것이어서 더욱 특별하다. 거리를 활보하는 애니메이션 캐릭터들과 함께 기념사진을 촬영하는 일도 빼놓을 수 없는 즐거움!

Map 대형③-A1 · B1 10:00~18:00/19:00/20:00(매일 달라짐) +65 6577 8888 Universal Studios Singapore, 8 Sentosa Gateway www.rwsentosa.com

티켓 종류	성인	4~12세	60세 이상
1일권	SGD74	SGD54	SGD36
2일권	SGD118	SGD88	SGD58

* 유니버설 익스프레스 패스 구매 시 입장료에 SGD30 추가
* 유니버설 스튜디오 싱가포르, S.E.A. 아쿠아리움, 어드벤처 코브 워터파크를 연계한 멀티-파크 패스(Multi-Park Pass)도 있다.

이것만은 꼭 타자!
USS 인기 어트랙션 Best 5!

미이라의 복수
Revenge of the Mummy

롯데월드의 혜성특급과 비슷하다. 어두컴컴한 동굴에서 자유자재로 왔다 갔다하며 미이라와 전투를 벌인다. 속도감이 있어 더욱 신나는 놀이기구. 로커에 가방을 보관해야 하며 키 122cm 이상 탑승 가능.

Ancient Egypt

아찔한 즐거움,
배틀스타
갤럭티카

워터월드 WaterWorld

케빈 코스트너가 주연한 영화 〈워터월드〉를 주제로 만든 스펙터클한 쇼. 영화의 수상 기지를 고스란히 옮겨놓은 듯한 무대에서 스턴트맨들이 영화의 줄거리를 박진감 넘치게 재현한다. 관람객들은 물을 뒤집어쓸 수 있으니 물벼락을 맞기 싫다면 물이 튀지 않는 좌석에 앉거나 우비를 준비하자. 공연 시간은 오후 12시30분, 오후 3시, 오후 5시30분 정도.

The Lost World

배틀스타 갤럭티카
Battlestar Galactica

세계에서 가장 긴 듀얼 롤러코스터. 빨간색 레일은 14층 높이에서 시속 82.8km까지 빠르게 달리는 휴먼(Human), 파란색 레일은 에버랜드의 독수리 요새처럼 매달려서 가는 실론(Cylon)이다. 두 개의 열차가 동시에 출발해 아슬아슬하게 엇갈려 지나가 더욱 스릴 있다.

Sci–Fi City

트랜스포머 더 라이드
TRANSFORMERS The Ride

유니버설 스튜디오 싱가포르에만 있는 3D 어트랙션. 3D 안경을 쓰고 롤러코스터를 타면서 범블비, 옵티머스 프라임 등 영웅 로봇들과 악당 디셉티콘이 벌이는 전투를 즐기도록 만들어졌다. 신장 102cm 이상 탑승 가능.

Sci–Fi City

슈렉 4D 어드벤처
Shrek 4D Adventure

슈렉의 '겁나먼 왕국'에서 즐기는 유쾌한 놀이시설. 3D 입체화면으로 생생한 화면을 보면서 물이 뿜어져 나오고 의자가 들썩이는 4D 체험이 가능하다. 아이들이 특히 좋아한다.

Far Far Away

TIP USS 야무지게 즐기는 방법

1. 입장 인원 제한이 있기 때문에 예약 없이 가면 매진될 수 있다. 홈페이지에서 구매 및 예약한 후 예매권을 출력해가면 된다.
2. 가능하면 평일에 일찍 입장해 조금 더 여유롭게 즐기자. 특히 토•일요일이나 방학 시즌엔 싱가포르의 여행객들도 대거 몰리므로 피하는 것이 좋다.
3. 줄 서는 시간을 줄여주는 익스프레스 패스를 활용해보자. 18개의 어트랙션에서 익스프레스 패스 전용라인을 이용할 수 있으며 각 어트랙션 당 1회만 적용된다.
4. 워터월드 또는 쥬라기 공원 라피드 어드벤처를 즐길 사람은 우비와 물에 젖어도 무방한 신발을 준비하는 것이 좋다.
5. 인기 있는 탈거리부터 챙기자. 개장과 동시에 입장한다면 트랜스포머, 배틀스타 갤럭티카 등 인기 어트랙션을 먼저 이용하는 게 좋다.
6. 배틀스타 갤럭티카 등 일부 빠른 탈거리는 입장 시 가방을 로커에 보관해야 한다. 30~60분 정해진 시간까지는 무료이며 초과 시 유료.

센토사 섬 즐길거리 집중 탐구

센토사 섬에는 30개가 넘는 어트랙션이 있다. 대체 어떤 것을 보고, 무얼 타야 잘 놀았다고 소문날지 모르겠다면 아래 목록을 참고해보자.

©Resort World Sentosa

동남아 바닷속을 통째로 옮기다!

S.E.A 아쿠아리움
S.E.A Aquarium

Map 대형❸-A1 리조트 월드 센토사 내 위치 10:00~19:00 SGD29, 어린이(4~12세) SGD20, 60세 이상 SGD20 +65 6577 8888 8 Sentosa Gateway

아쿠아리움은 수중세계를 엿보는 설렘을 선물해 남녀노소에게 인기있는 관광지다. S.E.A 아쿠아리움은 세계에서 가장 큰 규모의 수족관으로, 카리마타 해협과 자바해, 말라카 해협과 안다만해 등 동남아시아 바닷속에 사는 해양 생태계를 10개 테마 존으로 나눠 옮겨 놓았다. 200마리 이상의 상어, 위풍당당한 큰가오리, 거대한 골리앗 그루퍼, 나폴레옹 피시 등 800여 종, 10만 마리 이상의 해양 생물이 S.E.A의 주인공이다. 하이라이트는 높이 8.3m, 길이 36m에 달하는 세계 최대의 수중관람통로와 극장 스크린 2배 크기의 초대형 투명 아크릴 패널. 커다란 상어와 가오리, 열대어들의 군무를 감상하며 바닷속을 거니는 듯한 신비로운 체험을 할 수 있다.

기다려요, 파파 멀라이언!

멀라이언 타워
Merlion Tower

싱가포르 정부가 인정하는 5개의 공식 멀라이언 동상 중에 가장 큰 것이 바로 센토사 섬에 있는 37m 높이의 멀라이언 타워, 일명 파파 멀라이언(Papa Merlion)이다. 건물 10층 높이에 해당하는 입과 머리 부분에 전망대와 기념품 상점, 갤러리가 위치해 있다. 전시관에서는 멀라이언이 탄생한 배경과 관련 이야기들을 흥미진진한 멀티미디어 전시로 보여주는데 한국어 자막도 제공되어 더욱 쉽게 이해된다. 멀라이언의 입을 통해 센토사 섬을 한눈에 내려다 보는 것 또한 독특한 체험.

Map 대형❸-A1 센토사 익스프레스 임비아(Imbiah) 역 하차 10:00~20:00(마지막 입장 19:30) SGD8, 어린이(3~12세) SDG5 www.sentosa.com.sg

한 번으론 부족해!

루지 & 스카이라이드 Luge & Skyride

짜릿하고 신나는 라이딩. 1인용 무동력 카트를 타고 650m의 트랙을 미끄러지듯 질주하는 체험이다. 스카이라이드를 타고 언덕 위로 약 5분간 올라가, 루지 탑승장에서 간단한 조작법을 배우고 카트 라이딩을 시작한다. 길이 두 갈래로 나눠지는데 왼쪽은 다소 평이하고 오른쪽이 좀 더 역동적이다. 루지는 6세 이상, 110cm 이상 어린이부터 혼자 탈 수 있다.

Map 대형❸-A1 센토사 익스프레스 비치(Beach) 역 하차 10:00~21:30 루지 & 스카이라이드 콤보 1회권 SGD13, 3회권 SGD20/5회권 SGD28, 스카이라이드 1회권 SGD10/2회권 SGD13 +65 6274 0472 45 Siloso Beach Walk www.skylineluge.com

싱가포르에서 서핑을?!

웨이브하우스 센토사 WaveHouse Sentosa

계절이나 날씨에 관계없이 서핑을 즐기고자 하는 서퍼들을 위해 탄생한 인 도어(In door) 서핑 시설이다. 남아프리카 더반, 미국 샌디에고, 칠레 산티아고, 스페인에 이어 아시아 최초로 센토사에 상륙한 웨이브하우스 체인으로 세계에서 가장 큰 규모다. 안전한 인 도어 서핑 시설에서 서핑의 짜릿한 재미를 만끽할 수 있다.

Map 대형❸-A1 센토사 익스프레스 비치(Beach) 역에서 비치 트램 탑승 후 실로소 비치(Siloso Beach)에서 하차, 도보 약 5분 10:30~22:30, 더블 플로우라이더 11:00~22:00 SGD70(플로우라이더 1시간+맞춤 코칭 1시간) +65 6377 3113 36 Siloso Beach Walk www.wavehousesentosa.com

신비로운 분홍돌고래를 만나다!

돌핀 라군 Dolphin Lagoon

인크레더블! 회색이 아닌 핑크빛 돌고래가 센토사 섬에 있다. 언더워터 월드(Underwater World)에서는 분홍색의 귀여운 돌고래가 영민하게 공연하는 쇼를 선보인다. 공연 후에는 돌고래와 기념촬영이 가능하다는 점도 매력 포인트. 분홍돌고래와 함께 수영도 할 수 있다.

Map 대형❸-A1 센토사 익스프레스 비치(Beach) 역에서 Bus 1 탑승, 언더워터 월드 싱가포르(Underwater World Singapore)에서 하차 언더워터 월드 10:00~19:00, 돌고래 쇼 11:00·16:00·17:45, 분홍돌고래 쇼 매주 수요일 14:00 SGD29.9, 어린이(3~12세) SGD20.6 +65 6275 0030 Underwater World Singapore, 80 Siloso Rd. www.underwaterworld.com.sg

해변을 즐기는 몇 가지 방법

에메랄드 빛 고운 바다는 아닐지라도 백사장과 야자수가 휴양지 느낌을 제대로 연출하는 센토사 섬의 해변. 3.2km 길이의 해변에서 만능 휴양지 센토사의 진가를 확인해보자.

전망대에서 내려다보는 옥색 바다

팔라완 비치 Palawan Beach

전망대가 있는 해변. 전통 건축양식으로 지어진 이 전망대는 이곳이 아시아 대륙의 최남단이자 적도에 가장 가까운 지점임을 알리는 포인트. 출렁이는 그물다리를 건너 전망대에 올라가면 탁 트인 남중국해가 펼쳐진다. 다른 해변보다 바다 빛깔이 좀 더 곱다.

Map 대형③-A1 센토사 버스 3, 센토사 비치 트램 이용

아시아 대륙의 남쪽 끝이 바로 여기!

휴양지 분위기 물씬한 백사장

실로소 비치 Siloso Beach

섬의 남서쪽에 위치한 해변. 'SILOSO'라고 쓰인 알록달록한 글자 조형물이 상징이다. 바다에서 수영을 하는 사람은 거의 없으나 넓고 평평한 모래사장에서 비치 발리볼을 즐기거나, 모래사장에 앉아 해변 분위기를 만끽하는 사람들을 마주할 수 있다. 무료 샤워실과 탈의실, 유료 로커가 마련돼 있다.

Map 대형③-A1 센토사 익스프레스 비치(Beach) 역에서 실로소 비치(Siloso Beach) 행 무료 트램을 이용해 종점에서 하차/블루·레드 라인 버스 이용

TIP 두 바퀴로 씽씽! 센토사 투어하기

★고그린 세그웨이 에코 어드벤처(Gogreen Segway® Eco Adventure): 이륜 자동차 세그웨이(Segway)를 타고 해변을 따라 달리는 체험. 조작법이 간단하며 30분과 60분 코스가 있다.
10:00~20:30 SGD38(30분) +65 9825 4066 Beach Station www.segway-sentosa.com

★고그린 사이클 & 아일랜드 익스플로러(Gogreen Cycle & Island Explorer): 일반 페달 자전거 또는 하이브리드 전기 자전거를 빌려 한적한 해안도로를 달릴 수도 있다. 대여소는 고그린 세그웨이 인근에 위치.
09:30~20:00 **페달 자전거 대여** SGD12(1시간), SGD18(2시간), **하이브리드 자전거 대여** SGD15(1시간), SGD20(2시간) +65 6271 1057 51 Siloso Beach Walk www.gogreencycle.sg

은밀하게 평화롭게

탄종 비치 Tanjong Beach

여행자들의 발길이 많지 않아 조용하고 평화롭게 휴식을 취할 수 있는 아름다운 해변. 특유의 한적한 분위기 때문에 특별한 행사나 파티 장소로도 종종 이용된다. 모래사장에서 일광욕을 즐기거나 탄종 비치 클럽(228p)에서 칵테일을 마시며 쉬어갈 수 있다.

Map 대형❸-B1 🚌 센토사 버스 3, 센토사 비치 트램 이용

바다 위에서 펼쳐지는 드라마

송즈 오브 더 시 Songs of the Sea

물과 불 그리고 레이저가 어우러진 현란한 멀티미디어 분수 쇼. 여수 엑스포의 빅오 쇼(Big-O Show)를 떠올리면 이해가 쉽다. 송즈 오브 더 시는 최신 테크놀로지의 향연에 배우들의 연기가 더해지는 공연이다. 실로소 비치에 신비로운 음악과 자욱한 안개가 깔리면 10여 명의 배우들이 등장해 립싱크를 하며 연기를 시작한다. 힘차게 솟아오른 물줄기 사이에 현란한 레이저가 춤을 추고 영어, 말레이시아어 등의 노래가 신나게 울려 퍼져 흥을 돋운다. 스토리가 다소 유치하기도 하지만, 시각 효과는 한 여름 밤의 꿈을 꾸듯 환상적이다.

Map 대형❸-A1 🚌 센토사 익스프레스 비치(Beach) 역 트램 승강장 앞 계단을 따라 내려가 도보 약 1분 🕒 19:40, 20:40 Ⓢ 프리미엄 좌석 SGD15, 일반 좌석 SGD12 ☎ +65 6736 8672 🏠 Sentosa Express Beach Station, Siloso Beach ✉ www.sentosa.com.sg

TIP 송즈 오브 더 시 관람

- 센토사 섬에 도착하자마자 티켓을 구매하는 것이 좋다.
- 자유좌석이므로 앞에 앉고 싶다면 일찍 입장해야 한다.
- 고급 좌석과 일반 좌석의 차이는 등받이의 유무 정도.
- 비가 와도 공연은 진행되며 우비를 제공한다.

입맛대로 즐기는 리조트 월드 센토사

리조트 월드 센토사는 미식의 도시 싱가포르를 한번에 경험할 수 있는 다이닝 스폿이다. 60여개의 레스토랑, 카페, 클럽, 바가 리조트 월드 센토사 곳곳을 맛있게 장식하고 있다.

말레이시아 먹자골목을 그대로 재현!

말레이시안 푸드 스트리트 Malaysian Food Street

말레이시아의 호커센터를 그대로 옮겨 놓은 리조트 월드 센토사 내의 푸드코트. 20년 전통의 락사 맛집 페낭 아쌈 락사(Penang Assam Laksa), 말레이시아의 대표 음식 사테를 맛볼 수 있는 스트레이트 오브 사테(Straits of Satay), 쿠알라룸푸르 미식 거리 잘란 알로의 30년 전통 음식점 KL 잘란 알로 호키엔 미(KL Jalan Alor Hokkien Mee) 등 말레이시아 현지의 유명한 음식점들이 분점 형태로 입점해 있다. 1984년 페낭에 문을 연 페낭 하이벵 하이난 로 미(Penang Hai Beng Hainan Lor Mee)의 하이난 로 미는 동남아 특유의 향이 살짝 도는 걸쭉한 국물의 누들 요리. 국수는 굵은 면과 얇은 면 중에 선택 가능하며, 매콤한 소스를 곁들여 먹어야 더욱 맛있다.

Map 대형❸-A1 유니버설 스튜디오 싱가포르 정문을 바라보고 왼쪽에 위치 월·화·목요일 11:00~22:00, 금·토요일 09:00~23:00, 일요일 09:00~22:00, 수요일 휴무 한 끼 SGD5 정도면 충분하다 +65 6736 8672 www.rwsentosa.com

하이난 로 미 SGD5

보기만해도 행복한 캔디 가게

새콤달콤 캔디 상점

캔딜리셔스 Candylicious

아이와 함께라면 피해야 할 곳인지도 모른다. 캔딜리셔스는 입구에 세워진 커다란 사탕나무부터 달콤함이 팍팍 풍기는 캔디 전문점. 커다란 공간을 꽉 채우고 있는 사탕, 초콜릿, 젤리 등이 시각과 후각을 마구 자극하여 어린이는 물론 어른들도 정신을 못 차리게 된다. 이 '달다구리'들은 참신한 디자인의 패키지에 싸여 있어 기념품이나 선물용으로도 제격. 준비했다가 유니버설 스튜디오 싱가포르에서 에너지 보충이 필요할 때 먹어줘도 좋다.

Map 대형❸-A1 유니버설 스튜디오 싱가포르 정문의 맞은편 +65 6686 2100 candyliciousshop.com

토스카나식 화덕 피자

팔리오 Palio

이탈리아에서 직접 공수해온 신선한 식재료로 토스카나식 요리를 제공하는 캐주얼 레스토랑. 토스카나 요리의 특징대로 식재료 본연의 맛을 살린 담백한 음식을 선보인다. 신선한 해산물과 토마토 페이스트를 양껏 올려 화덕에 구운 피자 마이클(Pizza Michael)이 베스트셀러다. 오렌지 톤으로 생기 발랄하게 꾸민 공간에서 오픈 키친을 통해 음식이 조리되는 과정을 지켜 볼 수 있다.

Map 대형❸-A1 리조트 월드 센토사의 호텔 마이클 1층 런치 12:00~14:30/디너 일~목요일 18:30~22:30, 금·토요일 18:30~23:00 애피타이저 SGD20++부터, 피자 SGD24++부터, 메인 코스 SGD34++부터 +65 6577 6688 Hotel Michael www.rwsentosa.com

TIP RWS에서 만나는 스타 셰프

'세기의 셰프' 조엘 로부숑(Joël Robuchon)을 필두로 미국 〈아이언 셰프〉 출신의 여성 셰프 캣 코라(Cat Cora)의 오션 레스토랑(Ocean Restaurant), 홍콩 출신의 캐나다 셰프 수서 리(Susur Lee)의 텅록힌(TungLok Heen), 호주의 유명 셰프 스콧 웹스터(Scott Webster)의 오시아(Osia) 등 쟁쟁한 스타 셰프의 레스토랑과 바가 리조트 월드 센토사에 둥지를 틀고 있다.

©Resort World Sentosa

전설의 셰프를 만나다

라틀리에 드 조엘 로부숑 L'Atelier de Joël Robuchon

미슐랭 별점을 총 27개나 받은 프랑스의 스타 셰프 조엘 로부숑(Joël Robuchon)이 복합 리조트 단지 리조트 월드 센토사(Resort World Sentosa) 내에 오픈한 정통 프렌치 레스토랑. 파리의 라틀리에(L'Atelier) 매장과 연결되는 디자인 콘셉트로, 블랙과 레드의 강렬한 조합이 스페인의 타파스 바를 연상시키기도 한다. '작업실'이라는 뜻에 걸맞게 독창적인 요리를 준비하고 제안하는 레스토랑으로 고급 식재료를 이용해 맛이 가장 잘 살아날 수 있는 요리를 선보인다.

Map 대형❸-A1 리조트 월드 센토사의 페스티브 호텔 1층 디너 18:00~22:30, 일요일 런치 12:00~14:00 애피타이저 SGD35++부터, 메인 요리 SGD90++부터, 디저트 SGD30++부터 +65 6577 7888 Festive Hotel www. rwsentosa.com

전망 좋은 해변의 맛있는 휴식

섬 여행에서는 바다를 즐겨야 제 맛. 센토사의 해변에는 바다 전망의 카페와 레스토랑, 바가 다양하게 준비돼 있다. 백사장과 야자수가 있는 남국의 해변에서 맛있는 휴식을 취해보자.

휴양 리조트에 놀러온 기분
탄종 비치 클럽 Tanjong Beach Club

"우리, 근사한 해변으로 데이트 하러 갈래?"라고 당당하게 말하고 데려갈 수 있는 로맨틱 플레이스. 탄종 비치에 위치한 카페 겸 바로 1950년대의 비치 리조트를 본 딴 건물과 청량한 야외 수영장이 바다를 마주하고 들어서 있다. 수영장 옆 선베드에 누워 차가운 칵테일을 즐기거나 수영장이 있는 풍경을 감상하는 것만으로도 휴양 리조트에 와있는 기분이 절로 든다. 수영장과 선베드는 평일에는 음료 및 음식 주문 시 무료, 토·일요일에는 1인 SGD200에 이용 가능하다. 금~일요일에는 DJ와 함께 흥겨운 나이트라이프를 즐길 수 있다.

Map 대형③-B1 🚉 센토사 익스프레스 비치(Beach) 역에서 탄종 비치 행 트램 탑승/매주 일요일에는 비보시티에서 탄종 비치 클럽까지 무료 셔틀버스 운영 18:00~21:00(30분 간격) ⏰ 화~금요일 11:00~23:00, 토·일요일 10:00~24:00, 월요일 휴무 $ 병맥주 SGD13++부터, 탄종 레모네이드 SGD10, 칵테일 SGD17++부터, 탄종 버거 SGD25++, 뉴욕 스테이크 SGD55++, 디저트 SGD14++ ☎ +65 6270 1355 🏠 120 Tanjong Beach Walk ✉ www.tanjongbeachclub.com

입 소문난 그 화덕 피자

트라피자 Trapizza

국내 여행자들 사이에서 인기인 곳. 샹그릴라 라사 센토사 리조트에서 운영하는 캐주얼 이탈리안 레스토랑이다. 야외 좌석에 앉아 남중국해를 바라보며 화덕에 구워 바삭바삭한 피자와 파스타, 샐러드, 디저트, 맥주 등을 맛볼 수 있다. 추천 메뉴인 피자 디 마레(Pizza di Mare)는 짭쪼롬한 연어와 통통한 새우 토핑이 얹어진 화덕 피자. 이름처럼 바다의 향이 입안에 가득 퍼진다. 센토사에서 각종 유흥을 즐긴 후 해변에서 여유롭게 피자를 즐기고 싶을 때 선택하면 되겠다.

Map 대형③-A1 🚇 센토사 익스프레스 비치(Beach) 역에서 실로소 비치 행 비치 트램 탑승, 3번과 4번 정류소 사이 ⏰ 11:00~21:00(식사는 12:00부터 가능) $ 샐러드 SGD14.8++부터, 피자 SGD12++부터, 파스타 SGD17.8++부터, 음료 SGD4++부터 📞 +65 6376 2662 🏠 L1 on Siloso Beach ✉ www.shangri-la.com

---

해변의 낭만이 듬뿍 담긴 비치 카페

코스티즈 Coastes

Map 대형③-A1 🚇 센토사 익스프레스 비치(Beach) 역에서 비치 트램 탑승 후 한 정거장. 실로소 비치(Siloso Beach)에서 하차 ⏰ 일~목요일 09:00~23:00, 금·토요일 09:00~01:00 $ 올 데이 브렉퍼스트 SGD5부터, 버거 SGD15부터, 파스타 SGD16부터, 피자 SGD19부터, 디저트 SGD8, 음료 SGD4부터 📞 +65 6274 9668 🏠 L1-05, 50 Siloso Beach Walk ✉ www.coastes.com

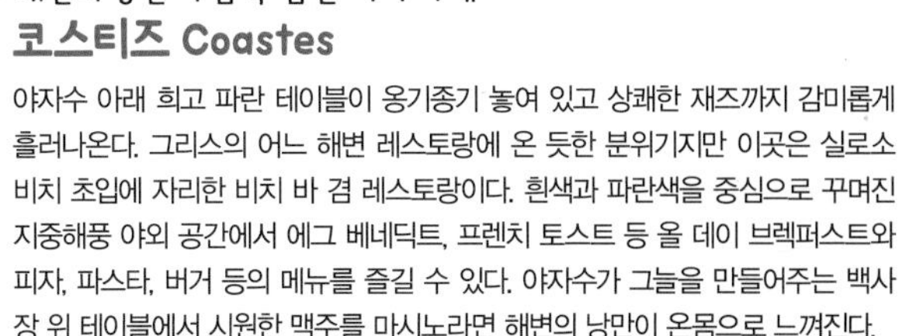

야자수 아래 희고 파란 테이블이 옹기종기 놓여 있고 상쾌한 재즈까지 감미롭게 흘러나온다. 그리스의 어느 해변 레스토랑에 온 듯한 분위기지만 이곳은 실로소 비치 초입에 자리한 비치 바 겸 레스토랑이다. 흰색과 파란색을 중심으로 꾸며진 지중해풍 야외 공간에서 에그 베네딕트, 프렌치 토스트 등 올 데이 브렉퍼스트와 피자, 파스타, 버거 등의 메뉴를 즐길 수 있다. 야자수가 그늘을 만들어주는 백사장 위 테이블에서 시원한 맥주를 마시노라면 해변의 낭만이 온몸으로 느껴진다.

원스톱 쇼핑 천국, 비보시티

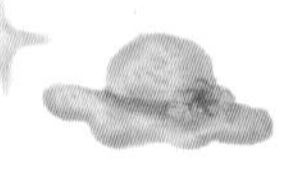

싱가포르에서 단 하나의 쇼핑몰만 들러야 한다면 주저없이 비보시티(Vivo City)를 추천한다. 싱가포르에서 가장 큰 규모의 쇼핑몰에서 즐기는 원스톱 쇼핑과 다이닝!

Map 대형③-A1/대형⑥ MRT NE1/CC29 하버프론트(HarbourFront) 역과 바로 연결 10:00~22:00 1 Harbourfront Ave. www.vivocity.com.sg

프랑프랑 Francfranc

'캐주얼 스타일리시'를 콘셉트로 하는 일본 최대의 인테리어 전문점. 실용성, 고품질, 현대적인 디자인, 합리적인 가격을 겸비한 제품들로 유명한 곳이다. 인테리어 소품과 패브릭 제품, 조명, 테이블, 주방용품 등 모던하고 아름다운 생활을 가꿔주는 상품들을 만날 수 있다.

#02-41/42 +65 6376 8077 www.francfranc.com.sg

탕스 TANGS

'싱가포르 주부들의 로망'이라 불리는 탕스 백화점이 2개 층을 사용하며 입점해 있다. 1층은 의류 매장, 2층은 주방용품, 생활용품, 침구 류, 식기 류 매장을 중심으로 구성돼 있다. 주부들이 사랑해 마지않는 주방용품 라인업을 일단 눈여겨보자. 라이프스타일 쇼핑에 맞춰 오차드 로드의 백화점을 압축해 놓은 만큼 효율적으로 상품들을 훑어볼 수 있어 좋다.

#01-187/#02-189 +65 6303 8688 www.tangs.com.sg

독특한 모양의 찻잔 세트 SGD198

비보마트 Vivomart

슈퍼마켓 구경은 여행의 또 다른 즐거움. 대형마트라면 그 재미는 곱절이다! 비보시티 1층과 지하 2층에 걸쳐 자리한 대규모 슈퍼마켓 비보마트는 망고와 두리안을 포함한 다양한 과일, 기념품으로 좋은 각종 식료품, 여행 중 먹을 주전부리 등을 쇼핑할 수 있는 곳. 구경만 해도 재미있다.

#01-23/#B2-23 +65 6376 9947

내추럴 프로젝트 Natural Project

부기스 정션에서 시작해 8개의 매장을 보유한 싱가포르의 로컬 남성의류 브랜드. 내추럴 프로젝트는 18~35세의 남성들을 위해 자체 제작한 캐주얼하고 현대적인 상품들을 선보이는데 무난하게 입을 수 있는 베이직한 아이템은 물론 홍콩, 일본 등에서 유행하는 패션을 빠르게 흡수한 상품들까지 다채롭게 만날 수 있다. 가격대도 합리적인 편.

#02-54 +65 6659 4502 www.naturalproject.com.sg

엠디에스 mds

"올레!"를 외치게 한 보석같은 숍. 깔끔하면서도 저렴한 여성의류 브랜드로 원피스, 블라우스, 스커트 등 오피스룩과 세미 캐주얼룩의 디자인을 선보인다. 컬러감도 좋고 맵시도 살아 있는 세련된 원피스들이 SGD40~50에 판매돼 '득템'하는 기분이 들기도. 액세서리, 백, 슈즈도 저렴한 가격으로 선보인다. 오차드 로드의 위스마 아트리아(Wima Atria), 프라자 싱가푸라(Plaza Singapura)와 부기스 정션(Bugis Junction) 등에 매장이 있다.

#02-188 11:00~22:00 +65 6224 5446 www.mdscollections.com

키드 스타일 KidStyle

신생아를 위한 인터내셔널 디자이너 브랜드부터 오쉬코쉬 비고쉬(OshKosh B'Gosh), 리바이스 키즈(Levi's Kids), 아디다스 키즈(adidas kids) 등 어린이를 위한 브랜드를 원스톱으로 쇼핑할 수 있는 편집매장. 아이들에게 어울리는 컬러풀한 제품을 많이 구비했다.

#02-76 +65 6376 9454

정겨운 분위기와 엄선된 맛, 푸드 리퍼블릭

비보시티 3층에 위치한 푸드 리퍼블릭(Food Republic)은 싱가포르 로컬 푸드는 물론 중국, 인도네시아, 말레이시아, 한국 등 다양한 아시아 음식점 30곳을 한군데 모아놓은 푸드코트. 1900년대 초반을 콘셉트로 꾸민 정겨운 분위기에서 원하는 메뉴를 선택해 식사할 수 있다. 센토사 익스프레스 탑승장 바로 옆에 위치해 센토사 섬을 오고 갈 때 편리하다.

Map 대형❸-A1/대형❻ #03-01(센토사 익스프레스 센토사(Sentosa) 역 바로 옆)
10:00~22:00 +65 6276 0521

용순 유티아오
Yong Soon You Tiao

막대기 빵처럼 생긴 유티아오(You tiao)는 중국인들이 아침으로 즐겨먹는 음식. 싱가포르 호커센터에서 흔히 볼 수 있는 빵이다. 반죽 조각을 길게 튀겨내 기름기가 자르르 흐르는데 두유(Soya Bean Milk)와 곁들이면 든든한 한 끼 식사가 완성된다. 유티아오는 두유에 찍어 먹는 게 제 맛이다. 디저트로도 좋다.

Ⓢ 유티아오 1개 SGD0.9, 두유 SGD1.5

아이스숍 Ice Shop

뜨거운 디저트와 차가운 디저트로 나누어 약 12개의 메뉴를 선보인다. 아이스 까창, 첸돌, 망고 푸딩 등의 대표적인 로컬 디저트들이 있으니 그 동안 먹고 싶었던 것을 골라보자.

Ⓢ 아이스 까창 SGD2.5, 첸돌 SGD2.3, 망고 푸딩 SGD2.5

제시의 로작 Jessie's Rojak

로작(Rojak)은 칠리와 땅콩, 새우, 숙주나물 등을 넣어 버무려 먹는 싱가포르식 샐러드로 말레이어로 '섞은 양념'이라는 뜻이다. 주문 시 재료를 즉석에서 슥슥 썰어 통에 넣고 비비는데 그 과정을 지켜보는 것도 흥미롭다. 야채와 과일을 섞은 전통 로작, 과일과 야채 로작 등이 있다.

Ⓢ 전통 로작 SGD3.5부터

타이홍 프라이드 호키엔 미
Thye Hong Fried Hokkien Mee

푸드 리퍼블릭에는 맛으로 인정받은 집들만 입점할 수 있기에 바로 그 순간, 먹고 싶은 메뉴로 아무거나 선택해도 무방하다. 딱히 당기는 것도 없고 취향이 없다면 이 집의 호키엔 미를 먹자. 호키엔 미(Hokkien Mee)는 달걀 노른자와 밀가루를 섞어 만든 국수(Mee)에 새우 등 각종 해산물과 채소를 넣고 볶은 국수 요리로, 타이홍은 싱가포르에서 호키엔 미 잘하기로 손꼽히는 프랜차이즈 중 하나다.

Ⓢ 호키엔 미 SGD5.2부터

Special Page

360도 파노라마 전망을 품다

여행자들은 센토사 섬과 연결되는 케이블카를 타기 위해서, 현지인들은 분위기 만점 데이트를 하기 위해서 즐겨 찾는 곳.
해발 105m의 언덕 마운트 페이버(Mount Faber)에서 자연과 함께 싱가포르의 특별한 전망을 감상할 수 있다.

©The Jewel Box

로맨틱의 절정! 근사한 다이닝 스폿

주얼 박스 The Jewel Box

마운트 페이버 공원 꼭대기에 1974년 싱가포르 본 섬과 센토사 섬을 연결하는 케이블카가 들어섰다. 처음엔 정류장 역할만 하던 곳이었으나 2005년 4개의 레스토랑으로 구성된 주얼 박스가 등장하면서 지금은 근사한 다이닝 스폿으로도 거듭났다. 싱가포르 남부 지역과 센토사 섬을 감상하며 근사하게 식사를 하고 나이트라이프를 즐길 수 있어 연인과 가족들에게 인기. 주위 환경을 보전하고 목재 데크 등을 이용해 건축 재료를 최소화 하면서 지은 유리 보석 같은 건물도 특색 있다.

Map 대형③-A1/대형⑥ MRT NE1/CC29 하버프론트(HarbourFront) 역 B출구 하버프론트 센터(Harbour Front Centre) 방향. KFC 옆 연결 다리를 건너 하버프론트 타워 2(HarbourFront Tower Two)에 케이블카 역 위치. 티켓은 1층에서 발권 가능/ 센트럴 지역에서 택시로 약 10분 +65 6270 8855 109 Mt Faber Rd, Singapore www.mountfaber.com.sg

가벼운 트레킹 코스로 추천

마운트 페이버 공원 Mount Faber Park

싱가포르 남부의 전망을 파노라마로 볼 수 있는 공원. 5개의 공식 멀라이언 중 하나가 있다. 공원의 가장 높은 지점인 어퍼 페이버 포인트(Upper Faber Point)는 싱가포르의 탄생부터 과거, 현재, 미래까지 한번에 훑어볼 수 있는 조각 갤러리다. 이 공원을 시작으로 헨더슨 웨이브 브릿지(Henderson Waves Bridge)까지 산책하는 것도 괜찮다. 헨더슨 웨이브 브릿지는 마운트 페이버 공원과 텔록 블랑가 언덕 공원(Telok Blangah Hill Park)을 연결하는 275m 길이의 보행자 다리로 12층 높이에 물결 모양으로 디자인된 독특한 건축으로도 유명하다.

Map 대형③-A1/대형⑥ 주얼 박스를 등지고 왼쪽으로 약 5분 내려간 후 오른쪽에 있는 계단을 통해 위로 올라가면 공원이 나온다 www.nparks.gov.sg

싱가포르에서
잠자기

근사한 여행의 완성, 럭셔리 호텔

럭셔리 호텔의 격전지 싱가포르에는 옥상 인피니티 풀로 승부하는 마리나 베이 샌즈 호텔부터 역사 깊은 풀러톤 호텔까지 화려한 호텔이 곳곳에 자리잡고 있다. 별 다섯 개 특급 호텔에 묵으면서 여행의 완성도를 높여보자.

아름다운 문화유산에서 묵다

풀러톤 호텔 The Fullerton Hotel

싱가포르의 대표적인 문화유산이자 5성급 럭셔리 호텔. 1829년에 지어져 우체국, 해양부, 무역산업부 등으로 이용되던 석조 건물을 2001년 특급 호텔로 개조했다. 풀러톤 호텔은 건물을 에워싸고 있는 거대한 기둥 등 그리스 건축 양식에서 영감을 받은 아름다운 건축이 압권. 야외 수영장에서는 마치 고대 그리스 신전에서 수영을 하는 것 같은 낭만이 느껴진다. 우아한 창문과 높은 천장같은 옛 장식을 살리면서 모던하게 꾸민 400개의 객실과 스위트룸을 보유하고 있다. 1층에는 건물의 역사를 소개하는 갤러리가 위치하며, 애프터눈 티로 유명한 코트야드(The Courtyard)와 옥상에 위치한 이탈리안 레스토랑 라이트하우스(The Lighthouse) 등 5개의 레스토랑 & 바를 운영한다.

Map 대형❶-C3 MRT NS26/EW14 래플스 플레이스(Raffles Place) 역 H출구로 나와 오른쪽으로 뒤돌아서 건물을 통과해 우회전 후 도보 약 3분 SGD450++부터 객실 내 무료 +65 6733 8388 1 Fullerton Square www.fullertonhotel.com

마리나 베이 샌즈가 한눈에 들어오는 널찍한 객실

전망, 시설, 서비스 모두 초특급

풀러톤 베이 호텔 The Fullerton Bay Hotel

1919년 건축된 보트하우스를 개조해 2010년 탄생한 럭셔리 호텔. 풀러톤 호텔의 자매 호텔이다. 풀러톤 호텔이 전통을 그대로 보전하여 품격을 되살렸다면, 풀러톤 베이 호텔은 과거와 현재를 조화시킨 콘셉트로 화려하게 꾸몄다. 싱가포르 유일의 수상 호텔이어서 마리나 베이의 바다 위에 떠있는 듯한 기분도 선사한다. 6층 건물에 단 100개의 객실만을 운영하며, 모든 객실은 개별 발코니와 통유리 창문으로 구성된다. 일부 객실에는 자쿠지(Jacuzzi)도 있다. 옥상의 야외 수영장과 루프톱 바인 랜턴(Lantern)은 마리나 베이의 환상적인 전망을 품고 있는 명소이기도 하다.

Map 대형❶-C3 MRT NS26/EW14 래플스 플레이스(Raffles Place) 역 B출구로 나와 오른쪽에 있는 체인지 앨리(Change Alley) 빌딩을 통과한다. 건물 2층으로 올라가면 풀러톤 베이 호텔까지의 연결 통로가 나온다 SGD635++부터 객실 내 무료 +65 6333 8388 80 Collyer Quay www.fullertonbayhotel.com

아찔한 옥상 수영장의 유혹

마리나 베이 샌즈 Marina Bay Sands

57층 옥상 수영장인 인피니티 풀로 유명한 특급 호텔. 디럭스룸, 프리미어룸, 클럽룸, 그랜드 클럽룸, 스위트룸 등 다양한 룸으로 구성됐다. 마리나 베이 샌즈의 가장 큰 장점은 전망! 싱가포르 시내 풍경을 한눈에 내려다볼 수 있는 시티 뷰 객실이 훨씬 인기가 많지만, 가든스 바이 더 베이가 한눈에 담기는 베이 뷰 객실도 매력적이다. 5성급 호텔인 만큼 모던한 인테리어와 편리한 객실 설비를 갖췄다. 호텔 내 레스토랑도 다양한데 호텔 1층에는 뷔페식 레스토랑 라이즈(Rise), 57층에는 나이트라이프의 필수 코스로 꼽히는 루프톱 바 겸 레스토랑 쿠데타(KU DÉ TA), 프랑스풍 아시아 요리를 선보이는 스카이 온 57(Sky on 57), 디저트 애호가를 위한 치즈 앤 초콜릿 바(The Cheese and Chocolate Bar) 등이 있다. 미니 바는 냉장고 속 아이템을 들어올리는 순간, 자동으로 요금이 부과되는 첨단 시스템이다.

Map 대형❶-D3 MRT CE1 베이프론트(Bayfront) 역에서 하차한 후 표지판을 따라 이동(B, C, D, E 출구) SGD359++부터 객실 내 무료 +65 6688 8868 10 Bayfront Ave. ko.marinabaysands.com

최신 테크놀로지와 디자인의 조화!

머물수록 마음에 드는 스마트한 호텔

팬 퍼시픽 싱가포르 Pan Pacific Singapore

무려 8,000만 달러를 투입해 호텔을 대대적으로 리노베이션한 후 2012년 8월 새롭게 재탄생했다. 가장 먼저 눈에 들어오는 건 타이완 등불축제에서 영감을 받은 로비 아트리움의 인테리어. 연못 위에 떠 있는 프라이빗한 테이블에서 달콤한 휴식이 가능하다. 호텔 전체에 제공하는 무료 Wi-Fi, 전 객실에 설치된 IP TV 등 사용자 편의에 초점을 맞춘 똑똑한 서비스 역시 인상적이다. 총 790개의 하버 뷰와 시티 뷰 객실을 보유하고 있으며 커다란 창문이 있는 우아하고 모던한 객실은 '아늑함'에 초점을 맞춰 머물수록 더 만족할 수 있다. 즉석 로컬 푸드를 비롯해 다채로운 메뉴를 제공하는 호텔 내 다이닝 스폿인 엣지(Edge)의 조식도 인기가 많다.

Map 대형❶-D2 MRT CC4 프로메나드(Promenade) 역에서 도보 3분, 마리나 스퀘어 쇼핑센터와 바로 연결 SGD324++부터 무료 +65 6336 8111 7 Raffles Boulevard, Marina Square www.panpacific.com/singapore

하버 뷰가 보이는 룸

리조트 느낌의 야외 수영장이 압권

만다린 오리엔탈 싱가포르 Mandarin Oriental Singapore

최상의 시설 및 서비스와 동양의 미를 격조 있게 녹여낸 디자인, 환상적인 전망을 뽐내는 5성급 호텔. 527개의 현대적인 객실을 운영한다. 커다란 유리창을 통해 풀러톤 호텔부터 마리나 베이 샌즈까지 한눈에 품을 수 있으며, 하버 뷰, 오션 뷰, 시티 뷰 등 탁 트인 전망을 제공한다. 만다린 오리엔탈 싱가포르의 자랑은 리조트풍의 야외 수영장. 25m 길이의 수영장과 프라이빗한 카바나, 선베드 등으로 아름답게 꾸며져 마치 동남아 휴양지에 있는 것 같은 기분을 선사한다. 5층에 위치한 스파에서는 전문 테라피스트들이 최상급의 스파 서비스를 제공하고, 애프터눈 티로 유명한 애시스 바 & 라운지(AXIS Bar & Lounge) 등 5개의 레스토랑과 2개의 바를 운영한다.

Map 대형❶-D2 MRT CC3 에스플러네이드(Esplanade) 역 B출구로 나와 래플스 링크(Raffles Link)로 우회전, 래플스 애비뉴(Raffles Ave.)가 나오면 마리나 스퀘어(Marina Square) 방향으로 200m 직진 SGD479++부터 유료 +65 6845 1000 6 Raffles Boulevard, Marina Square www.mandarinoriental.com/singapore

6성급 호텔에서 누리는 호사

세인트 리지스 싱가포르 St. Regis Singapore

뉴욕에서 시작한 6성급 호텔 체인 세인트 리지스. 2008년 아시아 최초의 세인트 리지스가 싱가포르에 상륙했다. 럭셔리의 극치를 선보이는 세인트 리지스는 호텔에 도착한 순간부터 떠나는 순간까지 각 고객에게 맞춤서비스를 제공하는 24시간 버틀러(Butler) 서비스가 특징. 천장의 샹들리에와 바닥의 매끈한 대리석 등으로 화려함을 살리고 보테로, 샤갈, 피카소 등 유명예술가들의 오리지널 작품으로 우아함과 품격을 더했다. 299개의 객실은 동양적인 요소를 가미해 유럽풍으로 꾸몄다. 포근한 침대, 짐 톰슨(Jim Tomson)의 실크 쿠션, 보스(Bose) 음향시스템 등 세심하게 선택된 제품들로 럭셔리한 휴식 공간을 완성했다. 레메디 스파(Remède Spa), 프랑스와 아시안 퓨전 요리를 선보이는 르 사뵈르(Les Saveurs), 애프터눈 티를 즐길 수 있는 드로잉룸(Drawing Room) 등 다이닝 분야도 훌륭하다.

Map 대형②-A1 MRT NS22 오차드(Orchard) 역 E출구와 연결된 휠록 플레이스(Wheelock Place)를 이용해 오차드 로드로 나온 후, 도보 약 15분/ 택시 이용이 더 편리하다 Ⓢ SGD441++부터 로비에서 무료 +65 6506 6888 29 Tanglin Rd. www.stregissingapore.com

---

모던하고 깔끔한 도심 속 오아시스

그랜드 하얏트 싱가포르 Grand Hyatt Singapore

오차드 로드 쇼핑 및 시내관광을 즐기기에 편리한 위치다. 총 662개의 객실은 킹사이즈 베드와 책상, 37인치 평면 TV, 스파 전문 브랜드 준 제이콥스(June Jacobs) 욕실 어메니티 등을 제공하며, 밝은 톤의 원목을 이용해 모던하고 안락하다. 동양과 서양 요리를 두루 다루는 트렌디한 레스토랑 메자나인(Mezza9)부터 싱가포르 로컬 푸드 뷔페 스트레이츠 키친(Straits Kitchen)까지 유명한 레스토랑과 바를 운영해 비지니스 여행자에게도 인기다.

Map 대형②-A1 MRT NS22 오차드(Orchard) 역 A 출구로 나와 스코츠 로드(Scotts Rd.)를 따라 100m Ⓢ SGD485++부터 유료 +65 6738 1234 10 Scotts Rd. www.singapore.grand.hyatt.com

우아한 휴식을 꿈꾼다면

포시즌스 호텔 싱가포르
Four Seasons Hotel Singapore

포시즌스는 현지의 문화를 접목시킨 우아한 호텔 디자인과 세심한 서비스를 선보여 여성들이 특히 선호하는 브랜드다. 오차드 로드에 위치한 포시즌스의 인테리어는 아르데코와 아르누보 스타일을 바탕으로 동양적인 디테일을 더해 동서양이 조화를 이루고 있다. 특히 1,500여개의 예술 작품이 호텔 곳곳에 자리해 문화적인 감성이 가득하다. 40개의 스위트룸을 포함한 255개의 객실로 이뤄져 있다. 그 중 11층은 오직 커플들만 투숙할 수 있는 커플 층(Couple's Floor)으로 고급스러운 커플전용 객실에 전용 어메니티, 더블세면대를 보유해 기념일을 축하하는 연인들과 허니무너들에게 인기다. 야외 수영장은 3층과 20층 2곳이 있는데 어린이용 수영장은 20층이다. 정통 광동 요리로 명성이 높은 지앙난춘(Jiang-Nan Chun) 등 3개의 다이닝 스폿이 있다. 스태프들의 친절함이 감동을 더해준다.

Map 대형❷-A1 MRT NS22 오차드(Orchard) 역 B출구로 나와 휠록 플레이스(Wheelock Place) 방향, 오차드 블루바드(Orchard Boulevard)를 따라 도보 약 7분 SGD440++부터 유료 +65 6734 1110 190 Orchard Boulevard www.fourseasons.com/singapore

객실 업그레이드 완료!

리젠트 싱가포르 Regent Singapore

오차드 로드에서 조금 떨어져 있는 포시즌스 계열의 호텔. 포시즌스보다 캐주얼하고 아기자기한 매력이 있다. 보타닉 가든까지 걸어서 10분 거리라 초록빛 전망을 만끽할 수 있다는 것도 장점. 박물관 수준의 아시아 예술 작품들이 호텔을 보다 고혹적인 분위기로 가꿔준다. 개별 발코니가 있는 46개의 스위트룸을 포함한 440개의 모든 객실은 2013년 6월 인테리어 업그레이드를 완료했다. 전통미가 더해진 현대적인 객실은 골드와 오렌지 컬러로 꾸며졌으며, 하루 2회 하우스키핑 서비스, 록시땅(L'Occitane) 욕실 어메니티 등 세심한 서비스로 편안한 휴식을 보장한다. 리젠트 싱가포르는 이탈리안 뷔페 레스토랑 돌체토 바이 바실리코(Dolcetto by Basilico), 토·일요일 하이 티 뷔페로 이름난 티 라운지(Tea Lounge) 등 다이닝 섹션이 강력한 호텔이기도 하다. 야외 수영장, 24시간 피트니스 센터 등을 보유하고 있다.

Map 대형❷-A1 MRT NS22 오차드(Orchard) 역 E출구와 연결된 휠록 플레이스(Wheelock Place)를 이용해 오차드 로드(Orchard Rd.)로 나와 도보 약 15분, 세인트 리지스 싱가포르(St. Regis Singapore)를 끼고 좌회전/택시 이용이 더 편하다 SGD313.65부터 무료 +65 6733 8888 1 Cuscaden Rd. www.regenthotels.com

아이와 함께하는 가족여행에 추천!

Map 대형❷-A1 MRT NS22 오차드(Orchard) 역 E출구와 연결된 휠록 플레이스(Wheelock Place)를 이용해 오차드 로드(Orchard Rd.)로 나와 도보 약 5분, 포럼 더 쇼핑몰(Forum The Shopping Mall) 앞에서 길을 건너 델피 오차드(Delfi Orchard)를 끼고 우회전하여 도보 약 5분/택시 이용이 더 편리하다 SGD415++부터 객실 내 무료 +65 6737 3644 22 Orange Grove Rd. www.shangri-la.com/Singapore

쇼핑 천국과 가까운 도심 속 낙원

샹그릴라 호텔 싱가포르 Shangri-La Hotel Singapore

특급 호텔 체인 샹그릴라(Shangri-La)의 첫 번째 호텔. 1971년 문을 연 곳으로, 故 노무현 대통령 등 한국의 역대 대통령들과 미국 부시 전 대통령 등 명사들이 묵은 바 있는 유서 깊은 호텔이다. '지상낙원'이라는 뜻의 호텔 이름에 걸맞은 최상의 시설과 서비스를 제공한다. 3개의 건물에 747개의 객실이 있는 거대한 호텔로, 푸른 정원에 둘러싸인 야외 수영장과 샹그릴라의 고급 스파 브랜드 치 스파(CHI Spa), 24시간 비즈니스 센터, 6개의 레스토랑&바 등의 부대시설을 운영한다. 가족여행이나 휴양을 목적으로 한다면 센토사 섬에 위치한 샹그릴라 라사 센토사 리조트&스파(Shangri-La's Rasa Sentosa Resort&Spa)를 추천한다.

격조 있는 객실 인테리어

골라 자는 재미가 있는 RWS 테마 호텔

리조트 월드 센토사(RWS)는 8개의 호텔, 총 1,500여개의 객실이 들어서 있는 리조트 단지다. 8개의 호텔은 각각의 개성과 테마가 뚜렷하여 다양한 취향의 여행자들을 만족시킨다. 그중 4개의 호텔을 엄선해 보았다.

스파 리퍼블릭

디럭스 패밀리룸

아이와 함께하는 가족여행에 추천!
페스티브 호텔 Festive Hotel

선명하고 화려한 컬러를 과감하게 사용한 인테리어 디자인부터 재미난 콘셉트의 럭셔리 호텔이다. 객실에 제공되는 캐릭터인형 기념품, 아이들용 이층 침대와 침대로 변하는 소파베드 등이 마련된 객실 등 어린이 친화적인 서비스를 제공해 아이와 함께하는 가족여행에 추천할 만하다. 객실이 넓진 않으나 편안하고 섬세하다. 규모가 크지 않은 페스티브 호텔의 야외 수영장이 다소 아쉽다면, 옆에 위치한 하드록 호텔의 수영장을 이용할 수도 있다. 센토사의 페스티브 워크(Festive Walk) 인근에 위치해 유니버설 스튜디오 싱가포르, S.E.A 아쿠아리움과의 접근성도 뛰어나다.

Map 대형③-A1 MRT CC29/NE1 하버프론트(HarbourFront) 역에서 센토사 익스프레스(Sentosa Express)로 환승 후 임비아(Imbiah) 역에서 도보 10분 SGD282.48부터 유료(24시간에 SGD32.1) +65 6577 8899 8 Sentosa Gateway www.rwsentosa.com

디자이너의 감각이 묻어나는
호텔 마이클
Hotel Michael

세계적인 미국 디자이너 겸 건축가 마이클 그래이브즈(Michael Graves)가 디자인한 호텔 마이클은 현대적인 시설에 예술의 옷을 입힌 감각적인 호텔이다. 바닥부터 천장까지 이어진 커다란 창문을 통해 멀라이언 타워 또는 항구의 전망을 감상할 수 있다. 476개의 객실은 벽화와 디자이너 가구로 편안하고 스타일리시하게 꾸며져 있다. 수영장, 바와 라운지 등의 부대시설을 운영한다.

Map 대형③-A1 센토사 익스프레스(Sentosa Express) 임비아(Imbiah) 역에서 도보 3분 SGD291.9부터 유료 +65 6577 8899 8 Sentosa Gateway www.rwsentosa.com

워터파크가 방에서 한눈에
에쿠아리우스 호텔
Equarius Hotel

센토사 섬 서쪽 해변, 비치 빌라와 어드벤처 코브 워터파크 바로 옆에 위치한 5성급 호텔. 172개 일반 객실과 빌라 모두 전용 발코니를 갖췄다. 워터파크가 한눈에 보이는 널찍하고 현대적인 객실, 조용하고 한적한 수영장에서 커플여행과 가족여행을 즐기고 싶은 여행객에게 추천. 리조트 월드 센토사 중심부까지 셔틀버스로 편리하게 이동 가능하다.

Map 대형③-A1 MRT CC29/NE1 하버프론트(HarbourFront) 역에서 센토사 익스프레스(Sentosa Express)로 환승 후 임비아(Imbiah) 역에서 하차, 총 도보 3분/호텔 마이클에서 셔틀버스 이용 SGD291.9부터 유료 +65 6577 8899 8 Sentosa Gateway www.rwsentosa.com

인공 백사장이 있는 야외 수영장에서 놀자!
하드록 호텔 Hard Rock Hotel

록(Rock)을 테마로 하는 젊은 감각의 럭셔리 호텔. 로큰롤을 주제로 꾸며진 364개의 객실을 운영한다. 하드록 호텔의 가장 큰 자랑은 신나는 음악이 흘러나오는 큼직한 수영장. 야자수로 둘러싸인 야외 수영장에 인공 백사장을 조성해 해변 분위기를 흠뻑 느끼게 해준다. 유수 풀, 슬라이드, 풀 바(Pool Bar), 카바나(Cabana), 비치 발리볼 코트 등을 갖추고 있어 남녀노소가 신나게 즐기기에도 그만이다.

Map 대형③-A1 MRT CC29/NE1 하버프론트(HarbourFront) 역에서 센토사 익스프레스(Sentosa Express)로 환승 후 임비아(Imbiah) 역에서 도보 10분 SGD235.4부터 유료 +65 6577 8899 8 Sentosa Gateway www.hardrockhotelsingapore.com

동남아 휴양지 부럽지 않은 센토사 섬의 특급 호텔들

센토사의 호텔 수준은 동남아시아의 여느 휴양지 부럽잖다. 바다와 해변, 열대우림이 어우러진 이국적인 풍경 속에서 달콤한 휴식을 취할 수 있는 센토사의 호텔들.

문화유산과 최첨단 디자인의 우아한 공존

뫼벤픽 헤리티지 호텔 센토사 Movenpick Heritage Hotel Sentosa

센토사 중심, 멀라이언이 한눈에 보이는 곳에 위치한 고품격 호텔. 1940년대 세계2차대전 당시 영국군의 막사로 사용됐던 건축물을 개조한 헤리티지 윙(Heritage Wing)과 신축 건물인 컨템포러리 윙(Contemporary Wing)으로 구성돼 있다. 191개의 객실은 천연 목재를 사용한 가구로 아늑하게 꾸며져 있으며 최첨단 시설과 고급 어메니티까지 더해져 특급 휴식을 도와준다. 특히 헤리티지 윙은 전 객실 스위트룸으로 구성돼 있다. 올 데이 레스토랑 테이블스케이프(Tablescape)와 250여개 브랜드의 위스키를 보유한 라운지 와우(The WOW) 등 레스토랑도 인상적이다. 22m 길이의 야외 수영장은 유리벽으로 디자인돼 더욱 특별하다.

최신 시설과 고급 서비스로 무장한 객실

Map 대형❸-A1 MRT CC29/NE1 하버프론트(HarbourFront) 역에서 센토사 익스프레스(Sentosa Express)로 환승, 임비아(Imbiah) 역에서 하차해 도보 2분 SGD316.8부터 유료 +65 6818 3388 23 Beach View www.moevenpick-hotels.com

---

Map 대형❸-A1 MRT CC29/NE1 하버프론트(HarbourFront) 역에서 센토사 익스프레스(Sentosa Express)로 환승, 임비아(Imbiah) 역에서 하차해 도보 10분 SGD639++부터 무료 +65 6377 8888 1 The Knolls www.capellahotels.com/singapore

프라이빗한 풀 빌라

6성급 서비스, 자연 속에 녹아들다

카펠라 싱가포르 호텔 Capella Singapore Hotel

센토사의 자연 속에 안겨 있는 6성급 호텔이다. 영국 식민지 시대의 건물을 리모델링한 메인 건물과 새롭게 지은 세련된 건축물로 이뤄져 있으며, 호텔의 모든 디자인 요소는 주변의 자연환경과 완벽하게 조화를 이루고 있다. 카펠라 호텔은 클래식한 아름다움과 도회적인 세련됨이 조화를 이룬 112개의 널찍한 객실을 보유하고 있는데 터치식 조명 조절기, 아이팟 도킹시스템(iPod Docking System) 등을 갖춘 설비들도 고급스럽다. 계단식으로 디자인된 캐스케이드 수영장에서는 반짝반짝 빛나는 바다를 감상하며 휴식을 즐길 수 있다.

스타일리시한 휴식의 정점

W 싱가포르-센토사 코브 W Singapore-Sentosa Cove

센토사 끝자락의 센토사 코브 지역은 요트가 정박해 있는 바다와 고급 레지던스가 있는 부촌. 이곳에 2012년 9월 디자인 부티크 호텔 W 싱가포르 센토사 코브가 문을 열었다. 건물 외관부터 조명과 손잡이 하나하나까지 3,000여 가지의 독특한 디자인 아이템을 적용해 W 호텔 특유의 펑키하고 젊은 감각을 확인시켜 준다. 객실 발코니 너머로 보이는 요트와 항구는 이국적인 분위기를 높여주며, 야자수와 함께 드라마틱하게 연출된 수영장은 스타일리시한 휴식의 정점을 찍어준다. 프라이빗 풀을 보유한 객실을 포함해 240개의 객실을 운영한다.

스위트룸

Map 대형③-B1 MRT CC29/NE1 하버프론트(HarbourFront) 역에서 택시 이용 시 SGD10이내 SGD352++부터 로비에서 무료 +65 6808 7288 21 Ocean Way www.wsingaporesentosacove.com

자연에 둘러싸여 힐링을

센토사 뷰포트 호텔 (센토사 리조트 & 스파) The Sentosa, A Beaufort Hotel

디럭스룸

휴양지 분위기를 제대로 만끽할 수 있는 리조트. 싱가포르 최초의 정원 스파인 스파 보타니카를 비롯하여 수영장, 레스토랑 모두 열대우림과 자연에 둘러싸여 있다. 215개의 객실은 차분하고 고급스럽고 프라이빗 풀 빌라도 있다. 돌핀 라군, 센토사 골프 클럽 등 센토사의 주요 관광지와 가깝다는 것도 장점. 센토사 섬 내에서 비교적 합리적인 가격으로 이용 가능한 호텔이다.

Map 대형③-B1 MRT CC29/NE1 하버프론트(HarbourFront) 역과 연결된 비보시티에서 무료 셔틀 버스 이용 가능(투숙객에 한함)/창이국제공항에서 차량으로 약 25분 소요 SGD280++부터 무료 +65 6275 0331 2 Bukit Manis Rd. www.thesentosa.com

매혹적인 부티크 호텔

부티크 호텔은 일반 호텔과 달리 건물 전체가 특정한 콘셉트 아래 설계돼 어디서도 경험해볼 수 없는 유일무이한 숙박 경험을 제공하는 곳. 싱가포르는 부티크 호텔을 유행시킨 도시다. 화려하진 않지만 개성 있고 예쁜 싱가포르의 부티크 호텔들을 소개한다.

감각적인 디자인으로 승부

원더러스트 Wanderlust

독일어로 '방랑벽, 여행 좋아하기'라는 뜻의 원더러스트. 1920년대에 학교로 지어진 4층 규모의 숍하우스를 개조한 부티크 호텔로 단 29개의 객실만 운영한다. 객실 내 아이팟 도킹 스테이션, 네스프레소 커피, 상하이 탕(Shanghai Tang)의 욕실 어메니티, 무료 미니 바를 제공하고 무선 인터넷과 조식도 무료로 이용 가능하다. 모든 객실의 콘셉트와 디자인이 각기 달라 어떤 방에 묵게 될지 기대하게 된다. 로비는 원더러스트의 디자인 콘셉트를 압축해 보여주는 공간으로 리틀 인디아 특유의 분위기가 배어있다. 알록달록한 벽과 빈티지 가구로 꾸민 라운지, 디자인 서적 등을 판매하는 작은 서점이 로비를 구성한다. 1층에는 프렌치 레스토랑 꼬꼬떼(Cocote), 2층에는 아담한 야외 테라스와 작은 선데크 자쿠지가 있다. MRT 리틀 인디아 역까지는 도보 약 10분 정도. 리틀 인디아와 부기스 사이에 위치해 있다.

Map 대형5 MRT NE7 리틀 인디아(Little India) 역 B출구로 나와 직진, 두 번째 나오는 사거리에서 좌회전하여 잘란 베사르(Jalan Besar)로 진입해 두 번째 골목인 던롭 스트리트(Dunlop St.)로 들어가 약 50m SGD179++부터 무료 +65 6396 3322 2 Dickson Rd. wanderlusthotel.com

객실마다 인테리어가 달라요!

차이나타운 안시앙 로드의 새하얀 휴식처

클럽 호텔 The Club Hotel

22개의 룸이 있는 럭셔리 부티크 호텔. 싱가포르에서 가장 패셔너블한 지역인 차이나타운 안시앙 로드에 위치해 있다. 눈부시도록 새하얀 1900년대의 식민지풍 건물에 들어서 있어 안시앙 로드의 예쁜 건물들 가운데서도 단연 눈에 띈다. 객실은 편안한 소파가 있는 클럽룸(Club Room)과 한쪽 벽을 꽉 채우는 커튼을 활용한 대담한 디자인의 시그니처룸(Signature Room) 2종류. 콘셉트 컬러인 화이트를 이용해 깔끔하고 아늑하게 디자인됐다. 잉양 루프톱 바(Ying Yang Roof Top Bar), 르 쇼콜라(Le Chocolat Cafe) 등 다이닝 스폿도 유명하다.

Map 대형1-C3 MRT NE4 차이나타운(Chinatown) 역 A출구 도보 10분, 안시앙 로드(Ann Siang Rd.)로 올라가 작은 삼거리가 나오면 우회전 SGD210++부터 무료 +65 6808 2188 28 Ann Siang Rd. www.theclub.com.sg

인테리어에 신경을 쓴 화사한 객실

오래된 시간, 스타일리시한 호텔과 만나다

호텔 1929 Hotel 1929

1929년에 지어진 싱가포르의 전통 숍하우스를 개조해 만든 차이나타운의 부티크 호텔. 전통 가옥의 특징상 로비나 객실이 넓지 않아 공간을 효율적으로 구성하고 아기자기한 매력을 살리는 데 중점을 뒀다. 모던하게 디자인한 실내 공간, 폭신폭신한 베드, 타일과 통유리로 장식된 욕실, 운치 있는 발코니가 좁은 공간이 주는 아쉬움을 커버한다. 수영장은 없으며 작은 테라스와 자쿠지를 쓸 수 있다. 1층에 위치한 엠버(Ember)는 아시아와 유럽의 영향을 받은 유러피안 퀴진을 선보이는 레스토랑이다. 예약 필수.

Map 대형❶-B3 MRT NE3/EW16 오트램 파크(Outram Park) G출구로 나와 오른쪽 방향, 사거리에서 길을 건너 네일 로드(Neil Rd.)로 진입, 두 블럭 가면 왼쪽에 나오는 케옹색 로드(Keong Saik Rd.)로 300m 직진 SGD152++부터 +65 6347 1928 객실 내 무료 50 Keong Saik Rd. www.hotel1929.com

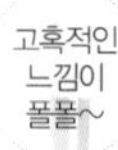

싱가포르 최초의 부티크 호텔

스칼렛 부티크 호텔 The Scarlet, A Boutique Hotel

2004년 문을 연 싱가포르 최초의 럭셔리 부티크 호텔. 초기 숍하우스 건축이 오밀조밀 늘어선 차이나타운의 어스킨 로드에 위치했다. 1924년 지어진 아르누보 스타일의 예쁜 건축과 블랙, 골드, 레드를 이용한 화려하고 고풍스러운 실내 디자인이 특징이다. 스위트룸 포함 80개 객실이 있다. 싱가포르에 2곳뿐인 스몰 럭셔리 호텔(Small Luxury Hotel, SLH) 회원 호텔 중 하나로, 드라마 〈케세라세라〉의 촬영지로도 유명하다.

Map 대형❶-C3 MRT NE4 차이나타운(Chinatown) 역 A출구 도보 약 15분 SGD320++부터 무료 +65 6511 3333 33 Erskine Rd. www.thescarlethotel.com

차이나타운의 주황빛 아지트

나우미 리오라 호텔 Naumi Liora Hotel

케옹색 로드에 호텔 1929에 이어 두 번째로 들어선 부티크 호텔. 1920년대에 지어진 2층짜리 유서 깊은 건물을 개조해 만들었다. 세련된 주황색과 우아한 흰색 창문이 앙상블을 이룬 외관부터 멋스럽다. 전통을 고스란히 살린 겉모습과 달리 79개의 객실 내부는 현대적이고 트렌디하다. 화이트톤의 깔끔한 객실에 오리엔탈풍의 장식을 더해 멋을 살렸다. 테라스가 있는 객실을 선택하면 좀 더 낭만적으로 즐길 수 있다. 24시간 피트니스 운영.

Map 대형❶-B3 MRT NE3/EW16 오트램 파크(Outram Park) G출구로 나와 오른쪽 방향, 사거리에서 길을 건너 네일 로드(Neil Rd.)로 진입, 두 블럭 가면 왼쪽에 나오는 케옹색 로드(Keong Saik Rd.)로 200m 직진 SGD170++부터 무료 +65 6922 9000 55 Keong Saik Rd. www.naumiliora.com

가격 대비 만족도 높은

오아시아 호텔 Oasia Hotel

가족여행객과 친구여행객에게 추천하는 4성급 호텔. 시내에서 조금 떨어져 있어 경제적인 가격으로 머물 수 있으면서도 MRT 노베나(Novena) 역과 가까워 대중교통이용이 편리하다는 것도 장점. 아이팟 도킹 스테이션, 레인 샤워기 등 최신 설비를 갖춘 428개의 객실과 야외 수영장, 어린이용 수영장, 스파 욕조, 한증막, 피트니스 시설 등을 보유했다. 8층에 위치한 야외 수영장은 20m 길이의 수영장과 자쿠지, 어린이용 수영장으로 구성돼 시원한 휴식을 도와준다.

Map 009p MRT NS20 노베나(Novena) 역 A출구 바로 앞 SGD238++부터 무료 +65 6664 0333 8 Sinaran Dr. www.stayfareast.com

싱가포르 디자이너의 기발함이 담긴 룸

로컬 디자이너의 상상력이 빛나는

뉴 마제스틱 호텔 New Majestic Hotel

기발한 아이디어가 돋보이는 부티크 호텔. 호텔 내 레스토랑의 천장에는 동그란 유리창이 나 있는데 그 유리창 위쪽이 바로 수영장의 바닥이다. 레스토랑의 천장을 바라보면 수영장 물속을 엿볼 수 있는 것. 뉴 마제스틱 호텔은 객실이 30개밖에 안 되는 소규모 호텔이지만 디자인 호텔(Design Hotels) 멤버로 등록되었을 만큼 예쁜 디자인과 디테일을 자랑한다. 8명의 로컬 디자이너가 각기 다른 테마로 꾸민 객실은 개성 넘치는 일러스트와 각 객실의 콘셉트에 맞는 희귀한 인테리어 소품들로 가득해 눈이 즐겁다. 차이나타운과 가깝다.

Map 대형❶-B4 MRT NE3/EW16 오트램 파크(Outram Park) 역 H출구 도보 3분 SGD238++부터 무료 +65 6511 4700 31-37 Bukit Pasoh Rd. www.newmajestichotel.com

감성을 품은 호텔
갤러리 호텔 Gallery Hotel

이름처럼 호텔 로비, 복도, 객실 등에서 다양한 작품을 갤러리에서처럼 감상할 수 있다. 객실은 깨끗하고 편안하지만 좁은 편, 야외 수영장 역시 작다. 2층 비즈니스 센터에서 무료로 컴퓨터 이용이 가능하며, 체크아웃 후에도 피트니스 센터의 샤워장을 이용할 수 있으므로 샤워한 후 공항으로 이동할 수 있다. 객실 수는 222개.

Map 대형❶-B2 MRT NE5 클락키(Clarke Quay) 역 F출구 도보 약 15분 SGD185++부터 무료 +65 6849 8686 1 Nanson Rd. www.galleryhotel.com.sg

---

여행자들이 인정한 바로 그 호텔
포레스트 바이 왕즈 Forest by Wangz

전세계 여행자 리뷰 사이트 트립어드바이저(Trip Advisor)에서 평점 1위를 차지한 호텔. 디자인에 관심이 많은 트렌디한 여행자들에게 인기다. 울창한 열대우림에서 영감을 얻어 만들어진 는 건물의 정면 외관부터 인상적. 객실은 스튜디오룸부터 발코니를 보유한 이그제큐티브룸(Executive Room)까지 3종류이며, 바닥부터 천장까지 이어진 커다란 창문, 홈시어터 시스템, 디자이너에게 직접 의뢰해 만든 가구를 갖추었다. 자연과 가까운 휴식을 제공하는 인피니티 수영장도 인상적이다.

Map 009p MRT NS20 노베나(Novena) 역 B출구에서 노베나 스퀘어 방향으로 직진, 사거리에서 좌회전하여 도보 5분 SGD234++부터 무료 +65 6500 3188 145 Moulmein Rd. www.forestbywangz.com

---

가격 대비 만족도 높은
왕즈 호텔 Wangz Hotel

Map 대형❶-B3 MRT EW16/NE3 오트램파크(Outram Park) 역 A출구로 나와 길 건너 버스정류장에서 33, 63, 75, 851, 970번 버스 탑승 후 1정거장 SGD228++부터 무료 +65 6595 1388 231 Outram Rd. www.wangzhotel.com

티옹 바루 인근에 위치한 부티크 호텔. 반짝반짝하는 알루미늄과 커다란 창문을 활용해 초현대적으로 디자인한 건물에 41개의 널찍한 객실이 있다. 각 객실은 세련되면서도 고전적인 디자인 요소를 반영한 장식들로 채워져 있고 채광이 좋아 더욱 아늑한 분위기. 6층의 할로 루프톱 라운지(Halo Rooftop Lounge)는 독특한 시티 뷰를 즐길 수 있는 곳으로 유명하다. 차이나타운과도 가깝다.

스마트한 배낭족이라면, 호스텔

싱가포르에는 수많은 특급 호텔만큼 다채로운 호스텔과 게스트하우스가 곳곳에 둥지를 틀고 있다. 특히 차이나타운과 리틀 인디아 지역이 배낭족의 아지트. 최소한의 비용으로 최대한의 만족을 추구하는 여행자에게 안성맞춤인 호스텔들.

이보다 더 편리할 수 없는 최상의 입지

5풋웨이 인 프로젝트 차이나타운1
5footway.inn Project Chinatown1

입지가 완벽한 부티크 호스텔. 싱가포르의 중심지인 MRT 차이나타운 역에서 도보 1분이면 닿는다. 4인 남녀혼용 도미토리, 6인 여성전용 도미토리 등 다양한 룸이 있지만 조금 더 사적인 공간을 원한다면 1인실, 2인실 이용을 추천한다. 2층 규모의 건물이지만 엘리베이터가 없어 가파른 계단을 오르내려야 하고, 공용 욕실은 다소 낡은 편이지만 편리한 입지가 단점을 커버한다. 한국어를 하는 직원이 있으며 1층에서는 라운지와 무료 PC 이용이 가능하다. 수건 대여는 SGD2.

2층 침대가 있는 도미토리

Map 대형①-C3 MRT NE4 차이나타운(Chinatown) A출구에서 오른쪽에 보면 간판이 보임. 비첸향 옆 두 번째 건물 Ⓢ 1인실 SGD66, 2인실 SGD55, 4인 남녀혼용 도미토리 SGD34, 6인 여성전용 도미토리 SGD36 무료 +65 6221 5832 63 Pagoda St. www.5footwayinn.com

---

안시앙 로드에 위치한 예쁜 호스텔

매치박스 더 콘셉트 호스텔
Matchbox The Concept Hostel

차이나타운의 힙플레이스(Hip Place) 안시앙 로드에 위치한 콘셉트 호스텔. 숍하우스를 개조한 건물 특유의 오래된 나무 바닥과 창문이 아기자기하다. 2층 침대가 벽으로 막혀 있는 구조라서 늦은 밤 개인 조명을 켜고 일정을 정리하기에도 부담스럽지 않다. 빨강, 노랑, 초록 타일로 장식한 공용 샤워실, 2층의 주방 등 다양한 편의시설을 운영한다. 특히 낮은 천장에 컬러풀한 빈백(Bean Bag)이 놓여 있는 3층 라운지에 올라가면 친구네 집 다락방에 놀러온 것 같은 기분이 든다.

Map 대형①-C3 MRT EW15 탄종 파가(Tanjong Pagar) 역 B출구로 나와 맥스웰 로드(Maxwell Rd.)를 따라 왼쪽 방향. 맥스웰 푸드센터에서 안시앙 로드(Ann Siang Rd.)를 따라 쭉 올라가면 길 끝에 나온다 Ⓢ 1인 SGD28부터 무료 +65 6423 0237 39 Ann Siang Rd. matchbox.sg

다락방 느낌의 라운지

기분 좋은 호스텔
번크@라디우스 Bunc@Radius

전통 가옥을 개조한 호스텔. 블랙 & 화이트 콘셉트의 깔끔하고 모던한 인테리어부터 눈길을 끈다. 1층에는 리셉션, 안락한 라운지와 마사지 기계, 무료 인터넷이 가능한 맥컴퓨터, 기다란 식탁과 주방, 자판기 등이 있다. 1인실, 8인용 여성전용 도미토리, 6인용 혼성기숙사용 객실, 6인용 패밀리룸, 3인용 기숙사형 객실 등 다양한 룸이 운영된다. 뿐만 아니라 싱글베드와 더블베드 중 선택할 수도 있다. 널찍한 야외 테라스, 세탁실, 샤워실 등 편의시설도 완비했다. 월요일 무비나이트, 금요일 리틀 인디아 투어 등 호스텔에서 매일 운영하는 각종 투어프로그램에 참여하는 재미도 있다. MRT 리틀 인디아 역까지 도보 약 10분.

Map 대형⑤ MRT NE7 리틀 인디아(Little India) 역 B출구로 나와 직진, 두 번째 나오는 사거리에서 좌회전하여 잘란 베사르(Jalan Besar)로 진입해 어퍼웰드 로드(Upper Weld Rd.)로 들어가 약 30m 1인 SGD30부터 무료 +65 6262 2862 15 Upper Weld Rd. www.radiancegrp.com/bunc@radius

---

커플여행, 가족여행에는
블랑 인 Blanc inn

2013년 4월에 문을 연 신상 호스텔. 리틀 인디아와 아랍 스트리트 사이의 조용한 골목에 있으며, 오래된 집을 개조해 감각적인 가구를 비치해 놓은 것이 매력적이다. 일반 호스텔처럼 6~12인이 함께 지내는 도미토리 형식이 아니라 1인실, 2인실, 3인실, 가족실 등으로 룸을 구성한 것이 특징이다. 싱글 여행자뿐 아니라 커플여행, 가족여행, 그룹여행에도 불편함이 없도록 배려한다. 2층 침대가 아니라 1인용, 2인용 침대를 제공하며 개인 조명과 노트 필기나 랩탑을 할 수 있는 영역, 개인별 안전금고 등도 마련해 놓았다. 물론 아기자기한 소품을 이용해 부티크 호스텔의 느낌을 살렸다.

Map 대형⑤ MRT EW11 라벤더(Lavender) 역에서 도보 약 5분/MRT NE8 패러 파크(Farrer Park) 역에서 도보 약 10분 1인실 SGD60, 2인실 SGD70(1인 SGD35), 3인실 SGD110(1인 SGD36.7) 무료 +65 6297 9764 151 Tyrwhitt Rd. www.inn.com.sg

DBS
ONE

Maybank
HSBC
STRAITS TRADING

여행 준비

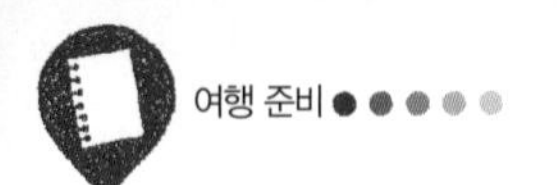

싱가포르 사계절 캘린더

여행자들의 천국 싱가포르는 1년 365일 즐거운 축제와 재미있는 이벤트가 넘쳐난다.
언제 가도 특별한 싱가포르의 즐거움 속으로.

1월 | 2월 | 3월 | 4월 | 5월 | 6월

1월

타이푸삼 Thaipusam
참회와 속죄의 축제. 힌두교도들이 온몸에 바늘과 꼬챙이를 꽂고 속죄의 행진을 하는 퍼레이드가 유명하다. 1월 말~2월 초

퐁갈 점등 축제 Pongal Celebration and Light Up
힌두교인들이 풍년을 감사하며 벌이는, 추수감사절과 비슷한 수확의 축제다. 1월 중순

2월

싱가포르 리버 홍바오 Singapore River Hongbao
중국 설 축제 기간에 열리는 축제. 홍바오는 붉은 주머니라는 뜻이다. 싱가포르 강변에서 불꽃놀이와 각종 공연 등이 펼쳐진다. 음력 설날 전 주

중국 설 Chinese New Year
한국의 구정과 동일하다. 이 시기에 싱가포르는 온통 붉은색으로 도배가 되는데 차이나타운에서는 더 화려한 구정 축제를 만끽할 수 있다. 연휴 기간에는 대부분의 상점이 문을 닫는다. 음력 1월 1일

3월

패션 스텝스 아웃@오차드
Fashion Steps Out@Orchard
쇼핑의 메카 오차드 로드에서 열리는 축제. 런웨이 쇼, 할인 행사 등이 진행된다. 3월 말~5월 초

4월

세계 미식 축제
World Gourmet Summit
미슐랭 스타급의 인기 셰프들이 모이는 식도락 축제. 최고급 요리와 와인을 맛볼 수 있다. 4월 중순~4월 말

5월

아시아 패션 익스체인지
Asia Fashion Exchange
런웨이 쇼, 패션 동향을 알리는 컨퍼런스, 이벤트 등이 열리는 패션 행사. 5월 중순

싱가포르 대 세일
The Great Singapore Sale
싱가포르 전역에서 진행되는 대 세일 이벤트. 5월 말~7월 말

6월

베이비츠 오디션 Baybeats Auditions
오디션을 통해 뽑힌 실력파 밴드들이 벌이는 음악 축제. 포크, 팝, 펑크 등 다양한 음악을 즐길 수 있다. 6월 말

비어페스트 아시아 Beerfest Asia
300여종이 넘는 전 세계 맥주를 한자리에서 맛볼 수 있는 맥주 축제. 밴드 공연이 곁들여져 더욱 신난다. 6월 중순

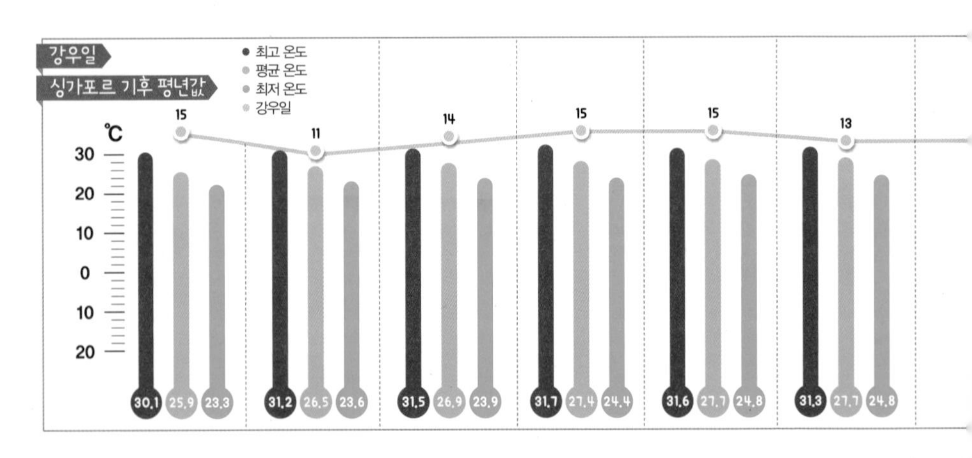

싱가포르의 날씨

싱가포르는 일년 내내 더운 아열대성 기후를 가진 나라로 연중 고온 다습하다. 평균기온은 섭씨 24도~32도. 건기와 우기가 딱히 구분돼 있지 않고 일년 내내 기후 조건이 비슷하다. 연중 가장 더운 때는 6월부터 8월까지, 10월말부터 1월까지는 '스콜(갑자기 내리는 소낙비)'이 자주 내리므로 우산은 필수다.

7월	8월	9월	10월	11월	12월

7월

하리 라야 점등 축제 Hari Raya Light Up
이슬람에서 라마단을 끝낸 기념으로 벌이는 축제. 아름다운 등불이 온 거리를 수놓는다. 7월 초~8월 중순

싱가포르 음식 축제
Singapore Food Festival
싱가포르 및 세계 각국을 대표하는 음식을 선보이는 다문화 음식 축제. 7월 한 달간

8월

내셔널 데이 퍼레이드
National Day Parade
싱가포르의 독립기념일에 진행되는 축제. 퍼레이드와 다양한 공연이 진행된다. 8월 9일

9월

추석맞이 점등 축제
Chinatown Mid-Autumn Festival Light Up
중국식 추석. 경극, 무용, 인형극, 음악 등 중국의 다양한 전통 문화 예술 공연이 펼쳐진다. 9월 초~10월 초

포뮬러원 싱가포르 그랑프리
Formula1 Singapore Grand Prix
세계 최초, 세계 유일의 야간 개최 F1 경기. 싱가포르 전역을 화끈하게 달구는 행사다. 9월 말

10월

디파발리 점등 축제 Deepavali Light Up
힌두교에서 '빛의 축제'라 불린다. 리틀 인디아에 알록달록한 조명이 켜지고 바자회가 열린다. 10월 중

싱가포르 비엔날레 Singapore Biennale
2년마다 싱가포르 전역에서 진행되는 현대 예술 축제. 회화, 공연, 사진, 설치 미술 등 다채로운 예술을 접할 수 있다. 10월 말~다음해 2월

11월

크리스마스 점등 축제
Christmas Light Up
열대의 나라에서 즐기는 한여름의 크리스마스. 수많은 전등과 크리스마스 장식들로 화려한 축제가 벌어진다. 11월말~다음해 1월 초

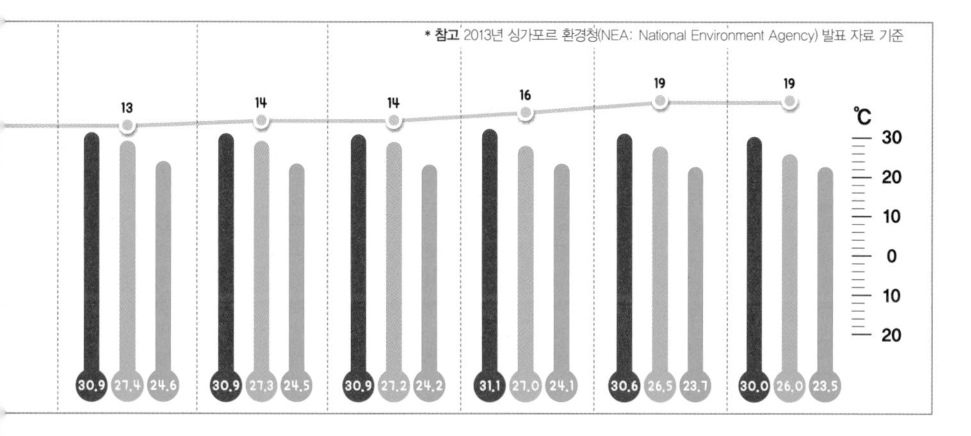

자유여행 vs. 패키지여행 vs. 에어텔 결정하기

싱가포르 여행의 시작은 여행 방법을 결정짓는 일. 자유여행과 패키지여행 각각의 특징을 살펴보고 자신의 여행 테마와 함께하는 구성원에 따라 더 효과적인 여행법을 선택하자.

자유여행

싱가포르는 자유여행을 즐기기에 최적화된 도시다. 볼거리가 밀집돼 있고 대중교통 및 표지판이 잘 돼있으며 치안이 좋기 때문. 자유여행의 장점은 여행 기간과 일정을 내 마음대로 정하고 내 취향에 맞는 숙소를 선택할 있다는 것. 항공사 웹사이트, 항공권 비교 사이트에서 항공편을 구매하고, 숙소는 국내외 숙소 예약 사이트에서 예산과 스타일에 맞는 곳을 선택하면 된다.

패키지여행

일정이 정해져 있는 여행. 싱가포르 주요 관광지를 둘러보고 싱가포르 인근 말레이시아 조호바루, 인도네시아 바탐섬 등을 연계하는 일정이 대부분이다. 1일 자유일정이 포함된 상품도 있다. 사전 준비나 계획 없이도 알차게 싱가포르를 즐기고자 할 때, 부모님과 함께하는 여행에 패키지여행을 선택하면 편리하다.

에어텔 Airtel

여행사에서 항공편과 호텔만 엮어서 판매하는 상품. 일정은 자유롭게 구성할 수 있다. 여행사 상품에는 항공권과 숙소 외에 패스 할인 쿠폰 등 여러 가지 혜택이 딸려 있는 경우도 있으니 포함 내역을 꼼꼼히 살펴보자.

SIA 홀리데이 SIA Holidays

싱가포르항공의 에어텔 브랜드. 공항-호텔 간 왕복 교통편, 시내 순환 버스인 SIA 홉온 버스 패스 등을 무료로 제공한다. 싱가포르항공 보딩 패스 소지 시 각종 관광지, 레스토랑, 쇼핑센터, 호텔 등에서 다양한 할인 혜택을 받을 수 있다.

에어텔 및 SIA 홀리데이 판매 사이트

내일투어 www.naeiltour.co.kr
썬랜드여행사 www.lovesingapore.co.kr
여행박사 www.tourbaksa.com
온라인투어 www.onlinetour.co.kr
어바웃 트래블 www.abouttravel.co.kr
웹투어 www.webtour.co.kr
인터파크투어 tour.interpark.com
하나투어 www.hanatour.co.kr

싱가포르 취항 항공사 웹사이트

대한항공 kr.koreanair.com
아시아나항공 www.flyasiana.com
싱가포르항공 www.singaporeair.com
스쿠트항공 www.flyscoot.com

항공권 가격 비교 사이트

투어캐빈 www.tourcabin.com
와이페이모어 www.whypaymore.co.kr
투어익스프레스 www.tourexpress.com
땡처리닷컴 www.072.com
인터파크투어 tour.interpark.com

숙소 예약 사이트

돌핀스트래블 www.dolphinstravel.co.kr
부킹닷컴 www.booking.com
익스피디아 www.expedia.co.kr
호텔자바 www.hoteljava.co.kr
아시아트래블 www.asiatravel.com
아고다 www.agoda.com

여행정보 사이트

싱가포르 관광청 www.yoursingapore.com

싱가포르 여행 A to Z

짐은 어떻게 쌀까? 환전은 얼마나 하지? 쇼핑 후 환급은 어떻게?
똑똑한 여행 준비와 알찬 여행에 필요한 모든 정보들.

여권 및 비자

여권의 유효 기간이 싱가포르 입국일로부터 6개월 미만이라면 갱신해야 한다. 일반적인 관광 목적으로 싱가포르를 방문할 때에는 최대 90일까지 무비자로 체류 가능하다. 여권을 잃어버렸을 때를 대비해 여권 복사본과 여권용 사진을 여분으로 준비하고 이메일로 여권 사본을 보내 두는 것이 좋다.

항공 및 숙소 예약 바우처

공항에서 비행기 체크인 시 교환할 항공 예약권, 숙소 예약 번호와 각종 정보가 기재된 숙소 예약 바우처(Voucher)를 출력해서 가져가자. 입국 시 입국신고서에 숙소의 주소와 전화번호를 기재해야 한다.

상비약

평소 복용하는 약 외에도 소화제, 진통제, 일회용 반창고 등 간단한 상비약을 준비해가자. 비상 시 유용하게 쓰인다.

여름 옷

1년 내내 여름 날씨이므로 여름 옷차림을 준비하면 된다. 그러나 쇼핑몰, 호텔 등 건물 내부는 에어컨이 세게 가동되고 있으므로 긴 팔 카디건은 필수. 수영복과 비치웨어, 한낮의 뙤약볕을 차단해 줄 선글래스와 모자도 챙겨 가자. 여행 테마에 따라 고급 레스토랑에서 입을 의상과 구두, 클럽용 의상도 준비할 것.

세면도구 및 화장품

대부분의 호텔에 세면도구가 준비돼 있지만 종종 칫솔과 치약, 린스 등은 빠져 있는 경우가 있다. 호스텔이나 게스트하우스에서는 수건을 대여해야 할 때도 있으므로 준비하는 게 좋다. 자외선 차단제는 필수다.

전자제품

전압은 220~240V이나 플러그가 3핀 방식으로 우리나라와 다르기에 멀티어댑터를 반드시 가져가야 한다. 여러 전자기기를 동시에 사용해야 한다면 멀티탭이 유용하다.

화폐 단위

싱가포르의 화폐는 싱가포르 달러(SGD: Singapore Dollar, S$)로, 환율은 수시로 바뀌지만 보통 1SGD=900원 정도로 계산하면 된다. 싱가포르의 지폐 단위는 2, 5, 10, 50, 100 그리고 세계에서 가장 비싼 화폐인 10,000 싱가포르 달러가 있다.

환전하기

공항보다 가까운 시내 은행에서 환전하는 게 경제적이다. SGD10와 SGD50를 중심으로 SGD2와 SGD5를 조금만 환전해 가면 좋다. 호커센터와 일부 식당을 제외한 대부분의 상점에서 신용카드 이용이 가능하므로 현금은 적당히 준비해가도록 하자.

예상 경비

호커센터에서는 SGD3~6정도로 저렴하게 한 끼를 해결할 수 있다. 대중식당의 가격대는 우리나라보다 약간 높아 한 끼에 SGD10~20, 커피는 SGD5~15 정도로 천차만별. 대중교통 기본요금은 MRT SGD1.1, 택시 SGD3~3.4. 따라서 교통비와 식사비는 하루 약 SGD50 정도면 충분하고 여기에 싱가포르 플라이어, 유니버설 스튜디오 싱가포르, 나이트 사파리 등 각종 어트랙션 이용 요금을 플러스하면 된다.

로밍 서비스

대부분의 스마트폰은 별도의 신청절차 없이 현지에 도착해 전원을 껐다 켜면 바로 로밍서비스를 이용할 수 있다. 단, 통화료 및 문자 발신 요금이 한국보다 비싸다. 데이터 로밍을 완전 차단하거나 내게 맞는 데이터 로밍서비스에 가입하는 게 좋다.

무료 Wi-Fi 사용하기

싱가포르 정부의 무선인터넷 서비스 Wireless@SG를 통해 스타벅스, 대형 쇼핑몰, 호텔, 공공장소 등에서 무료 Wi-Fi 이용이 가능하다. 웹사이트(www.icellnetwork.com)에서 아이디와 패스워드를 미리 발급받은 후 이용할 수 있다. 싱가포르 창이국제공항 인포메이션 데스크에 가서 여권을 보여주면 Wi-Fi 4시간 무료 쿠폰을 준다.

GST란?

Good & Service Tax의 약자로 소비세를 뜻한다. 싱가포르 대부분의 식당과 상점, 호텔에서는 전체 금액의 7%를 소비세로 부과하고 있다. GST 리펀드는 택스 프리(Tax Free), 택스 리펀드(Tax Refund)라고도 불린다. 프리미어 택스 프리(Premier Tax Free) 가맹점에서는 영수증 합산 총 SGD100 이상, 글로벌 리펀드(Global Refund) 가맹점에서는 각 상점에서 SGD100 이상 구매하면 환급 조건에 맞춰 7%의 소비세를 현금으로 돌려받을 수 있다.

GST 환급 방법

1. 상점에서 물건 구매 시 점원에게 GST 리펀드를 요청하면 영수증과 함께 환급증을 내준다.
2. 환급증에 개인 정보를 써 넣고, 물건을 구매할 때마다 차곡차곡 모아둔다.
3. 출국 시 공항에 있는 GST Refund 창구에 가서 여권, 항공권, 구매한 물품, 영수증, 환급증을 보여주고 도장을 받는다.
4. 출국심사 후 공항 안에 들어가 GST Refund 창구로 찾아가 환급금을 받는다. 환급금은 싱가포르 달러로 준다.
5. 환급 금액이 SGD7,500을 초과할 경우 SGD100의 수수료를 제하고 지급된다.

비상 연락처

- **주 싱가포르 대한민국 대사관** +65 6256 1188
- **현지 경찰** 999
- **대한항공 싱가포르 지사** +65 6542 0623
- **아시아나 싱가포르 지사** +65 6545 2584
- **싱가포르항공** +65 6223 8888

싱가포르 어학연수

영국의 식민 지배를 받았던 역사가 있기 때문에 정통 영어를 체계적으로 배울 수 있다. 원어민 국가 대비 절반 정도 되는 비용으로 어학연수를 할 수 있으며 미국, 캐나다, 영국 등으로 장기 유학을 가기에 앞서 좀 더 저렴한 비용으로 기본기를 다지는 연계 어학연수지로 각광을 받고 있다. 싱가포르에는 현재 120여개의 어학원이 있으며, 깨끗하고 치안이 좋다는 점에서 여성 유학생들에게 인기다. 중국인들이 싱가포르 인구의 70% 이상을 차지하는 만큼 영어와 중국어를 동시에 마스터하고 싶은 욕심 많은 학생들에게 추천할 만하다.

싱가포르로 떠나기

모든 준비가 완료됐다면 이제 떠날 시간이다. 공항 출국 수속절차와 싱가포르 공항 입국절차, 도착 후 싱가포르 시내까지 가는 방법을 알아보자.

인천국제공항에서 출국하기

공항 도착 및 탑승 수속

공항에는 항공기 출발 2시간 전에 도착하는 게 좋다. 여권, 탑승권을 가지고 항공사 카운터에서 체크인을 하고 수하물을 부친다. 기내 액체 류 반입 금지 조항에 따라 100㎖를 초과하는 생수, 젤, 화장품 등의 액체 류는 반드시 트렁크에 넣어 위탁수하물로 부쳐야 한다.

출국 심사

출국장은 탑승 시간 최소 1시간 전까지 들어가자. 출국장에서 여권과 탑승권을 보여주면 보안 검색을 하고 출국 심사를 거치면 탑승 수속이 끝난다. 탑승 시간과 게이트 번호, 위치를 미리 파악한 후 면세점 쇼핑을 즐기거나 라운지를 이용하도록 한다.

기내에서

인천에서 싱가포르까지는 약 6시간 30분이 소요된다. 기내에서 승무원이 나눠주는 입국카드에는 이름, 여권 번호, 직업, 항공기 편명, 숙소 등을 기재한다.

창이국제공항 입국하기

입국카드와 여권을 준비하고 입국 심사를 받은 후 타고 온 항공기 편명에 해당하는 수취대 번호를 확인한 후 수하물을 찾는다.

창이국제공항에서 시내로 가기

MRT

싱가포르의 지하철인 MRT(Mass Rapid Transit)를 타고 공항에서 시내까지 쉽게 갈 수 있다. MRT CG2 창이국제공항(Changi Airport) 역에서 MRT NS25/EW13 시티홀(City Hall) 역까지는 약 32분이 소요된다. 1회용 스탠더드 티켓(Standard Ticket)은 편도 SGD2, 충전식 교통카드 이지링크(ez-link) 이용 시 편도 SGD1.63. 모든 티켓은 창이국제공항 MRT 매표소에서 구매 가능하다.

버스

공항 지하 버스정류장에서 36번 버스를 타고 선텍시티, MRT 시티홀 역, 오차드 로드 등 시내까지 약 1시간 소요된다. 요금은 SGD2이며, 현금 또는 이지링크 카드 이용. 06:00~24:00 운영.

택시

공항에서 시내의 주요 호텔까지는 약 30분이 소요되고 요금은 대략 SGD20~30 사이. 미터기에 찍히는 요금에 공항 도로 이용료 할증(SGD3~5), 심야 할증(최종 요금의 50%, 24:00~06:00) 등 가산 요금이 붙는다. 24시간 이용 가능하며 신용카드 결제도 가능하다. 도착 층에 택시정류장이 있다.

에어포트 셔틀 Airport shuttle

창이국제공항부터 시내의 호텔까지 연결하는 공항버스. 도착 홀에 위치한 그라운드 트랜스포트 데스트(Ground Transport Desk)에서 24시간 예약 가능하다. 요금은 SGD9, 12세 이하 SGD6.

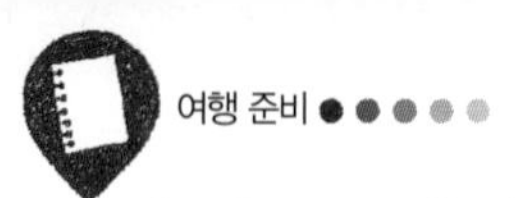

시내 돌아다니기

싱가포르는 대중교통 인프라가 잘 갖춰져 있어 여행하기 편리하다. 싱가포르를 구석구석을 쉽게 여행하도록 도와주는 대중교통 정보들.

MRT

도시 곳곳을 연결해 편리한 여행을 도와주는 지하철. 스탠더드 티켓(Standard Ticket)은 일회용 MRT 승차권. 티켓 구매 시 SGD1 보증금을 내야하며 하차 후 보증금은 환불 받을 수 있다. 이지링크(ez-link)는 우리나라의 교통카드와 동일한 개념의 충전식 교통카드다. 이지링크 이용 시 MRT와 버스 할인이 적용되며 최초 구매 시에는 카드 대금 SGD5와 충전 금액 SGD7을 포함해 SGD12를 지불해야 한다. 충전은 SGD10부터 SGD100까지 가능하고 이용 후 잔액은 환급받을 수 있다. 이지링크 구매와 충전은 대부분의 MRT 역에서 할 수 있다. 단, 나이트라이더(Night Rider), 나이트아울(Nite Owl) 등 특별버스는 이지링크 사용 불가.

✉ www.smrt.com.sg

싱가포르 투어리스트 패스 Singapore Tourist Pass

MRT, 버스 등 대중교통을 무제한 이용할 수 있는 여행자 전용 패스. 1일권은 SGD10, 2일권은 SGD16, 3일권은 SGD20이며 모든 패스는 대여 보증금 SGD10을 추가로 내고 구매 가능하다. 구매 후 5일 내에 카드 반납 시 보증금은 환급되고, 패스에 남은 잔액은 환급되지 않는다. MRT 창이 국제공항(Changi Airport), 오차드(Orchard), 차이나타운(Chinatown), 시티홀(City Hall), 부기스(Bugis) 역 등의 매표소에서 구매 가능. 단, 나이트라이더(Night Rider), 나이트아울(Nite Owl) 등 특별버스는 이용 불가.

✉ www.thesingaporetouristpass.com.sg

버스

버스는 현금 또는 이지링크 카드, 싱가포르 투어리스트 패스로 이용이 가능하다. 요금은 구간마다 다르며, 운전기사에게 목적지를 말하면 요금을 알려준다. 이지링크 카드 사용할 땐 우리나라와 동일하게 승하차 시 리더기에 카드를 찍으면 되고, 현금 이용 시 영수증을 제공하며 거스름돈은 주지 않는다. 간혹 영수증을 확인할 때도 있으므로 하차할 때까지 갖고 있도록 하자. 버스 요금은 약 SGD0.73부터, 중심가에서 이동 시 대개 SGD1~2정도다. 이지링크 카드를 이용하면 현금보다 최소 SGD0.17 이상 할인된다. 또한 싱가포르의 버스는 안내방송을 하지 않기 때문에 승차 전 버스 정류장에 있는 노선도에서 목적지까지의 정거장 수를 세어두거나 버스 기사에게 목적지를 말해두고 확인해야 한다.

✉ www.sbstransit.com.sg

택시

시티홀, 오차드 로드 등 시내 중심 지역에서는 혼잡을 피하기 위해 택시승차장에서만 택시를 탈 수 있다. 노란 선 두 개나 지그재그 모양의 선이 칠해진 도로에서는 택시가 대기하거나 정차할 수 없다. 호텔과 쇼핑센터의 택시승차장에서 택시를 기다렸다가 타는 게 가장 확실하다. 기본 요금은 택시 종류마다 SGD3~3.4 정도로 다르다. 미터기에 표시된 최종 요금에 도로 이용료 등 각종 추가요금이 붙을 수 있으며 추가요금 목록은 영수증으로 확인할 수 있다.

✉ www.taxisingapore.com

SAEx 버스

싱가포르 어트랙션 익스프레스(Singapore Attractions Express). 도심에서 멀리 떨어진 싱가포르 동물원, 나이트 사파리, 주롱 새 공원, 리버 사파리 등을 편리하게 연결해주는 버스다. 요금은 편도 어른 SGD5, 3~12세 SGD2.50이며, 운전사에게 직접 현금으로만 지불 가능하다.

✉ www.saex.com.sg

TIP 나이트버스를 활용하자!

싱가포르의 밤 문화를 즐기는 올빼미 족을 위해 야간 특별버스 나이트아울(Nite Owl)이 금요일, 토요일, 공휴일 전날에 운영된다. 요금은 이지링크 카드와 현금 모두 SGD4이고, 지역 내에서만 버스를 이용하는 경우 SGD1.5. 또 다른 야간버스 나이트라이더(NightRider)는 밤 11시30분부터 새벽 4시까지 7개의 노선이 도심과 싱가포르의 주거지를 오간다.

시티투어와 어트랙션 묶어 즐기기

싱가포르의 다채로운 즐길거리들을 야무지게 이용하고 싶다면 교통티켓, 시티투어, 각종 어트랙션을 묶어 할인된 가격으로 제공하는 시티패스를 눈여겨 보자.

싱가포르 시티 패스 Singapore City Pass

무제한 버스 승하차는 물론 어트랙션, 레스토랑, 쇼핑 할인 혜택 서비스를 제공하는 패스. 수륙양용차를 이용한 덕 투어(Captain Explorer DUKW® Tour)+오픈 톱 버스를 타고 야경을 감상하는 펀비 나이트 어드벤처(FunVee Night Adventure)+마리나 베이 샌즈, 리틀 인디아, 싱가포르 플라이어를 연결하는 1일 홉온 버스(1 Day Hop On Hop Off Marina Bay Adventure) 3개의 시티투어를 기본으로, 싱가포르 플라이어, 나이트 사파리, 주롱 새 공원, 민트 토이 뮤지엄, 원알티튜드, 머린 라이프 파크-S.E.A 아쿠아리움, 싱가포르 강 크루즈 투어 등 싱가포르의 여러 관광지 중 가고 싶은 곳 2곳을 포함시키는 패스다. 일반 입장권 대비 최대 45% 할인된 가격으로 구매가 가능하다. 무료 음료 쿠폰과 마리나 베이 걷기 투어 등 다양한 무료 혜택은 보너스. 인터넷으로 사전 구매하고 싱가포르 플라이어 투어리스트 허브(Tourist Hub)에서 픽업할 수 있다. 주요 호텔에서 싱가포르 플라이어까지 편도 버스서비스도 제공된다.

요금

1일권 SGD63.9, 어린이(3~12세) SGD55.9
2일권 SGD79.9, 어린이(3~12세) SGD59.9
3일권 SGD148.9, 어린이(3~12세) SGD99.9

✉ wwww.singaporecitypass.com

고 싱가포르 패스 Go Singapore Pass

교통 카드와 20여개 주요 어트랙션의 입장료를 묶은 패스. 최대 40% 할인된 가격에 이용 가능하다.

센토사+USS 데이 패스 Sentosa+USS Day Pass

유니버설 스튜디오 싱가포르와 언더워터 월드, 루지, 버터플라이 파크, 타이거 스카이 타워가 포함된 패스. SGD129(할인 전 SGD153), 어린이(3~12세) SGD109(할인 전 SGD121)

센토사 데이 패스 Sentosa Day Pass

언더워터 월드, 루지, 버터플라이 파크, 타이거 스카이 타워를 24시간 동안 무제한으로 즐기는 패스. SGD79(할인 전 SGD140.9), 어린이(3~12세) SGD69(할인 전 SGD115.6)

셀렉트 패스 Select Pass

언더워터 월드, 루지, 싱가포르 동물원, 싱가포르 플라이어, 주롱 새 공원, 나이트 사파리 등 11개 어트랙션 중 6개를 자유롭게 선택. SGD129(할인 전 SGD190.4), 어린이(3~12세) SGD109(할인 전 SGD140.45)

언리미티드 데이 패스 Unlimited Day Pass

8개 어트랙션 이용이 가능한 패스. 24시간권, 72시간권이 있다.

+ **24시간권** SGD99(할인 전 SGD272.4), 어린이(3~12세) SGD79(할인 전 SGD205.5)
+ **72시간권** SGD149(할인 전 SGD272.4), 어린이(3~12세) SGD119(할인 전 SGD205.5)

*인터넷으로 예약 및 구매 가능하며, 티켓 픽업은 MRT 도비갓(Dhoby Ghaut) 역 인근(11 Orchard Rd. #B1-42, Dhoby Exchange)과 MRT 오차드 로드 역 인근(437 Orchard Rd. #B2-02, Orchard Exchange)에서 할 수 있다.

✉ www.gosingaporepass.com.sg

싱가포르 주변 국가로 가기

싱가포르 여행이 매력적인 이유 중 하나는 주변 도시로의 여행이 쉽다는 것. 시내에서 한 시간이면 말레이시아, 인도네시아에 닿을 수 있다.

©Legoland

©Club Med Bintan

말레이시아 조호바루 Johor Baharu

싱가포르에서 기차나 버스를 타고 1시간이면 갈 수 있다. 이슬람 문화를 체험하고 말레이시아의 저렴한 물가로 쇼핑을 즐길 수 있어 당일치기에 적당하다. 조호바루에 위치한 세계에서 여섯 번째, 아시아 최초의 레고랜드(Legoland)도 인기. 퀸 스트리트 버스터미널에서 170번 버스를 타면 조호바루까지 갈 수 있고, 레고랜드 홈페이지에서 판매하는 왕복 버스 티켓을 통해 레고랜드까지 편리하게 이동 가능하다. 출입국 심사를 위해 여권이 필요하며 싱가포르 입국 시 받았던 출국 카드도 함께 가져가야 한다.

퀸 스트리트 버스터미널 Queen St. Bus Terminal
MRT EW12 부기스(Bugis) 역 A출구에서 아랍 스트리트(Arab St.) 방향으로 직진, 빅토리아 스트리트(Victoria St.)와 아랍 스트리트 교차로에서 좌회전. 도보 약 10분

인도네시아 빈탄 섬 Bintan Island

싱가포르 연계 여행지로 인기 있는 인도네시아의 휴양지. 싱가포르에서 페리로 약 1시간 거리다. 클럽 메드(Club Med), 반얀 트리(Banyan Tree), 빈탄 라군(Bintan Lagoon) 등 리조트에 머물면서 해양 스포츠, 마사지, 골프 등을 즐길 수 있다. 싱가포르와 빈탄을 오가는 빈탄 리조트 페리(Bintan Resort Ferry)는 창이국제공항 인근에 위치한 타나 메라 페리터미널에서 출발한다. 이코노미 클래스 편도 기준 어른 SGD45, 11세 이하 SGD40이며, 1일 5회 운행된다. 출입국 심사를 위해 여권과 싱가포르 입국 시 받았던 출국 카드를 가져가야 한다.

타나 메라 페리터미널 Tanah Merah Ferries Terminal
MRT 타나 메라(Tanah Merah) 역에서 35번 버스 또는 택시 이용/공항 또는 시내에서 택시 이용 빈탄 리조트 페리 www.brf.com.sg

인도네시아 바탐 섬 Batam Island

싱가포르에서 불과 20km 떨어져 있는 인도네시아의 휴양지. 고급 리조트가 다수 들어서 있고 빈탄에 비해 숙박, 골프, 마사지 요금이 저렴한 편이지만 지리적인 특성상 해변 해수욕은 힘들다. 싱가포르에서 바탐까지는 타나 메라 페리 터미널과 싱가포르 크루즈센터에서 출발하는 바탐 패스트 페리(Batam Fast Ferry)를 이용해 약 1시간 소요된다. 페리는 1시간에 1대씩 운행하며, 요금은 왕복 어른 SGD31, 11세 이하 SGD19. 여권과 출국 카드를 가져가야 한다.

타나 메라 페리터미널 Tanah Merah Ferries Terminal
MRT 타나 메라(Tanah Merah) 역에서 35번 버스 또는 택시 이용/공항 또는 시내에서 택시 이용

싱가포르 크루즈센터 Singapore Cruise Centre
MRT NE1/CC29 하버프론트(HarbourFront) B출구
바탐 패스트 페리 www.batamfast.com

싱가포르 Do & Don't

엄격한 법치국가인 싱가포르. 하지만 마냥 까다롭기만 한 여행지는 아니다. 싱가포르 여행에서 해야 할 것과 하지 말아야 할 것을 살펴보자.

줄 서기를 두려워하지 말 것
싱가포르 사람들은 유명한 것에 시간을 투자하는 것을 아까워하지 않는다. 특히 맛있는 음식점에는 줄이 길기 일쑤. 큐(Queue)가 길다면 현지인들에게 검증된 곳이니 일단 줄을 서보자. 잠시의 기다림이 커다란 행복을 가져올지도 모른다.

음식 주문 전에 가격을 물어볼 것
작은 가게를 이용한다면 가격을 꼭 체크하자. 특히 크랩 등 해산물 요리는 허름해 보이는 가게일지라도 비싼 가격일 수 있다.

로컬 푸드를 먹을 것
싱가포르 여행의 완성은 음식이다. 호커센터에서 다양한 로컬 푸드를 맛보자. 호커센터에서 자리를 잡을 때에는 테이블에 휴지나 소지품 등을 올려놓으면 된다.

데이터 로밍을 해 갈 것
지도나 각종 정보를 실시간으로 확인코자 한다면 데이터 로밍을 하는 것이 속 편하다. 데이터 무제한 요금은 하루 9,000원 정도.

지하철 안에서 먹고 마시지 말 것
지하철 내에서 물을 마시는 것도 안된다. SGD500의 벌금이 부과될 수 있다.

담배와 술, 껌 등을 반입하지 말 것
한국 면세점에서 아무 생각 없이 담배와 술을 사서 가져간다면 벌금을 물 수 있으니 주의하자. 또한 껌을 씹는 것이 불법이라 껌의 반입도 금지돼 있다.

공공장소에 두리안을 반입하지 말 것
냄새가 고약한 과일 두리안을 사서 공공장소나 대중교통에 반입할 수 없다.

공공장소에서 흡연하지 말 것
쇼핑센터, 레스토랑, 엔터테인먼트 시설, 영화관 등 에어컨이 설치된 곳은 물론 SMRT, 버스, 택시, 엘리베이터에서의 흡연 역시 법에 저촉된다.

팁에 의무감을 느끼지 말 것
이용 요금에 10%의 서비스 요금이 포함되어 있으므로 별도로 팁을 주지 않아도 된다. 호텔에서의 나올 때나 친절한 직원들에게 SGD1~2 정도의 팁이면 충분하다.

TIP 싱가포르 파헤치기

명칭 싱가포르
수도 싱가포르
주화 싱가포르 달러(Singapore Dollar, SGD)
1인당 국민소득 $52,917(세계 8위) (2013 IMF 기준)
인구 5,460,302명(2013년 기준)
면적 692.7㎢ (서울시 면적(605㎢) 보다 약간 큰 크기)
종교 불교, 이슬람교, 도교, 기독교, 힌두교 등
언어 영어, 중국어, 말레이어, 타밀어 등
정치 체제 의원 내각제 공화국
시차 우리나라와 −1시간 차이
(ex. 한국이 7시이면 싱가포르는 6시. *서머 타임 없음)
주요 산업 무역, IT 및 교육 분야, 리서치, 엔지니어링 등

Index

● 명소

● 쇼핑

● 바·클럽

1 for $4
3 for $10

NO TOUTING
By Law